図解入門
How-nual
Visual Guide Book

よくわかる最新

量子技術の基本と仕組み

量子科学技術の現状と未来を展望する!

若狭 直道 著

秀和システム

はじめに

21世紀は、人類にとってどれほどの意味を持つ世紀となるのでしょうか。日常をがらりと変えてしまうような“発明”や“発見”は、いつ登場するのでしょう。

かつて質量がエネルギーに変換できることを示したアインシュタインの理論は、原子力へと発展しましたが、残念ながら平和利用以前に原子爆弾を誕生させてしまいました。ナチスドイツの暗号解読用に作られた計算機は、20世紀に大きな発展を遂げ、現在のコンピューターに姿を変えました。これらに匹敵するかもしれない重要な“発明”や“発見”が、量子技術の分野で相次いでいます。

量子力学は、常識外れの奇妙な世界を予言します。このため、アインシュタインは終生、この理論を疑っていたほどでした。量子力学は、理論が体系化されるに従い、宇宙や世界の謎を解き明かす理論として発展してきました。しかしすでに私たちは、量子的な性質を使ったことで性能を格段に向上させた機器を使っています。大容量のハードディスクの記憶機構や、DVDにも使われるレーザー光などです。ナノサイズが量子の世界スケールであるため、極小サイズのデバイス、分子レベルの標識、ナノサイズの加工など、これまでになかったサイズの産業化が進んでいます。

量子技術の応用範囲は非常に広く、産業全般に及びます。その多くは先端産業、次世代産業に関係しています。次世代ディスプレイ、高効率太陽電池にブレークスルーをもたらす新技術として、また新素材を生み出すためのセンサーや分析機器などに量子技術が活用されています。さらに、生命分野ではタンパク質の動きをリアルタイムに見るための標識や、高性能な顕微鏡の基礎技術として応用が進んでいます。また、量子的な性質を示す電子のスピンを活用した新しい応用物理学の世界も開かれつつあります。

これらの量子技術の中で最も関心を持たれているのは、量子コンピューターについてのものでしょう。スーパーコンピューターをはるかにしのぐ性能の量子コンピューターは現実のものになりつつあります。量子コンピューターの登場は、AIの性能やコンピューターのセキュリティレベルを大きく変えることになると考えられています。

先進国の多くは、量子技術の振興に力を入れています。それは量子技術が、21世紀に富と幸福をもたらす基本技術であると目されているからです。量子技術を使った半導体、量子コンピューターの演算装置や次世代メモリなどの研究が、国を挙げて進められています。本書では、量子技術の現状や将来の見通しを網羅的に紹介しています。これらの量子技術の中にあるかもしれない21世紀の“発明”や“発見”に触れてみてください。

2020年11月　若狭　直道

よくわかる
最新量子技術の基本と仕組み

CONTENTS

第3章 量子ビーム

第4章　量子イメージング・量子センシング

第5章 光利用技術・スピントロニクス

第6章 量子技術イノベーション

第1章

未来社会の基盤を作る技術

世界は科学技術の変革（パラダイムシフト）によって様相が一変します。そのような革新的な技術として注目されているのが「量子技術」です。では、量子技術とは何なのか、そしてそれによって何が変わろうとしているのか、ここで概観します。

1-1
時はいま大変革時代へ

政治や経済が国際的に複雑に絡み合い、巨大化している現在において、科学技術だけが聖域というわけにもいかないようです。特に、最先端の科学技術であり、様々な分野への波及効果が期待できる「量子技術」をめぐる国家間での覇権争いは勢いを増しています。

変革を支えるテクノロジー

戦後75年とか、21世紀になったからとか、そういうわけではないですが、第二次世界大戦後に築かれてきた世界的な協力体制は、世界のいたるところで綻びを見せ始めています。

世界をリードしてきた先進国と呼ばれる国々では、政治的な右傾化が顕著になり、リーダーが自国第一主義をとると表明する国々が増えつつあります。一方、経済のグローバル化は政治的な駆け引きだけでどうにかなるという規模をはるかに超え、また超巨大企業の活動を制御するにはいくつもの国々が協力しなければなりません。

科学技術に関する競争は、決して悪いことではありません。人類全体の幸福につながる製品やサービスになるなら（もちろん、科学技術の核心部分の知的財産権を押さえることで、その国には巨額の富ももたらされるでしょう）、推奨されるべきでしょう。人類の歴史が科学技術の発明や発展の歴史として語られることがあるように、新しく発見された科学法則、新しく開発された技術が社会を変革することがあります。量子技術とは、20世紀に誕生した**量子力学**を応用したこれからの技術です。この新しい技術をめぐり、先進国や大企業が覇権争いを繰り広げています。もちろん、次の社会を作る重要な技術ととらえられているからです。

アメリカの未来学者**レイ・カーツワイル**が予告するように、バイオテクノロジーやナノテクノロジー、そしてAIには究極ともいえる技術革新が迫っています。これらがそのゴールまで達成されるときを、カーツワイルは「**シンギュラリティ**」と呼んでいます。現在、私たちは人類にとって究極の社会変革となるかもしれない「大変革時代」のとば口に立っているのかもしれません。大変革時代を推進するのは、私たちの命や体を健康に長生きさせる医療や生命科学（バイオテクノロジー）、原子一つひとつから分子を組み立てて制御することを可能とする、ごく小さな粒子を正確に扱う科学や工学（ナノテクノロジー）、自ら情報を収集して分類し、学習して判断できる頭脳としての人工知能（AI）と、その手足となって動くロボット工学、これらが基盤となることで訪れるかもしれない近未来を、カーツワイルは今世紀の半ばごろと予測しました。

カーツワイルの予想には、「量子技術」の記述はほとんどありません。しかし、大変革時代を担う科学技術の多くが「量子技術」なしでは達成できそうにありません。

例えばAIにしても、従来のコンピューターを発展させても、そのうち人類の知能をしのぐAIは達成されるでしょうが、古典コンピューターの性能が指数関数的に向上するというムーアの法則については、コンピューターの頭脳に当たる集積回路の物理的な限界が見えてからは、限界がささやかれています。

量子コンピューターこそが、古典コンピューターの限界を打ち破る、大変革をもたらすモノなのかもしれません。

ハードディスク容量を大幅にアップさせた磁気の科学技術は、量子技術の進歩によって、磁気の原理的な物理的現象を扱おうとする**スピントロニクス**に発展しています。非常に新しい分野ですが、それだけにまだ知られていない物理現象や性質が発見される可能性があって、まったく新しいデバイスが誕生するかもしれません。

「**人工原子***」とも呼ばれる**量子ドット***は、人工的に原子を配置して作られた結晶です。この量子ドットの量子的な性質は、人工的に調整することができます。このため、量子技術で使いたい性質や性能を持った材料を人工的に作ることができます。特定の量子技術での使用が見込まれている**ダイヤモンドNVセンター***は、炭素が主原料です。原料はどこにでもあり、しかも人体や環境への影響が非常に小さくて済みます。

レーザー光線は、すでに様々な分野で使われています。CDへの情報の読み書き、2地点間の測量、光ファイバーを使った光通信などです。レーザー光を作る原理には量子の性質がかかわっています。

＊**人工原子**　　本文155ページ参照。
＊**量子ドット**　本文155ページ参照。
＊**ダイヤモンドNVセンター**　本文165ページ参照。

このため、レーザー光を含む、量子技術によって作られるビームを**量子ビーム**と呼んでいます。現在、強力な量子ビームを発振できる設備が世界中に建設されています。量子ビームは、新素材の開発や解析に活かすことができるためです。

現在、量子コンピューターは、量子技術の代名詞のように世界中で広く知られるところとなっています。これは、2019年にグーグルの量子コンピューターがスーパーコンピューターの性能を上回ったというニュースが世界を驚かせたためでしょう。まさに現在、量子コンピューター関連の技術開発は、世界中で最も高い関心事となっています。量子コンピューターは、従来のコンピューターでは不得意な組み合わせ問題に短時間で答えを出すことができます。これを活用できる分野は、創薬や化学結合のシミュレーション、交通渋滞緩和などの社会問題の解決です。現在の量子コンピューターは、従来のコンピューターに比べて得意・不得意の分野がはっきり分かれていますが、将来に向けて汎用性のある量子コンピューターの開発も進められています。

量子コンピューターの計算の速さは、デジタル暗号の安全性も脅かしています。世界中のコンピューターによる通信方式は、スーパーコンピューターを使っても現実的な時間内には解読されないということで安全性が確保されています。しかし、量子コンピューターが完成すれば、その暗号が短時間で破られる可能性が出てきます。

これを阻止するためには、**耐量子コンピューター用の暗号***を新しく作る必要があります。この作業はすでに進められています。現在、広く使われている暗号の安全性が保てなくなるのは、2030年ごろと考えれています。それまでに、汎用性のある量子コンピューターが完成してしまうかもしれません。耐量子コンピューター用の暗号の標準化が急がれます。

コンピューター間の通信を量子化するという研究も進んでいます。**量子暗号**と呼ばれるこの技術は、量子の性質を用いたもので、通信途中の盗聴や改ざんは不可能です。現在のインターネットや無線、専用回線ではない有線による通信では、途中で通信内容を盗聴されたり改ざんされたりする危険があります。そのため、重要なメッセージや情報は暗号化するわけです。

***耐量子コンピューター用の暗号**　量子コンピューターを用いても解読が困難な暗号。

しかし、量子通信では暗号化・復号化の鍵を量子通信で送ります。この鍵が盗聴される可能性もあるのですが、盗聴されると鍵の情報自体が変化してしまうため、変化したかどうかを確認することで盗聴がばれてしまいます。この仕組みによって、盗聴されていない鍵が送信先に渡るまで、鍵を変更し続ければよいことになります。量子技術と呼ばれる科学技術には、このように様々な利用方法があります。

科学技術によってもたらされる大変革時代は、私たちの社会にも大きな変化を及ぼします。AIの進歩によって現在ある職業が激減するという予測は、すでに現実になりつつあります。

大変革時代の基盤技術

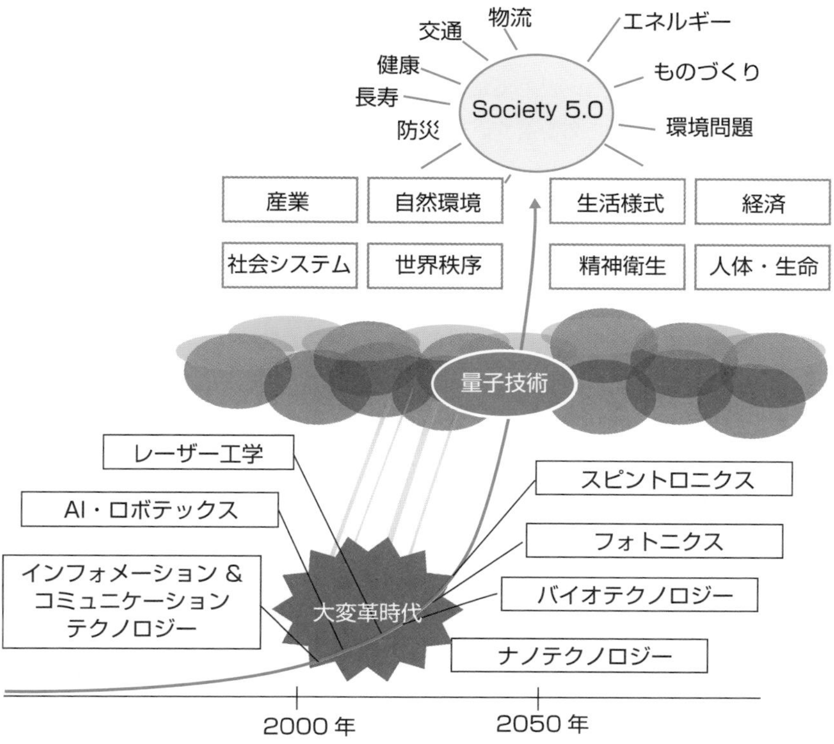

1-2 そもそも量子とは何か、どこにあるのか、どうやって扱うのか

量子とは、粒子と波の2つの異なる性質を併せ持ち、あるときは粒子、またあるときは波として振る舞うように見えるごく小さな物質（粒子として見たときには）、またエネルギーのまとまり（波として見たときには）としての単位のことです。このため量子は、粒としての性質（粒子性）と、波のような性質（波動性）の2つの性質を持ちます。

量子の振る舞い

本書では、一般的には不思議に思える量子の性質を**量子的な性質**と呼びます。量子的な性質を科学的に扱う学問が**量子力学**です。量子力学では、量子の状態を波動方程式として解き、それは波動関数として表されます。

量子的な性質を持つものとしては、電子や光子のほか、原子やイオン、結晶が量子的な性質を示す場合もあります。どちらにしても、量子的な性質はごく小さな粒子にしか現れません。原子の大体の大きさが0.1ナノメートル（nm）程度ですから、量子の性質を利用したデバイスを作るためには、ナノメートル程度の精度を持つ加工技術や測定技術が要求されます。

さて、相対性理論で有名な**アルベルト・アインシュタイン**ですが、ノーベル物理学賞の受賞理由は、**光量子仮説**についてのものでした。量子についてのイメージをつかむために、この光量子仮説にまつわる話を紹介しましょう。

いまでは、光は粒子的な性質を持つことがわかっています。つまり、光は粒子（これを**光子**といいます）でもあり、波でもあるのです。しかし、このような量子的な性質はすぐに受け入れられたわけではありませんでした。

アイザック・ニュートンは、太陽光の影の縁がはっきりと分かれていたのを見て、光は粒子だと考えました。一方、ニュートンと同時代の**クリスティアーン・ホイヘンス**は、光は波であるとして光の屈折や反射の仕組みを説明しました。ニュートンやホイヘンスから約100年後、**トーマス・ヤング**の実験によって光の波長が計算されました。ここに至って、光は波であるということに落ち着くかに思われました。

19世紀末、スイスのチューリッヒの特許庁に勤めていた若きアインシュタインは、**光電効果**に関する1つの論文を発表しました。光電効果とは、ドイツの**ヴィルヘルム・ハルヴァックス**らが発見した物理現象で、亜鉛板に紫外線を当てると表面から電子が飛び出すというものです。光電効果による電子の放出では、次のことがわかりました。

①ある一定以上の振動数を持った光を当てなければ光電効果は起きない。
②光が強くなると多くの電子が飛び出すが、電子1個の運動エネルギーは変わらない。
③当てる光の振動数を変えた実験では、飛び出す電子の運動エネルギーは変化するが電子の数は変わらない。

光電効果の実験結果をどう説明すればよいのでしょう。金属板の表面に当たった光のエネルギーが、金属内の電子の運動エネルギーを増大させ、その結果、電子が金属から飛び出したと見るのが妥当です。そうであるなら、金属から出てくる電子のエネルギーは光の強さに関係していなければなりません。

アインシュタインの光量子仮説は、光の性質をヤング以前の粒子性に引き戻すものでした。アインシュタインは、こう考えました。

- 光はあるエネルギー状態を持った光子の集まりであり、光を（波長を変えずに）強くするというのは、光子の数を増やすことである。
- 光のエネルギーを（光の強さは変えずに）大きくするというのは、光の振動数を小さくすることである。

このアインシュタインの量子的な考え方は、すでに知られていた**マックス・プランク**の「**エネルギーの量子仮説***」の概念を光（光子）にまで拡張したものといえます。

***エネルギーの量子仮説**　A放射のエネルギーは不連続で、$\xi = h\nu$の整数倍の値しかとれないとした。

光電効果

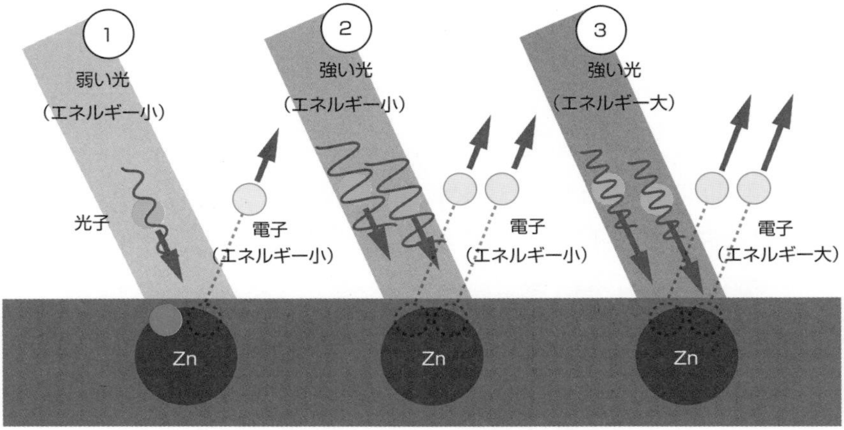
1
弱い光
（エネルギー小）
光子
電子
（エネルギー小）
2
強い光
（エネルギー小）
電子
（エネルギー小）
3
強い光
（エネルギー大）
電子
（エネルギー大）
Zn
Zn
Zn

蛍光発光

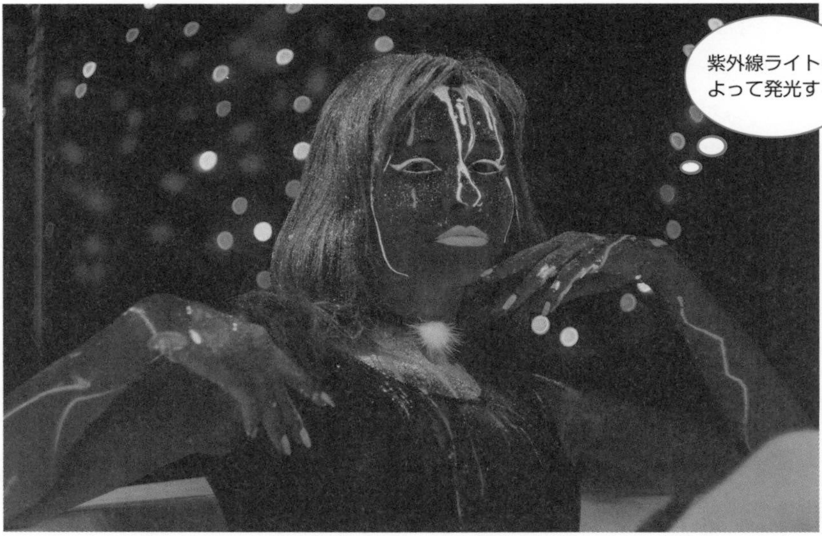
紫外線ライトに
よって発光する

金属による光電効果では、金属内部から電子が飛び出してきましたが、物質によっては発光するものもあります。発光を量子的な性質を持った光子の放出だと考えれば、光電効果と同じように考えることができます。

例えば、蛍光塗料などにブラックライト（紫外線ライト）を当てると、蛍光塗料自体が光を発します。これは、蛍光塗料が紫外線を反射しているのではありません。蛍光塗料に紫外線のエネルギーが吸収され、それによって蛍光塗料物質の電子が活発化して、エネルギー準位を上げます（遷移状態）。しかし、この電子はすぐに元の安定したエネルギー準位（基底状態）に落ち着こうとします。そのためには、余分なエネルギーを放出しなければならず、このエネルギーが光となって放出されます。これが、蛍光物質が光る理由です。

物質内部の電子が安定できるエネルギー準位（基底状態のエネルギー状態）は、物質を構成する原子の種類や構成、状態によって決まっています。そこで、外部から光子や電磁波などのエネルギーが与えられると、電子のエネルギー準位が変化します。このとき電子がとることのできるエネルギー準位は連続していません。エネルギー準位は飛び飛びに存在していて、上のエネルギー準位との差以上のエネルギーが与えられて初めて電子は遷移することができます。蛍光塗料に赤外線を当てても光らないのは、このためです。物質内の電子の遷移についても、量子的な性質があることがわかります。量子を制御するためには、制御された適切なエネルギーの注入が必要なのです。

1-3 量子技術

日本では、量子技術は「**Society 5.0**」に向けての最重要技術として位置付けられています。Society 5.0は、社会を技術によって変革することによって、これまでよりも皆が幸せに暮らせる社会を目標としています。新型ウイルスも、地震や台風も、交通事故も、がんや白血病も、すべて技術によって克服しようという挑戦なのです。

新しい時代のテクノロジー

イノベーションの覇権争いが、国内外で声高に叫ばれています。2020年代は、人類史上に刻まれるに違いありません。20世紀の終わりからデジタル革命を叫び、秒単位で変化するグローバル経済に一喜一憂している現代人たちの日常をすっかり変えたのは、最新の量子コンピューターでも量子ドットによるテレビでもありません。わずか1万分の1ミリメートルの新型ウイルスでした。人々がこのウイルスを防げると信じて神経質に行ったのは、マスクと手洗い、そして人と離れて生活するという、デジタル革命ともグローバル化とも無関係の“新しい生活様式”です。

生身の体を持っている人類にとって、どのような技術が重要なのか、そしてどの程度に高度でなければならないのか。スマホで何でもできるこの現代社会で、自身の力だけでは増殖することもできず、アルコール消毒をすれば十数秒で死滅するような頼りない体しか持たない原始的な生物（一部の学者は生物とも呼ばない）に日常の生活を奪われ、職や仕事を奪われ、自由を奪われ、命までも奪われることになるとは……。スマホ程度の技術では、ダメだということなのでしょう。人類がもっと強く賢くなるために、科学技術を前に進めなければなりません。

量子技術は、一般に利用する技術としては、これまであまり注目されてきませんでした。量子力学としての理論は20世紀初頭から発展を続けていますが、実際に量子力学を使って新材料やデバイスを作ったり、センサーや検査機を作ったり、計算や通信に利用したりできるようになってきたのは、つい最近のことなのです。ですから、まだどこまで発展する領域なのか、いったい何ができるようになるのか、よくわかっていません。

しかし、**量子コンピューター**を使って、分子の構造や化学変化をシミュレートしようとする研究は、量子技術の領域です。この研究によって、新しい薬を量子コンピューターで見つけることができそうです。また、その作り方も量子コンピューターでシミュレートできるようになるでしょう。実際に薬の分子を組み立てる、ナノテクノロジーの領域でも量子技術が役立つはずです。

量子のはたらく世界

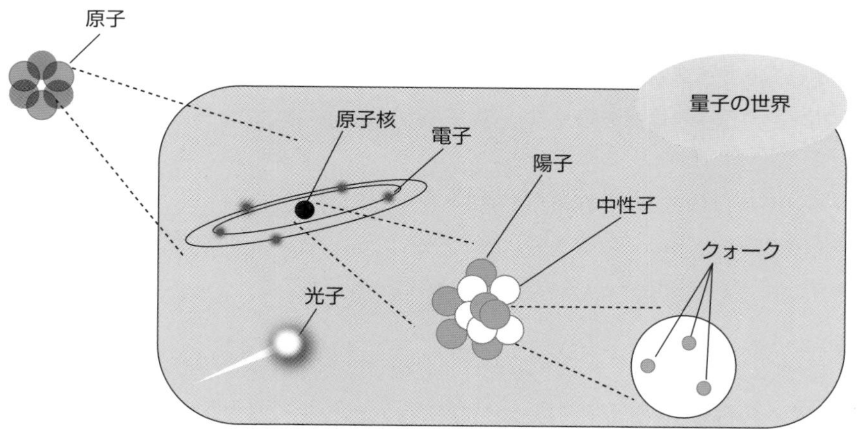

高度に発達した未来社会の基盤となる様々な技術が、量子技術から生まれると思われます。高変換効率の太陽電池や小型で大容量の二次電池は、スマホの性能をさらに引き上げるでしょう。量子ドットプローブ*や量子シミュレーションは高度な医療を実現し、パーソナルな薬を作り出すことができるようになります。スピントロニクスの発達によって、省電力で超小型のデバイスが発明されるでしょう。

このように量子技術が社会の便利さや安心、安全に寄与するとしても、新型ウイルスのように突然起こる不慮の災害を、量子技術によって予知したり防いだり終息させたりできるようになるのでしょうか。

＊**量子ドットプローブ**　本文161ページ参照。

これからの20年ほどは、量子技術を何に使うか、量子技術を使ったどのようなものが発明されるか、とても楽しみなフェーズかもしれません。

本書を執筆するにあたり、国内外の量子技術に関する文献・資料を閲覧し、量子技術の知見と動向を網羅的に集めました。本書ではその定義を「量子的な性質を利用した技術、またはその周辺の技術の集まり」としました。

本書は、「総合イノベーション戦略2020」に「戦略的に進めていくべき基盤技術」として位置付けられている、日本が世界をリードしている量子技術分野だけではなく、量子技術とその周辺の関係技術を俯瞰（ふかん）できるようにしています。

このため、量子情報技術、量子センサー技術などのほかに、量子ビームについても紹介しています。先進技術であるアト秒パルスレーザー*をはじめ、量子ビームの多くは製造業や最新医療に利用される重要な技術的要素となっています。

科学的に量子技術を分類すると、**量子**には特徴的な３つの性質があります。

- 波でもあり粒でもある性質（波動性と粒子性）
- 量子を観察するまでは量子の状態は決定されないという性質（量子重ね合わせ）
- 量子間で距離に依存しない関係性を保てる（量子もつれ）

これらのいずれか、または組み合わせを使うことで生み出される技術のことを**量子技術**と呼びます。量子のこれらの性質のほとんどは、20世紀に研究が進んで、ようやく利用できるようになったものが多く、まだわからないことやできないことが多くある分野です。したがって、突然、新しい発見があったり、これまでの理論が書き換えられたりすることもあるでしょう。だからこそ、この分野には大きな可能性があります。

量子コンピューターの分野だけを取り上げても、従来の方式のコンピューターの数億倍もの計算能力を持つ可能性があるというのです。そして、そのことでこれまで使われていたコンピューター用の暗号が使えなくなるかもしれません。量子技術は、私たちの社会に大小様々な変化をもたらすものになると考えられています。

*** アト秒パルスレーザー**　本文101ページ参照。

1-4 量子技術の領域

量子技術のいくつかは、現在の社会がかかえている課題を解決する可能性を持っています。量子ドットやダイヤモンドNVセンターなどの製造法にブレークスルーが起きたり、量子技術を応用したキラーアプリケーション*が登場したりすれば、量子技術を使った商品が一気に社会に受け入れられるかもしれません。

量子コンピューター

量子的な性質を利用すると、超高速な計算機が作れます。量子的な性質が現れるナノサイズの世界に比べて100億倍のスケールの世界にいる私たちから見れば、量子の世界はとても奇妙に感じられます。粒でもあり波でもあるという量子。量子ごとに決まったエネルギーを持ち、それを量子数という単位で表す量子。中でも変わっているのは、観察されるまで状態が決定されないという性質です。

ある量子に「0」と「1」と2つの状態があるとき、観察するまでは「0」でもあり「1」でもある、「0」と「1」がある確率で混在している状態だというのです。しかし、このような量子でも観察された瞬間には、「0」なのか「1」なのかが決定されます。このおかしな量子的な性質は「**シュレディンガーの猫**」のパラドックスとして、量子の話ではよく引き合いに出されます。

量子は、観察したときに「0」の状態だったとしても、観察する前も「0」の状態だったとは言い切れないのです。これは、ドイツのハイゼルベルクが発見した**不確定性原理**と呼ばれる量子的な性質の1つです。現在の量子論における"コペンハーゲン解釈*"では、「量子は複数の状態が同時に存在し、観察することによって1つに定まる。このため、観察する前は確率的にしかその状態を予測できない」とされます。

量子コンピューターは、量子的なこの性質を利用して、観察する前のどちらでもある状態のまま計算を行おうというコンピューターです。

* **キラーアプリケーション**　ハードウェア等の技術の進展や普及に重要な役割を果たすソフトウェアなどの応用技術。
* **コペンハーゲン解釈**　異なる状態の重ね合わせで表現される量子の状態を、どの状態であるとも言及しないという、量子力学の解釈。

量子コンピューターは、計算過程で様々なパターンを並列して処理することができます。このため、計算処理を現在のコンピューターに比べて非常に早く終えられる場合があります。特に、現在のコンピューターが苦手としている組み合わせに関する問題では、量子コンピューターの圧勝です。

量子コンピューターの研究は、世界中で行われていて、特にアメリカが進んでいます。アメリカの巨大IT企業（IBM、グーグル、マイクロソフトなど）は、量子コンピューターの開発に躍起です。量子コンピューターは、現在のコンピューターをはるかにしのぐ性能を示せると信じているからです。これらの企業の研究者たちは、すでに特別な問題においては量子コンピューターが現在の方式のコンピューターを凌駕（りょうが）していると言っています。

実際には、現在実験段階である量子コンピューターには、いくつかの課題が見つかっています。それは、計算のエラーに関するものです。量子コンピューターでは、「0」「1」が曖昧な量子状態のまま計算を繰り返し行います。量子状態自体が非常に微妙な違いでしかないため、内外からの雑音によって、量子状態にエラーが起きます。現在、エラーが最も少ないといわれるグーグル製の量子コンピューターでも、一般的な組み合わせ問題での正答率は0.2％程度といわれています。エラーを補正する仕組みを、量子コンピューターにどのように追加するのかが、現在最も大きな課題となっています。

量子コンピューターを現在のコンピューターのように一般的な使用法で使えるような汎用型にしたり、一般の家庭でも使用できるように小型化したりするには、まだ20年程度の時間がかかる見込みです。

しかし、組み合わせ問題の最適化では、エラーの出現率が高くても使える場合があるということも実証されています。都市部の交通渋滞を緩和するためだけでも、利用価値はありそうです。そこで、限られた課題の解決用に使用可能な量子コンピューターとして注目されているのが、エラーの訂正機能を省いた誤り訂正なしの量子コンピューター（**NISQ***）です。現在は、NISQを使用して、何ができるのか、どのように量子コンピューター用のプログラミングをすればよいのかを見いだすことが、実用を想定した直近の目標となっています。また、これに合わせた周辺技術の開発も進められています。

＊**NISQ**　Noisy Intermediate Scale Quantumの略。

量子通信、量子暗号

情報の通信に用いる媒体には、光ファイバーや無線通信などがありますが、**量子通信**は情報を量子に乗せて送受信します。光子に情報を乗せ、光ファイバーで送ることもできます。量子通信衛星で、光子を軌道上の量子衛星まで飛ばすこともあります。量子通信では、1個の光子になる程度まで出力を絞ったパルス状の光を、通信に使用します。この光子を偏光させると、縦波と横波の量子ビットになります。また、光子の位相をずらすことで量子ビットを作成することもできます。このように処理された光子を光ファイバーなどで転送し、受信したらその量子ビットを読み取ることで通信ができるというわけです。

このような、量子の状態を使った量子通信の最大の問題は、他からの雑音によって、量子の状態を長い距離にわたって保つことができない点にあります。現在の技術では、せいぜい200kmが限度とされています。電気信号の場合には、エレクトロニクスによって電気信号を増幅することができますが、量子の性質上、それはできません。そこで、量子中継技術を使って、量子通信距離を延ばす研究が進められています。量子通信を行っている量子の状態は、前述のように非常に微妙であり、ちょっとした外からの刺激で量子の状態が保てなくなります。しかし、量子の状態を意図したように変えられるなら、それを量子の計算に応用することができます。これが量子ネットワークを使った**量子計算**です。

現在の主流の暗号化方式は、量子コンピューターが本格的に登場すると簡単に破られる見通しです。もちろん、すでに耐量子コンピューター用の新しい暗号化システムが検討されています。そして、もう1つ注目されているのは、量子技術を使った暗号化方式です。

量子暗号通信の1つの方式では、光子に暗号化・復号化を行うための鍵を乗せて相手に送ります。途中で光子を取り出すと、鍵の情報が壊れてしまうため、盗聴は不可能と考えられます。もう1つの方法は、量子もつれを利用した暗号化方式で、これも盗聴は不可能です。

量子暗号通信の開発は、軍事利用を見越して、アメリカや中国で活発化しています。現在、日本を含むいくつかの国では、量子衛星を利用した暗号通信の実験が成功しています。ただし、地上の光ファイバーを使った長距離での量子暗号通信が完成するまでには、もう少し時間がかかりそうです。

セキュリティ上の理由から量子暗号通信の実用化が待たれます。量子コンピューターによって現在一般に使われている暗号化方式が破られるという予測から、開発を急ぐようにとの金融市場からの要望が出ています。

量子ビーム

量子的な性質は、ナノサイズの物質に特有のものとして現れます。この非常に小さな粒子を制御するには、マイクロ波や光子などが用いられますが、光の性質が揃っている**レーザー**も利用されます。レーザー自体も量子的な性質から生み出される光です。

レーザーはすでに工業製品の製造現場でレーザー加工機として広く使われています。コンピューター制御されているレーザー加工装置では、精密な加工を素早く行うことができるためです。

レーザーによる加工を自動化する取り組みは、ものづくりの効率化、スマート化になくてはならない技術です。CPS型レーザー加工として、10年程度先の完成を目指して開発が行われています。

可視域のレーザー光以外でも、様々なエネルギーの**量子ビーム**の研究が進んでいます。中でも、医療に活かすための量子ビームが注目されています。X線を使った肺や口腔の撮影などはすでに一般化しています。また、がんなどへの放射線治療には、中性子線や陽子線も利用されるようになっています。

ALFAのホームページ（http://www.alfa-coast.org/）

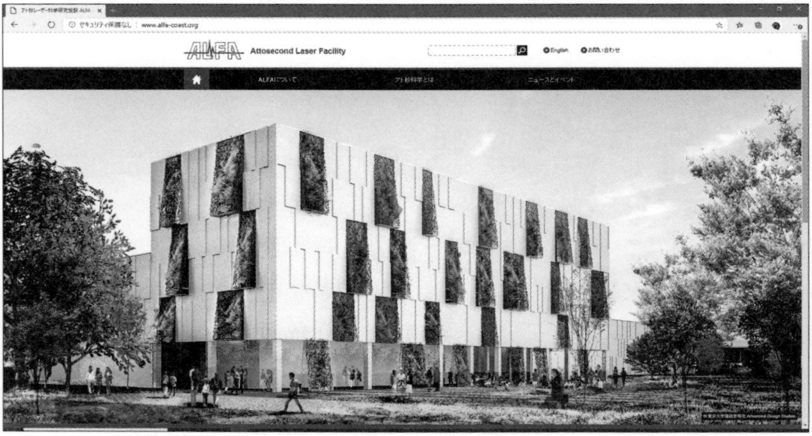

日本を含め各国には、国費で量子ビーム施設が建設されています。これらの施設には**シンクロトロン**と呼ばれる巨大なビームラインが設置されています。このビームラインからは非常に強力な放射光が生み出されます。放射光は企業に開放されていて、企業の商品開発や分析に役立てられています。

量子センシング、量子イメージング

ナノサイズの粒子の挙動を調べるには、ナノサイズのセンサーが必要になります。量子ドットやダイヤモンドNVセンターなどの人工のナノ粒子は、粒子の外部から光子やマイクロ波などを照射して、粒子から出てくる情報を読み取ってセンサーとして利用します。**量子センサー**によって、ナノサイズの物質の情報を手に入れることができるようになりました。これによって、分子や原子がどのように動いているのか、反応過程はどのように起こっているのか、どのような構造をしているのかを知ることができます。

量子技術を応用して、これまでの時計よりもさらに1000倍も精度の高い**光格子時計**の開発が進められています。日常では、これほどの精度は必要ないのですが、この光格子時計は、センサーとしても利用できるのです。地上の時計の進み具合は重力によってわずかに左右されます。このごくわずかな時間のずれから重力を測定できます。重力の差は、高低差にもよりますが、地下の構造も関係します。このことを使って地下資源を探索することも考えられています。

生命科学にとって、生物内のタンパク質の動きを観察することは非常に重要です。**光学顕微鏡**では、可視光より小さなナノサイズの分子や原子は、そもそも見えません。そこで、タンパク質の運動の様子などをとらえようとする技術が開発されました。最初は、特定のタンパク質に蛍光物質を紐付(ひもづ)けして、それを蛍光発光させることで場所や動きを観察していました。このような観察法は**イメージング**と呼ばれます。

その後、量子的な性質を持つほど小さな蛍光物質（**量子ドット**）が開発され、それを蛍光標識（**蛍光プローブ**）として、分子などを観察するようになっています。

量子ドットは人工的に作れるため、思いどおりの波長の蛍光を放射させることができます。このため量子ドットは、細胞やタンパク質のプローブ目的ではない他の用途にも利用されています。例えば、量子ドットを使ったテレビ用ディスプレイがすでに発売されています。

量子マテリアル

量子的な性質を持つ粒子を材料とすると、これまでにないデバイスや製品を生み出すことが可能になります。すでに紹介した、量子ドットを使ったディスプレイのほかにも、農業用フィルムなどが開発されています。また、太陽電池の変換効率を上げるために量子ドットなどの量子半導体粒子を使う試みも行われています。

電子には**スピン**という量子があり、このスピンによって磁場が発生します。このスピンの性質をエレクトロニクスと合体させた新しい分野「**スピントロニクス**」が誕生し、急速に発展しています。これからどのような発見があるのか非常に楽しみな分野です。例えば、磁場を電気と組み合わせることによって、磁場の変化を使って情報を伝えるという技術があります。これが実用化されると、電気を使わない情報通信が実現します。しかも、スピンを伝えやすければ電気を伝える性質がなくてもよいため、これまでとは異なる通信網が誕生するかもしれません。

二酸化炭素の排出規制が厳しくなる中、**太陽光発電**への関心は非常に高くなっています。また、再生可能エネルギーへの移行の必要性が叫ばれるいま、効率のよい**太陽電池**への改良が求められています。ここにも量子技術が活躍できる可能性があります。将来は、エネルギー変換効率が60%以上の太陽電池が一般化するかもしれません。

▼太陽光発電パネル

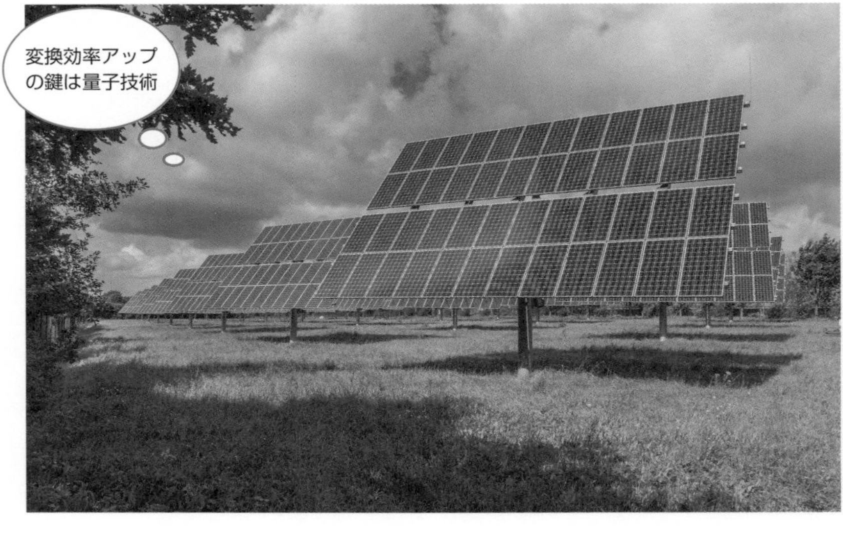

第2章

量子情報処理、量子暗号通信

現代社会に大きなインパクトを与えると思われる量子技術の筆頭は、なんといっても量子情報処理技術です。量子コンピューターは現在のコンピューターの性能をはるかに凌駕するでしょう。さらに、量子技術は暗号通信にも決定的な変革をもたらしそうです。

2-1 量子の性質を利用する技術

一般的な科学常識からすると、とても奇異に感じられる量子の性質ですが、ごく小さな世界では量子こそが支配的なルール（法則）なのです。量子の世界とは、どれくらい小さいかというと、ナノサイズくらいの世界です。1ナノメートルとは、10億分の1メートル。原子のサイズが0.1ナノメートル程度なので、比較的小さな分子や原子、そしてさらに小さな原子核や電子のサイズで起きる物理現象*です。

量子の性質

“小さな粒は量子としての性質を示す”——この“量子としての性質”を科学技術に利用した**量子技術**の全容を示すのが本書の目的です。本書で扱う量子技術に利用されている“量子の性質”とは、どのようなものなのでしょう。

- 粒子と波動の二重性
- 光に関する量子の性質
- 量子ゆらぎや量子もつれ
- 磁気に関する量子の性質
- 電気に関する量子の性質

粒子と波動の二重性こそは、量子力学の発展につながる歴史的な発見でした。すでにドイツの**マックス・プランク**によって、光のエネルギーレベルを不連続なものとして扱う**量子**という考え方が注目されていました。**アルベルト・アインシュタイン**はプランクの量子仮説をもとにして**光量子仮説**を発表し、のちにこの功績によってノーベル賞を受賞します。ここまでの物理学の流れでは、光を一定のエネルギーの塊である小さな粒（光子）だと仮定して、いろいろな物理現象を説明しようとしていました。その後、世界中の科学者を巻き込んだ量子力学についての論争（アインシュタインとボーアの論争など）を経て、現在では量子は、粒子と波動の2つの性質を持っていると考えられています。

*…**物理現象**　2020年、アメリカの天体物理学者、ネルギス・マヴァルバーらは、電子のゆらぎによって40kgの鏡がわずかに動いたと発表した。

この量子の二重性を説明するのによく登場するのが、2つのスリットを持つ衝立（ついたて）に向かって電子銃から電子を1個ずつ発射し、スリットを通り抜けた電子を測定するという**二重スリット実験**です。

電子銃から1個ずつ、電子を発射して二重スリットを通過させ、それを感光板でキャッチします。1個の電子によって、感光板には1個の電子が当たった痕が記録されます。これは、電子を粒子として確認したことになります。

この実験を続けます。すると、二重スリット実験により数多くの電子がスリットを通り抜けた結果、観察されたのは干渉縞（かんしょうじま）でした。電子が粒子の性質しか持ってないのであれば、このような干渉縞はできません。この干渉縞は、電子が波として左右のスリットを同時に通過したことを示しています。このことを踏まえて、光子や電子など小さな粒子は左右のスリットを通過した可能性が重ね合わされている、と表現されます。二重スリットを通過するときには波で、感光板に当たると粒子になるのです。電子に限らず量子の性質を持つ小さな粒子は、粒子としての性質と、波としての性質の2つを持ち合わせていると考えます。

二重スリット実験

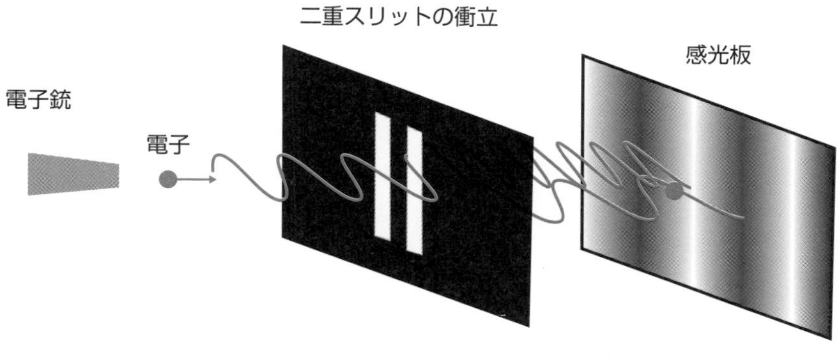

アインシュタインは光量子仮説で、振動数vの光子1個のエネルギーは、次の式で示されることを示しました。なお、hはプランク定数（6.63×10^{-34}Js）です。

$$E=hv$$

そして、このようなエネルギーを持った光子が金属表面に当たると、光子のエネルギーが金属原子に吸収されて光電子が飛び出します。

あるエネルギーを持った光を蛍光物質に当てると、電子にそのエネルギーが吸収され、電子が量子化されている上位のエネルギーレベルに遷移しますが（励起）、この電子は不安定ですぐに基底状態に戻ります。このとき蛍光発光が起こります。この原理による発光は、蛍光プローブとして生命科学などに利用されています。

太陽光などのスペクトルを当てると、電子の励起に必要な波長だけを吸収し、特定の波長の光を放射することがあります。この性質を利用した植物用温室フィルムがすでに商品化されています。

すでに製造業や医療分野のほか、CDやDVDの光源としてなど様々な場所で利用例を見ることができるレーザーにも、量子技術が利用されています。

量子ゆらぎは、量子のエネルギーはごく短い時間においては一定にならず、まさにエネルギー状態が"ゆらいでいる"ように見える現象です。量子技術を利用したコンピューターとして実用化が研究されている**量子アニーリング方式**に応用されています。

量子もつれとは、対にした2つの量子の間に生じる関係性のことで、量子もつれの状態にある量子を空間的に離したとき、一方の量子を測定すると瞬間的にもう一方の量子にその影響が及ぶことが知られています。この量子もつれは、量子コンピューターや量子通信、さらに電子対発生器などにも応用できると考えられています。

電子には**スピン**という量子の性質があります。スピンは、磁場を作ります。近年、このスピンに関する基礎研究が急速に進んでいます。スピンによる磁場と電子がもともと持っている電荷を融合した**スピントロニクス**による新しいデバイスの開発やエネルギー輸送に期待が寄せられています。

このように、極小サイズの世界だけではなく、生物サイズの物体にも量子による現象は起きているものと考えられます。量子の性質を直接、目に見えるサイズに応用する研究は少なく、これからの研究成果を待ちたいと思います。

量子の特異な性質

電子や光子など小さな粒子の物理法則は、量子力学によって支配されます。ここでは、電子や光子のような極小な粒子の量子力学的な性質を**量子**（quantum）的な性質と呼びます。

量子は、ニュートン力学や相対性理論とは異なるように見える特異な性質を見せることがあります。量子技術では、このような量子の性質を利用します。

電子の量子には**スピン**が該当します。スピンは、イメージ的には電子の回転の向きとしてとらえられます。右回りか左回りか、または上向きか下向きかの2種類で表されます。このスピンには、理論上決まった量子数があり、一般的には上向きのスピンを「1/2」、下向きのスピンを「-1/2」とします。なお、スピンは物質の磁気に大きく関係している量子です。

量子を持つ電子や光子には、現実離れした量子的な性質がいくつかあります。その最も基本的なものは、電子や光子は"粒子でもあり波でもある"という性質です。別の言い方をすると、量子は波の状態として、そこやここなどに確率的にあるはずで、それを観察したその瞬間、波の状態は粒子として収束するのです。この性質は**不確定性原理**と呼ばれます。

電子のスピン量子

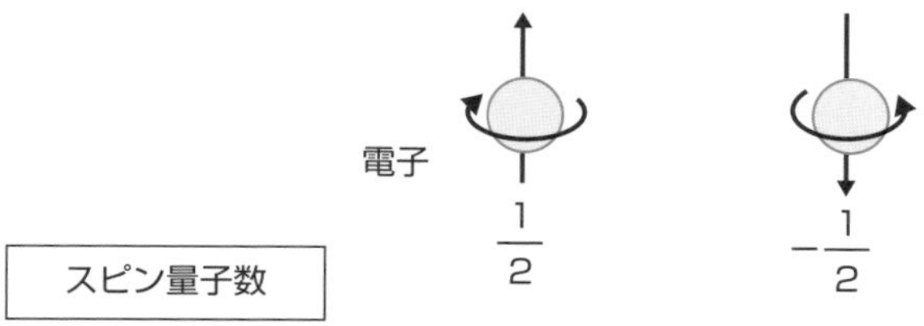

さて、コンピューターは、電圧の高低などで表される「1」「0」の2ビットを利用した計算機です。従来のコンピューターと本書で扱う**量子コンピューター**を区別するため、従来のコンピューターを本書では**古典コンピューター**とします。古典コンピューターは、「0」の状態と「1」の状態を明確に区別し、これらの電気信号を特別な電気回路によって組み合わせることで高速に計算を行います。

これに対して、量子コンピューターでは、量子を用います。電子のスピンが2種類の量子状態を持っていたことを思い出してください。2つのスピンを、古典コンピューターのように「0」と「1」に置き換えることで、2進数の計算機を作ろうというのです。

古典コンピューターと量子コンピューターは明確に異なります。古典コンピューターで2ビットの違いを電圧の違いによって判断していたのを、量子の違いに変えただけのものが量子コンピューターというわけではありません。量子コンピューターでは、量子重ね合わせと量子もつれという量子に特有の性質をうまく利用しているのです。

量子は基本的な性質として、“観察するまでは、どっちつかずの波の性質を持っている”のでした。例えば、二重スリットに電子1個を通して、それを蛍光板に当てる実験を行うと、スリットを通り抜けるときには、左右の2つのスリットを同時に通り、感光板に当たるときには1か所の特定の場所に収束するのです。2つのスリットを同時に通り抜ける量子の性質は、**量子の重ね合わせ**といわれます。2つのスリットの左側を通った量子を「0」、右側を通った量子を「1」とすると、量子は観察されるまでの間、「0」と「1」が重ね合わされた状態であると考えるのです。

この性質を量子コンピューターは利用しています。古典コンピューターでは、確定している「0」と「1」のビットを計算に利用しているのですが、量子コンピューターでは「0」と「1」の重ね合わせによってビットが確定しません。量子コンピューターの曖昧なビットのことを**量子ビット**と呼びます。この量子ビットが同時にいくつも使えるなら、曖昧なままの「0」と「1」が、指数関数的に増加します。量子ビットが2なら、$2^2=4$通りの組み合わせになります。10量子ビットなら$2^{10}=1024$の組み合わせになります。これは、10量子ビットの量子コンピューターが、1024通りの状態を一時に持てることを意味しています。

量子コンピューターで計算するためには、意図的に量子の状態を変化させられなければなりません。それに利用されるのが**量子もつれ**です。2つの量子を量子もつれの状態にすると、この2つの量子の間にはある関係性が生まれます。量子もつれの関係にある量子は、それぞれの量子の基本的な性質によって、観察されるまでは「0」と「1」が重ね合わされている、どっちつかずの状態です。しかし、どちらかの量子が観察されるとその瞬間に、もう一方の量子の状態が収束してしまうのです。

量子の波動性と粒子性

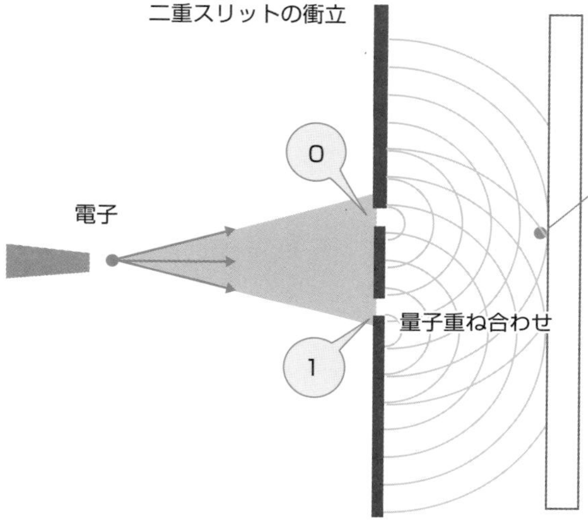

量子もつれ

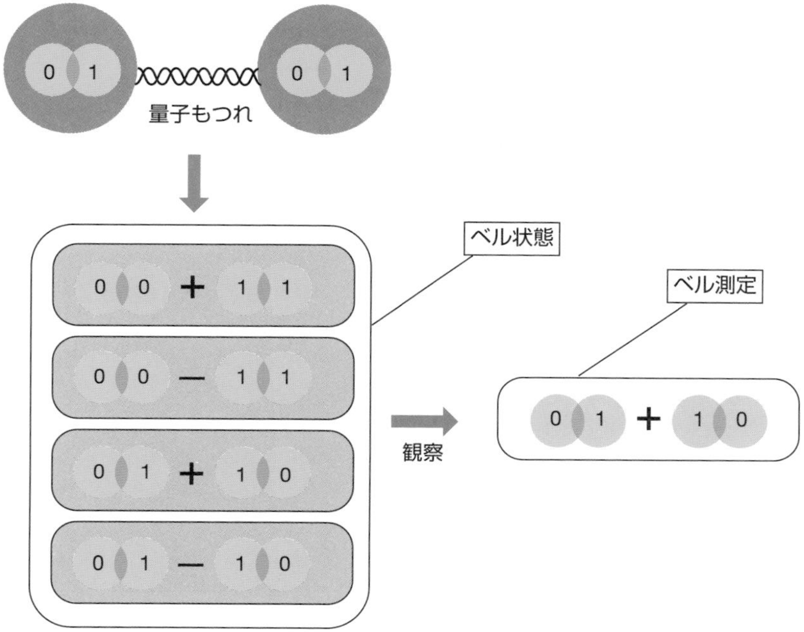

この性質を利用した量子コンピューターでは、多くの量子ビットによって量子重ね合わせになっている「0」と「1」の状態を、まとめて量子もつれにすることができます。量子もつれを適切に制御すると、量子ビットに対して計算や処理ができます。つまり、非常に多くの量子ビットに対して一度に同じ種類の計算が実行できるのです。量子コンピューターによる計算は、量子重ね合わせによって保存する多くの並列処理を、量子もつれによって、どっちつかずの状態のままで計算する仕組みなのです。また、複数の量子には、それぞれに量子状態があるわけですが、これらの量子がもつれている場合、複数の量子の全体をもって、ある1つの状態を呈します。つまり、量子もつれの状態にある複数の量子は、全体で1つの状態を表現するわけで、任意の量子を取り出して観察すると、ほかの量子の状態もわかります。このことを利用したのが、量子テレポーテーションです。量子コンピューターの中には、量子テレポーテーションを利用して計算を行う方式のものがあります。

COLUMN

量子重ね合わせと超並列処理

量子コンピューターが計算速度において古典コンピューターをはるかに凌駕するのは、量子の重ね合わせによって超並列的に計算し、その結果をまとめて保存するところによります。

古典コンピューターであるビジネス用のPCやMacは、デスクトップ上にいくつも開いたアプリを並列で処理しているように見えます。しかし、実際には非常に短い時間間隔で実行を切り替えながら、同時に処理しているように見せているのがほとんどです。スーパーコンピューターも、パソコンと同じ処理方法です。したがって、膨大な組み合わせ問題を解くときにも、実際にはデータだけが異なり、内容が同じ処理を一つひとつ処理していくことになります。

これに対して量子コンピューターは、「データは異なるが、内容は同じ」処理を同時に行うことができます。例えば、量子ビットが2個あると、それぞれが「0」と「1」の重ね合わせになっていて、さらに互いに量子もつれの状態となるため、全体で量子重ね合わせは「00」「01」「10」「11」の4つの状態になります。量子ビットが増えると、指数関数的に量子重ね合わせの数が増えます。グーグルのSycamoreは53量子ビットなので、同じ演算なら2^{53}（約1京）個のパターンを同時に保存できることになります。量子コンピューターには、このような膨大な数の演算パターンが同時に存在していると見なすことができます。

このため、いずれかの演算パターンに処理を実行すると、ほかの演算パターンにも同時に同様の処理が実行されます。これが古典コンピューターの並列処理に対して、量子コンピューターは「超並列処理」が可能とされる理由です。

2-2 量子テレポーテーション

量子テレポーテーションとは、量子力学の「量子」と、SFに登場する物体の転送マシンが行う「テレポーテーション」を合体させた語句です。そうすると、量子が離れた場所に瞬間的に移動するようなイメージになりますが、実際は違います。量子テレポーテーションでは物体が転送されるのではなく、量子の持っている情報が転送されるのです。

量子テレポーテーションのたとえ

1998年、古澤明らは世界初の**量子テレポーテーション**実験に成功しました。この実験の成功によって、量子通信や量子コンピューターへの技術的な扉が開かれたのでした。

量子テレポーテーションは、次のように説明されることがあります。登場人物は、アリスとボブです。アリスはボブに量子テレポーテーションを使って情報を伝えようと思います。

まず、アリスが送信する情報を保持する量子ビットを「ψ_1」とします。次に、「$|0\rangle$」で初期化した別の量子ビット「ψ_2」を量子重ね合わせの状態、つまり「$|0\rangle$」か「$|1\rangle$」にします。さらに、「ψ_2」をもとにして量子もつれの状態になるもう1つの量子ビット「ψ_3」を作ります。

ここで、量子重ね合わせとは、「0」と「1」のどちらでもあるという、量子に特有の状態です。「0」である確率と「1」である確率が半々の状態といえます。また、**量子もつれ**または**エンタングルメント**とは、2個以上の粒子の量子状態に相関がある状態のことで、いったん「量子もつれ」となった粒子を引き離してそれぞれを遠くに置いても、いずれか一方の粒子の量子的な性質がわかったとき、瞬時にもう一方にその情報が伝わることが確かめられています。かつて、アインシュタインが他の科学者2人*と連名で、量子もつれを持っている粒子では、情報が光よりも速い速度で伝わることになり、これは相対性理論と矛盾するとして、量子もつれに反対しました。

＊**科学者2人**　ボリス・ポドルスキーとネイサン・ローゼン。

話を量子テレポーテーションに戻しましょう。量子もつれになった2つの粒子「ψ_2」と「ψ_3」のうち、「ψ_2」をアリスが所持します。「ψ_3」はボブに渡します。なお、ボブはアリスから遠く離れているとします。アリスは東京に、ボブはニューヨークにいるといった感じです。「ψ_2」と「ψ_3」は、見えない糸で結ばれて同じ運命を持っているように見えます。どちらか一方が観察されると、必然的にもう一方の状態も決まってしまうという量子もつれの関係にあるからです。

ここで、アリスは自分の持っている「ψ_1」の情報と「ψ_2」の情報を特別な方法で関係づけます。もちろんアリスは、「ψ_1」の情報と「ψ_2」の情報の両方を比べることができます。そこで、アリスはその結果をもとにしてボブにメッセージを送ります。LINEでも電話でも手旗信号でも、とにかくどんな手段でも直接的に知らせる方法(「古典チャンネル」)なら何でもかまいません。アリスがボブに送るメッセージの内容は、「ψ_3」の扱い方についてです。「ψ_3」をそのまま見ればいいのか、それともある操作をしてから見ないといけないのか、ということです。

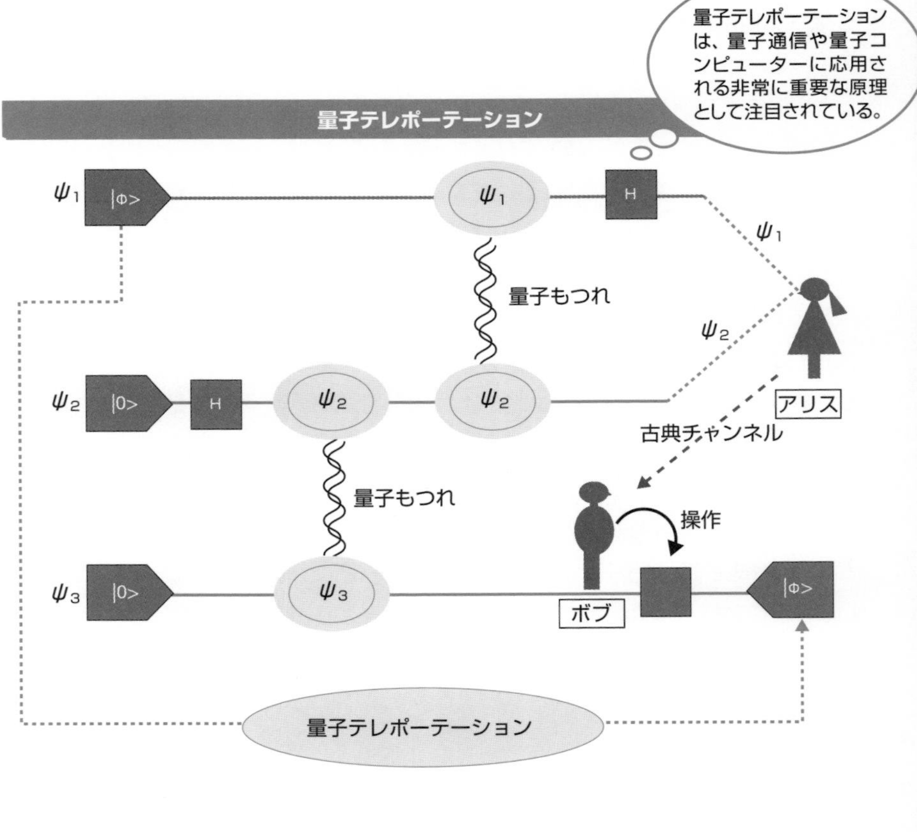

実際にアリスによってボブに送信されたのは、量子もつれの状態にされた2つの粒子の片割れの「ψ_3」だけです。しかし、アリスが「ψ_1」を観察したことによってその情報の状態が決定し、その状態が「ψ_3」の状態も決定させせます。これは、アインシュタインたちを悩ませた量子の性質です。量子の持つ情報は、量子を観察するまでは重ね合わせの状態でしかなく、観察して初めて決定します。アリスが量子の状態を観察して初めてボブの持っている量子の状態も決定したのです。これが量子テレポーテーションと呼ばれる理由です。しかし、実際に粒子が転送されたわけではなく、情報が瞬時に移動した(正確には情報がコピーされたといった方が正しいかもしれません)だけです。

なお、これからわかるように、量子テレポーテーションでは、どんなに離れた場所でも瞬時に量子状態が伝わるわけではなく、電話などの古典チャンネルによって量子ビットの操作方法を知らせてやる必要があります。したがって、どれほど離れていても瞬時に情報が転送されるのではなく、古典チャンネルの速度を超えて情報を転送することは不可能です。

COLUMN 富岳

▼富岳のユニット

by Raysonho

2020年6月、日本のスーパーコンピューター**富岳**が、スーパーコンピューターランキング「TOP 500リスト」で世界一の座を奪取しました。同時に、アプリケーションを利用したときの処理速度ランキング(HPCG)、さらにAIの機械学習の処理速度のランキング(HPL-AI)においてもトップの実力が証明されました。

富岳のハードウェアは、152,064ノード(各ノードはCPUと32GBのメモリの組み合わせ)を396の筐体に分散させて構成されています。

さらに、富岳は消費電力性能でも世界のスーパーコンピューターの中で1位です。つまり、最もエネルギー効率よく速い計算ができるということです。

2-3 量子コンピューター

グーグルやIBMがクラウドを通して時間貸しをしている量子コンピューターは、**超電導回路方式のゲート型量子コンピューター**です。この量子コンピューターは、量子コンピューターに有利と考えられる組み合わせ問題に特化せず、古典コンピューターと同じような汎用性を持ったコンピューターを目指しています。

現存のコンピューターとの違い

現在、コンピューターは各方面で活躍中です。会社のオフィスには、ノートパソコンやデスクトップPCが置かれていて、ビジネスになくてはならない存在です。また、インターネットのノード（中継地点）の役割を担っているサーバーコンピューターもIT社会において重要性がますます大きくなっています。天気予報や台風の進路の予測など、科学分野での様々なシミュレーションには、スーパーコンピューターが利用されています。また、スマホやテレビ、エアコンや掃除機にもコンピューターが組み込まれています。これらのコンピューターと**量子コンピューター**とはどこが異なっているのでしょうか。

話をわかりやすくするため本書では、前述のとおり現在活躍中のコンピューターを**古典コンピューター**と表記することにします。古典コンピューターは、電圧の高低によって「1」「0」のビットを判断し、この信号を2進数として計算を行います。簡単な計算も複雑な計算も原理は同じです。ある計算を行うための手順は決められていて、データを出し入れしながら1つずつ進めていきます。

これに対して量子コンピューターでは、古典コンピューターと同じ「0」「1」をビットとして利用するのですが、古典コンピューターのように電圧によってビットを決めるのではなく、量子の状態によって「0」「1」を決めます。これを「量子ビット」と呼びます。例えば、電子のスピンの上下を量子ビットに対応させたりします。

量子ビットは、人が観察するまでなら同時に「0」、「1」のどちらにもなれます。この性質を**量子の重ね合わせ**といい、量子コンピューターでは複数ある量子の状態を同時に保存できるのです。

量子コンピューターが計算する仕組みは**量子ゲート**と呼ばれます。量子コンピューターにおいては、量子ビットによる膨大な量子の重ね合わせ状態のまま量子ゲートによって計算され、その結果も量子の状態として収束するまで並列に保存されます。このため、組み合わせ問題などのような、計算過程が膨大にある問題を解くのが得意だといわれています。この状態から計算結果を取り出すには、結果を出力させなければならないのですが、このとき利用されるのが**量子もつれ**（**エンタングルメント**）という量子に特有の現象です。

量子コンピューターが素晴らしい計算能力を示すことは、これまでの多くの実証実験から確認されています。これらの実証には量子コンピューター用のアルゴリズムが使われています。古典コンピューターとは異なる方式で計算を行うため、古典コンピューターとは異なるアルゴリズムが必要になります。アメリカのピーター・ショアは、1994年に因数分解を効率よく解くアルゴリズムを考案し、2004年には量子コンピューターによってアルゴリズムの有用性が実証されました。

現在、開発の主流となっている量子コンピューターの多くでは、量子の温度を絶対零度付近まで下げる必要があるため、企業のオフィスや一般の研究室に置くことが困難です。このため、インターネットを使ったクラウド方式によって、量子コンピューターを時間で切り売りするサービスを行っています。

量子コンピューターの方式の中には、絶対零度を必要としないものもあります。室温でも安定した量子状態を保つことができるようになれば、中小型の量子コンピューターがデータセンターやオフィスに入る日も来るでしょう。小型化がさらに進めば、超小型のAIとしてロボットの頭脳に取り付けられるようになるかもしれません。

◀ IBMの量子コンピューター IBMQ

画像出典：日本IBM

2-4 夢のコンピューターは量子で計算する

リチャード・ファインマンは1981年に、量子力学をシミュレートするためには、量子力学の原理によって動くコンピューターが必要だ、と述べています。ファインマンが夢想した量子コンピューターは、古典コンピューターとは一線を画します。量子コンピューターは、「0」と「1」のビットとは異なる**量子ビット**（キュービット）を使います。

コンピューターの原理

当時も、そして21世紀になってからも、スーパーコンピューターからスマホまで、搭載されているコンピューターのすべては、1936年に**アラン・チューリング**が考案した理論上の自動計算器（**チューリングマシン**）を発展させたものです。

チューリングマシンは、「0」と「1」で構成されるビット列を使ってNOT、AND、ORなどの論理演算を行います。

このため、演算のための電子回路には電界効果トランジスタが使われています。半導体チップの表面にトランジスタを作り出して集積化を図ったIC（集積回路）を多数組み合わせることで、ビット計算を高速で行うのが**古典コンピューター**です。

このような古典コンピューターに対して、量子コンピューターで使われる量子ビットは、「0」と「1」の互いに直交するベクトルとして表されます。一般に量子ビットの「0」は状態ベクトルとして「$|0\rangle$」、「1」は「$|1\rangle$」と表します。量子ビットはこのようにベクトルとして表されるため、数学的に結合させることができます。これを**重ね合わせ**といいます。量子ベクトルの重ね合わせは、次のように表されます。

$$|\psi\rangle = a|0\rangle + b|1\rangle \quad （ただし、|a|^2 + |b|^2 = 1）$$

量子ビットの状態は確率的に決まり、量子の重ね合わせでは、観察されるまで量子の状態がわからず、両方の状態が重なった状況にあることを指しています。重ね合わせの結果は、観察されて初めて確定（収束）します。

主な論理演算回路（古典コンピューター）

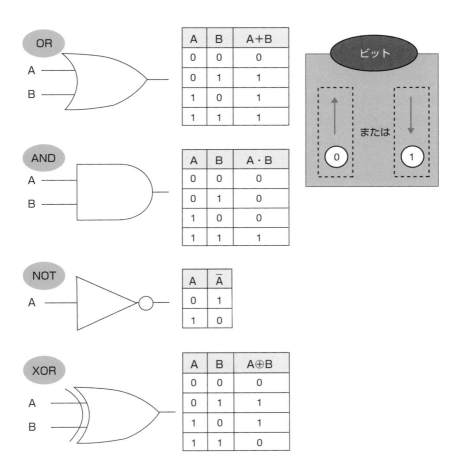

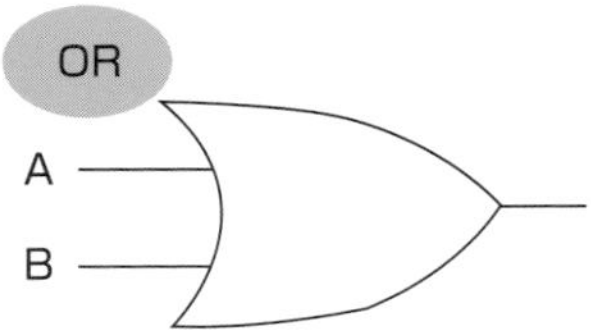

A	B	A+B
0	0	0
0	1	1
1	0	1
1	1	1

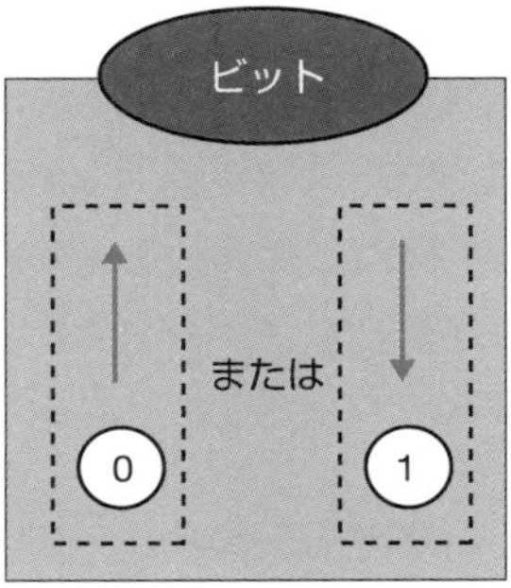

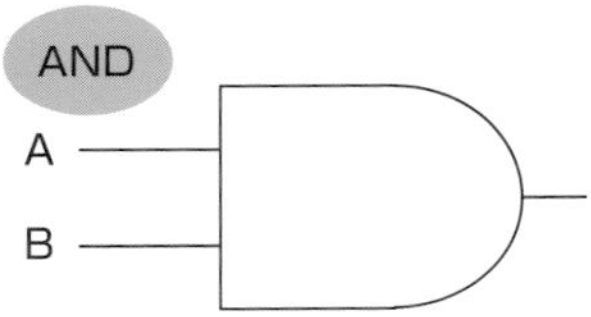

A	B	A・B
0	0	0
0	1	0
1	0	0
1	1	1

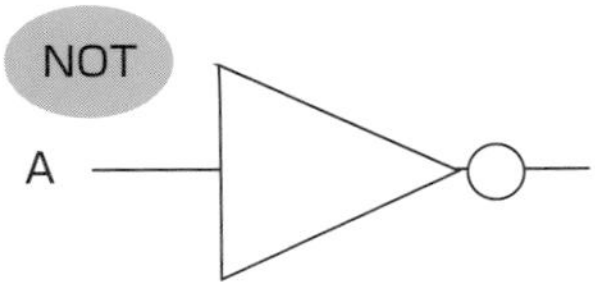

A	$\overline{A}$
0	1
1	0

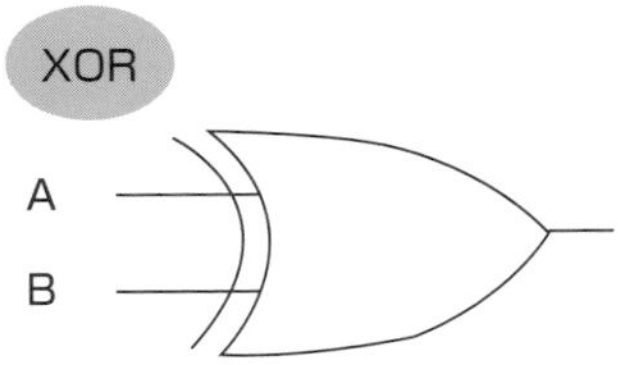

A	B	A⊕B
0	0	0
0	1	1
1	0	1
1	1	0

この奇妙な量子の振る舞いこそが、「**シュレディンガーの猫**」のパラドックスとして有名な量子の性質です。1時間後に確率2分の1で死ぬ実験箱に入れられた猫の運命が、箱のふたを開けるまでわからない——というこの話では、箱の中の猫は、「生きている」状態と「死んでいる」状態が重ね合わされているとされています。

量子ビットの重ね合わせ

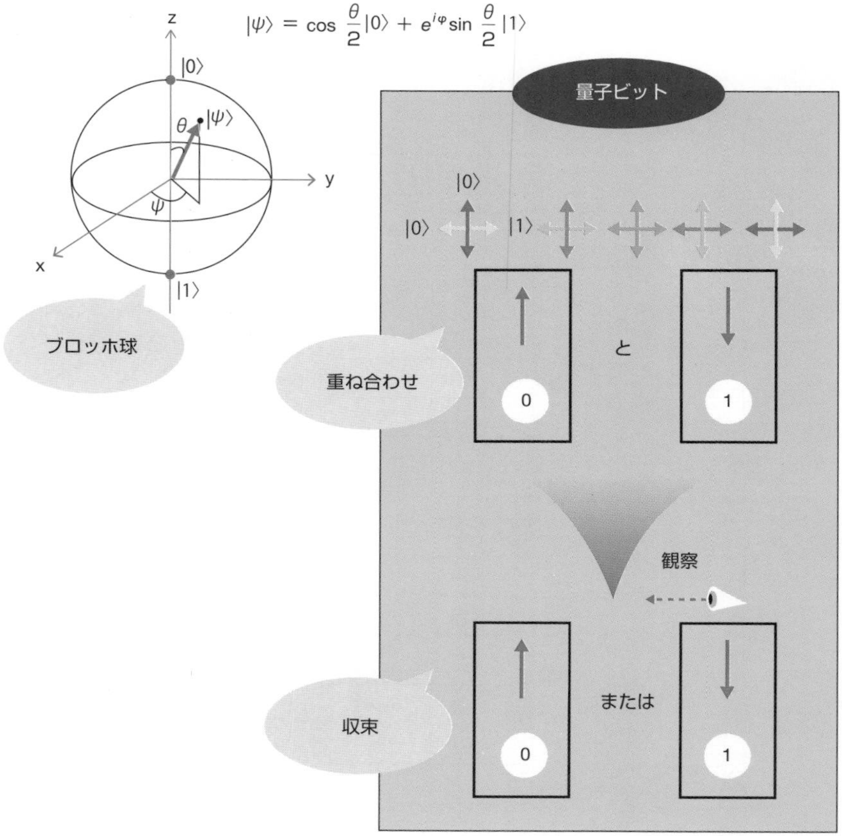

つまり、量子コンピューターは、処理途中では「0」の状態と「1」の状態の間の多くの状態を同時に持つことができ、このような重ね合わせ具合を情報に対応させます。たとえると、1量子ビットは、二重スリットを通過した電子に対応していて、重ね合わせの状態といえます。

古典コンピューターの処理ではビットによる処理が「0」または「1」であるのに対して、量子コンピューターでは「0」と「1」の2つを同時に扱って処理できます。このことが量子コンピューターの優位性を特徴付けています。

古典コンピューターに使用されているNOT演算子では、1つのビット入力を反対のビットに変換して出力させています。1量子ビットのNOT演算子（パウリゲート）も同じように「|0⟩」➡「|1⟩」、「|1⟩」➡「|0⟩」に変換することができます。さらに量子演算子では、位相をずらしたり、干渉を利用して波動を変化させたりすることもできます。**アダマールゲート**と呼ばれる変換を|0⟩に施すと、「0」と「1」の状態がそれぞれ50%ずつの重ね合わせの状態*になります。

このように、古典コンピューターでは1種類しかなかった1入力-1出力の演算子ですが、量子ビットでは位相の変換による演算子が複数存在します。

パウリゲートとアダマールゲート

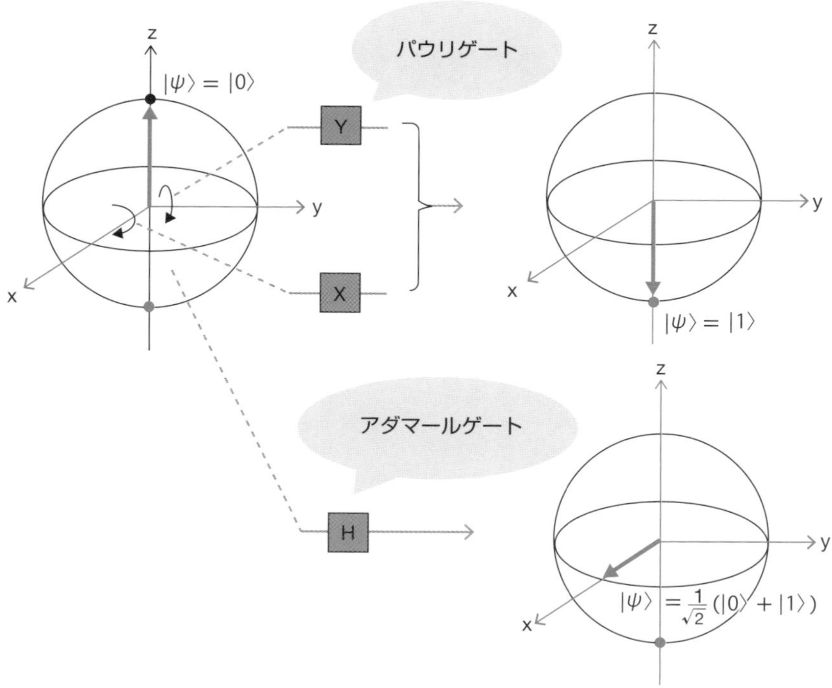

＊…の重ね合わせの状態　「パウリゲート」「アダマールゲート」は、1つの量子ビットを3次元的に、ある角度だけ回転させるため、**回転ゲート**と呼ばれる。

2量子ビットを使うと、さらに複雑な演算ができます。古典コンピューターの「XOR」演算子に相当する**量子演算子**（**CNOT**＊**ゲート**）では、2入力-2出力の演算が行われます。例えば、CNOTゲートを構成する2つの入力の上を入力1、下を入力2とします。入力1は、アダマールゲートによって「0」と「1」の重ね合わせの量子ビットになっていて、入力2は「0」とします。CNOTゲートでは、入力1と入力2が同じとき、出力1には入力1の量子ビットがそのまま出力されますが、出力2には古典コンピューターのXOR論理回路にように、2つの入力が同じときは「0」が、異なるときは「1」が出力されます。

CNOTゲートによる演算では、出力は「|00〉」か「|11〉」のいずれかです。また、出力1が「0」なら出力2も「0」、出力1が「1」なら出力2も「1」というような関係（量子もつれ）も生み出しています。

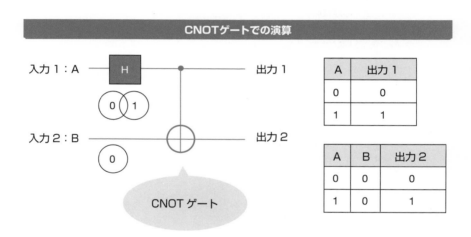

CNOTゲートでの演算

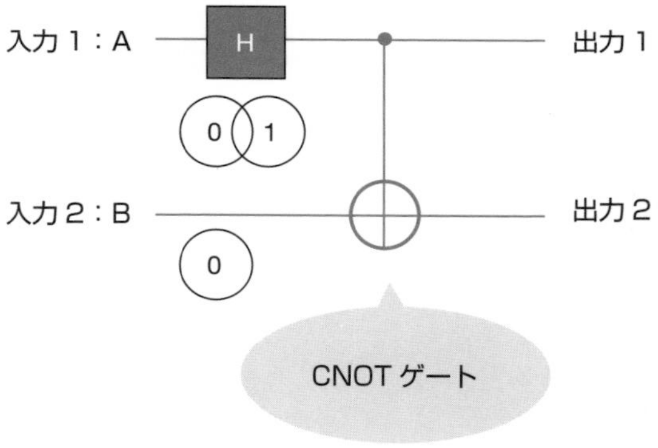

A	出力1
0	0
1	1

A	B	出力2
0	0	0
1	0	1

量子コンピューターは、1量子ビット演算を行う1ビットゲートと2量子ビット演算を行う2ビットゲートの組み合わせで構成され、あらゆるプログラムに対応します。量子ビットを増やすと、指数関数的に「0」か「1」の状態が重ね合わされ、それらが互いに干渉し合います。このようなビットの重ね合わせと干渉を利用して、一度に非常に多くの情報処理を行うことに長けているのが量子コンピューターなのです。

＊**CNOT**　Controlled NOTの略。

COLUMN 量子超越性

2019年、グーグルの**Sycamore**（シカモア）が**量子超越性**を達成したと報道され、世界中に衝撃を与えました。

量子超越性とは、“これまでの技術では達成できなかった計算を、量子技術を使えば達成可能なこと”を指します。グーグルの広報によると、スーパーコンピューターが1万年かかる計算を200秒で済ませた、ということです。

グーグルが量子超越性の達成を宣言すると、同方式の量子コンピューターの開発競争をしているIBMはすぐに反応しました。IBMは、量子コンピューターによるデータの並列処理と同じことをスーパーコンピューターで行う場合、膨大なメモリ領域が必要になるが、そこを考慮すればスーパーコンピューターでももっと早く処理を済ませることができる（IBMの主張では2日半程度）と……。

1万年と2日半の違いをどのように考察するかは、ここでは置いておきましょう。Sycamoreによる量子超越性報道の核心は、処理性能を数倍アップするのに数年かかっているスーパーコンピューターを、量子コンピューターなら簡単に凌駕できることを証明したという事実です。そしてさらにすごいのはSycamoreがたった53量子ビットの量子素子で構成されていたということです。

SycamoreがスーパーコンピューターよりもはるかにEに優秀であることを証明したというのは、間違いではないのですが、グーグルが諸手を挙げて喜んでいるわけでもありません。それは、ファインマンが量子コンピューターについて最初にイメージしたように、Sycamoreがスーパーコンピューターと速さ対決をした課題は、量子コンピューターに有利なものだったからです。もちろん、グーグルの研究者たちはそのことをわかっています。Sycamoreはさらなる高みへのマイルストーンとなるはずです。

量子コンピューターのすごさは、計算能力がスーパーコンピューターよりはるかに速いというだけではありません。量子コンピューターの方が、電力消費が少なくて済みそうなのです。消費電力で比べてみると、量子コンピューターはスーパーコンピューターの1000分の1以下で、非常に省エネだといえます。現在、最も開発が進んでいる量子コンピューターの方式では、量子を安定的に扱うために、絶対零度付近まで機器を冷やす必要があります。これに多くの電力がかかりますが、同じように電気で動くスーパーコンピューターも筐体から出る熱を冷やすために冷却装置が必要です。冷却装置など周辺機器が使用する電力も含めて総合的に比べると、量子コンピューターはスーパーコンピューターの数十万分の1という驚きの試算もあります。

COLUMN

グーグルの量子コンピューター

Sycamoreは、54個の量子ビットを扱うように設計されていました（実験では1個の量子素子が動作しなかったため実際には53個の量子ビットによって実行）。1量子ビットでは「0」と「1」を重ね合わせるため、2^{53}（約1京）個のビットパターンの重ね合わせができます。Sycamoreは、量子重ね合わせによる膨大な演算のビットパターンをメモリとして利用します。この状態からいずれかの量子ビットで演算内容を変化させると、重なり合った膨大な数のビットパターンがまとめて変化します。このような並列処理ができる量子コンピューターは、データ処理を逐次行う古典コンピューターに比べて処理能力が速くなります。

Sycamoreは、量子コンピューターの優位性を示すことが目的だったため、量子コンピューターに都合のよいプログラムを使って実験されています。将来の汎用性がある量子コンピューターでは、古典コンピューターでは不得意な問題、つまり組み合わせ数が莫大になるような問題については、量子コンピューターが圧倒的に有利になると考えられています。創薬やタンパク質の解析、化学物質合成などのシミュレーションや、画像・音声の認識、医療診断などの機械学習の分野での活躍が期待されています。

Sycamore

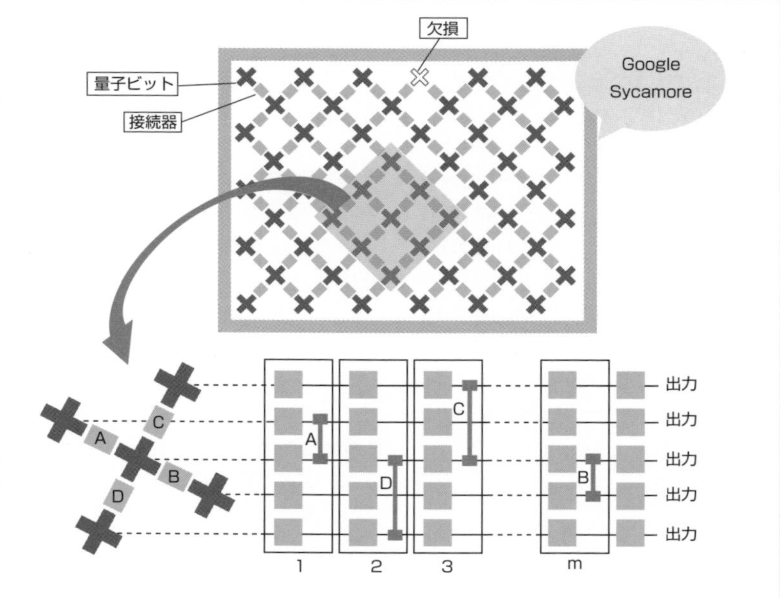

2-5 量子コンピューターの開発

現在、IBMやグーグルをはじめとする巨大なIT企業では、汎用性の高い量子コンピューターの開発が進められています。これらに対して社員100名弱のリゲッティ・コンピューティング社やIonQ社などの比較的小さな会社も、商用の量子コンピューターの開発競争に加わっています。

量子コンピューターの歴史

ファインマンが"量子による""量子のための"コンピューターの必要性を指摘した数年後には、イギリスのデイビッド・ドイッチュが量子版のチューリングマシンを定義しました。その後しばらくの間、量子コンピューターの進歩は、理論とアルゴリズムの発展に限られていました。1994年、アメリカのピーター・ショアは量子コンピューター用の素因数分解のアルゴリズムを考案します。このことが、古典コンピューターによる素因数分解の困難性のゆえに成り立っていたRSA暗号の安全性を危うくしました。

2000年以前には、量子コンピューターのハードウェアの開発はなかなか進みませんでした。外部からの物理的な刺激によって簡単に状態を変化させてしまう量子の性質を保ち、うまく制御することができないために生じる計算上のエラー（**量子誤り**）が、大きな課題となっていました。

2000年代になると、（実験的ではありますが）ようやく量子コンピューターが姿を現します。2001年には**核磁気共鳴式**の量子コンピューターが、2007年には光子式、2008年にはイオンをレーザー冷却する**イオントラップ方式**、2009年には**半導体方式**が相次いで提案されました。

日本の貢献としては1998年に成功した量子ビットの開発があります。中村泰信と蔡兆申（ツァイ・ヅァオシェン）による超電導を活用した量子ビットの開発や、古澤明による**量子テレポーテーション**の実現などは、その後の研究に引き継がれています。

世界初の商用の量子コンピューターは、2011年、カナダのD-Wave Systems社から販売されました。この**D-Wave One**の価格は、システム全部で十数億円程度でした。

従来型の（古典）コンピューターと量子コンピューターを比較するには、ある共通の問題を解かせて解答が出るまでの時間を計測するベンチマークが一般的です。そして、D-Wave社の量子コンピューターは古典コンピューターよりも数千倍速いという結果を出しました。しかし、D-Wave製コンピューターを量子コンピューターと呼ぶかどうかについては、国際的な合意が完全には得られていません。これは、何を量子コンピューターと呼ぶか、ということの定義がきちんとなされていないのが原因と考えられます。このことは、量子技術を活用したコンピューティングテクノロジーがそれだけ広がりを持って存在していて、従来型コンピューターの性能向上の行き詰まりを打開する研究が様々なアプローチによって進められていることを示しています。このような技術の百花繚乱状態は、黎明期によく見られるものです。結果的にどのような量子コンピューター方式が最も高速で安定していて、しかもコストが安く済むかという熾烈な開発競争の勝者だけが、次世代のコンピューターすなわち量子コンピューターとしての中心的な位置につけるのでしょう。そして、その方式が量子コンピューターの定義となるはずです。

▼D-Wave One

D-Wave社は量子
コンピューターを
初めて世に出した

by Oleg Alexandrov

2-6
アニーリング方式とゲート方式

量子コンピューターには大きく分けて2つの方式が存在しています。グーグルやIBMなどが研究しているのは**ゲート方式**ですが、これに先行して商品化され、実践での経験や知見が蓄積されているのは、D-Waveなどの**アニーリング方式**です。

量子コンピューターの方式

アニーリング方式の**アニーリング**を日本語にすると**焼きなまし**となります。現在、量子コンピューターの「焼きなまし方式」に採用されているのは、1998年に門脇正史と西森秀稔によって提案されたものです。焼きなまし方式とは、スピン量子からなる格子で構成された**イジングモデル**を用いて、スピンによる磁気相互作用と外部からの磁場によるエネルギーの最小状態を導く手法です。

アニーリング方式をとる量子コンピューターは、D-Wave Oneに始まるといってよいでしょう。その後、グーグルとの共同研究によってD-Wave Twoに発展します。アニーリング方式は日本で発展した理論がもとになっているせいか、この方式の量子コンピューターの開発を行っている大学や研究機関も国内に多くあります。日立では、イジングモデルの動作を疑似的に再現する半導体回路（**CMOS*****アニーリングマシン**）を開発しました。数年以内に自社製のアニーリング方式の量子コンピューターの実用化を目指しているNECは、2020年から自社製のスーパーコンピューター（SX-Aurora TSUBASA）とD-Waveを用いて量子コンピューターをシミュレートしたサービスの提供を行っています。D-Waveの使用を発表した企業や研究機関としては、グーグル、NASA、フォルクスワーゲン、リクルート、デンソーなどの名前が並びます。

ゲート方式の量子コンピューターは、ファインマンの量子コンピューターの夢想をもとに、デイビッド・ドイチュが具体的な論理回路を設計した方式です。アニーリング方式よりも多種多様な使い方が想定されているため、万能な量子コンピューターとされています。グーグルはD-Waveのアニーリング方式の量子コンピューターと同時にゲート方式の量子コンピューターも開発してきました。2019年には53量子ビットのゲート式量子コンピューターによって古典コンピューターを超え

＊**CMOS**　Complementary MOSFETの略。「シーモス」と読む。

る性能が発揮されたことを公表しました。そのときの論文によれば、グーグルのゲート方式の量子コンピューター（Sycamore：シカモア）は、絶対零度付近まで冷やした量子素子をマイクロ波によって制御し、量子重ね合わせによって並列計算させ、正解と思われる解を導きました。その速さはスーパーコンピューターの計算速度の数千万倍以上といわれています。

ゲート方式はアニーリング方式に比べて技術的に難しいのですが、古典コンピューターと似たハードウェア構成をしています。さらに、従来と同じようなプログラミング言語も開発されています。このためか、現在はグーグルやIBMをはじめ、マイクロソフトもゲート方式の量子コンピューターを開発しています。

アニーリング方式とゲート方式の違いは、ハードウェア的な違いだけではありません。一部の研究者の間では、アニーリング方式は量子コンピューターとは呼べないとの主張もあるように、この方式の量子コンピューターには汎用性がありません。アニーリング方式の量子コンピューターが得意とするのは、**組み合わせ最適化問題**です。アニーリング方式の量子コンピューターは、組み合わせ最適化問題に特化したコンピューターともいえます。それでもこの方式の量子コンピューターに需要があるのは、1つは古典コンピューターでこの手の問題を解くのに時間がかかること、そしてもう1つは、アニーリング方式の方がゲート方式に比べて開発が容易だったことによります。

実際、解決したい組み合わせ問題は現代社会に非常に多くあります。市中にある数十のコンビニに商品を配送するとして、どのように回れば最も効率がよいか、カーナビに組み込む最短距離探索プログラム、安全性と効率性を按配（あんばい）した信号機の点灯間隔やシンクロ、規定サイズの鉄板から無駄なくできるだけ多くの製品パーツを切り出すためのパズルなどです。最適化によって効率化されることによるコストの削減が期待できるなら、これらに特化したコンピューターを一時利用したいという需要が多くあるのです。

なお、D-Waveには量子ビットをつなぐ結合数が6つまでという制約があり、量子ビット数に見合った性能が出せないという弱点が指摘されていました（新機種ではこの制約を緩和しています）。アニーリング方式の量子コンピューターは、組み合わせ問題に特化しているため、基本的にはプログラミングも不要です。用意されている関数を利用して最適化問題を解くため、関数を選んでそのパラメータを設定するだけです。Excelの関数を利用したシミュレーションのようなイメージです。

2-7 クラウドから量子コンピューターを使う

ここでは、IBM Quantum Experience（IBM Q）をインターネット経由で使ってみることにしましょう。IBM Qは、ゲート方式の量子コンピューターなので、1量子ビットや2量子ビットの量子ゲートを実行時間順に並べることでプログラミングを行います。

誰でも使える量子コンピューター

世界で最初に商用の量子コンピューターの販売を開始したD-Wave社の量子コンピューターは、1台10億円程度といわれています。このような高額の買い物を自社の事業に活かせるかどうか（元がとれるかどうか）、投資が目的だとしても（まず何に対しての投資なのか）簡単に決められるものではありません。

量子コンピューターという新型コンピューターの顧客となるには、量子コンピューターを購入するという方法のほかに、ネットから量子コンピューターを利用するという時間借りの方法も選択できます。これが量子コンピューターのクラウド利用です。

2016年にはIBMが**IBM Quantum Experience**を、2018年には中国のアリババが、2019年にはマイクロソフトが**Azure Quantum**、アマゾンが**Braket**のサービスをそれぞれ開始しています。これらのクラウドサービスの恩恵を享受するには、会員登録のほかに料金が発生しますが、小さな量子ビットでよいのであれば無料で利用することもできます。

IBM Quantum Experienceでの量子アルゴリズムの実行手順

❶Webブラウザを使ってIBM Quantum Experienceのサイト*にアクセスしたら、最初にアカウントを作成しなければなりません。「Create an IBMid account.」をクリックして、IBMidというアカウントを作成してください。すでにTwitterやLinkedInなどのアカウントを持っている場合には、それらのSNSアカウントでログインすることもできます。SNSアイコンをクリックして、アカウントを設定してください。アカウントの用意ができたら、IBM Quantum Experienceにログインしてください。

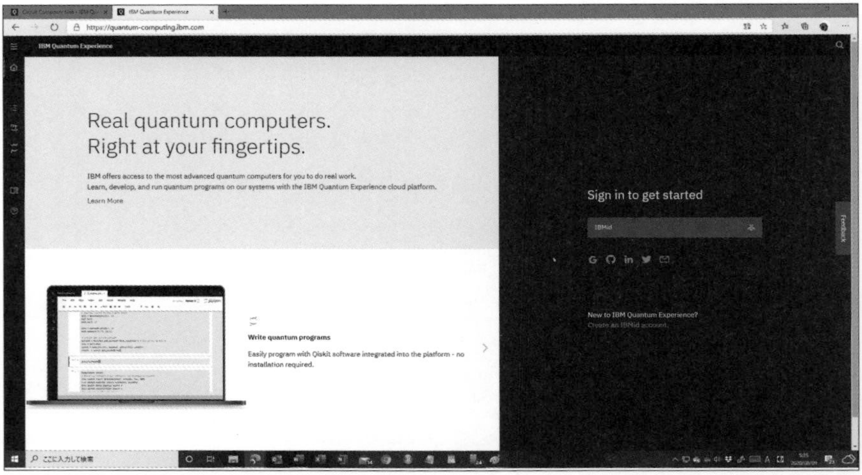

❷IBM Qのプログラミングは、「Circuit Composer」パネルで行います。左端のメニューバーで「Circuit Composer」をクリックします。Circuit Composerパネルでは、量子アルゴリズムを実行するための量子回路が設計できます。1量子ビットないし2量子ビットの量子ゲートアイコンをマウスでドラッグして移動し、回路の任意の位置でドロップします。回路を組み立てていくと、その都度、クラウドに自動で保存されます。

*…のサイト https://quantum-computing.ibm.com/

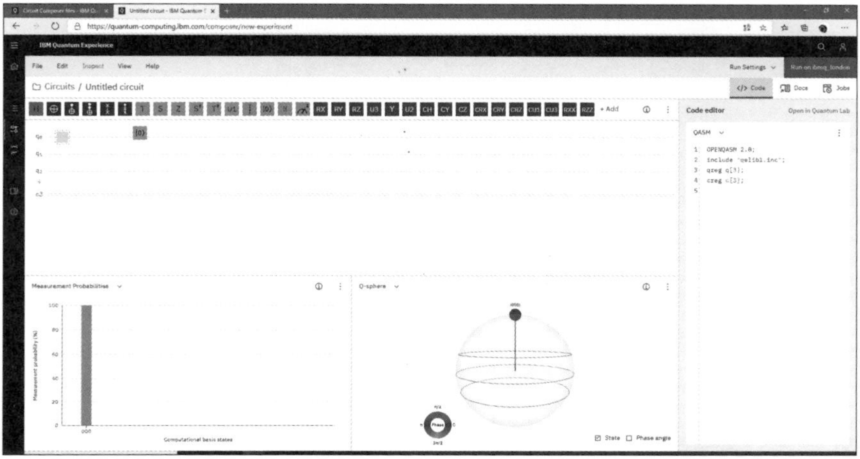

❸ゲートを配置すると、その都度、アルゴリズムが実行され結果が表示されます。

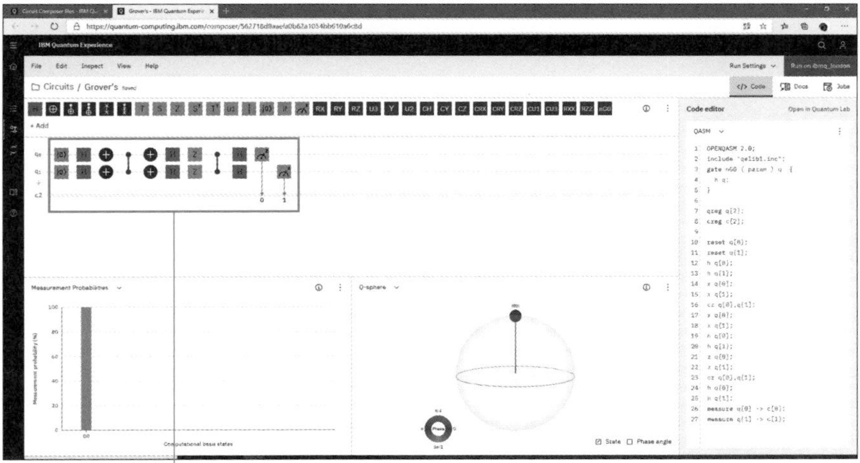

完成した量子アルゴリズム

2-8 量子コンピューターは何に利用できるか

十数年後までには、一般の人々も汎用的な量子コンピューターを利用できる社会が実現すると思われますが、それまではD-Waveに代表されるような、組み合わせ問題の解決が得意なアニーリング方式の量子コンピューターが主流となるでしょう。現在、アニーリング方式の量子コンピューターがどのように利用されているのかを紹介します。

量子コンピューターの利用例

現在、**アニーリング方式**の量子コンピューターが他の方式に先行して活用されています。しかし、アニーリング方式は、汎用性がある古典コンピューターのようにオフィスのPCになることはできません。現在販売されているアニーリング方式の量子コンピューター「D-Wave」は1台、十数億円もします。

さらに、現在の量子コンピューターは組み合わせ問題の解決に特化されていますので、文書作成やフォトレタッチに利用するなら古典コンピューターの方がずっと有利です。

社会インフラへの利用

フォルクスワーゲン社は、量子コンピューターが社会に最も貢献できる分野は、交通渋滞の緩和だと考えています。2017年にはD-Wave社との提携によって、大都市の交通渋滞緩和のためのシミュレーションを開始しました。そして、2019年に、交通量や輸送需要、移動時間の予測ができる交通管理システムを開発しました。このシステムを使うと、タクシーや宅配業者は効率的なサービスを提供できます。

フォルクスワーゲンとD-Waveとの共同研究で利用したビッグデータは、スマホによるGPSの匿名データでした。もちろん、これらのビッグデータの収集と整理は従来の古典コンピューターで行います。整理されたビッグデータは、量子コンピューターの最適化アルゴリズムにかけられ、交通渋滞の解決を推進するというわけです。

フォルクスワーゲン社によるこの取り組みの有用性は、北京やバルセロナなどの大都市で実証されています。同社のアナリストによれば、これらの都市で得られたビッグデータと量子コンピューターによる最適化アルゴリズムは、同じ程度の都市の交通システムだけに限らず、これらより大きな都市や小さな都市でも応用できるそうです。

フォルクスワーゲンは、ここまでの成果の実験場としてリスボンを選びました。システムの技術パートナーはグーグルに変わり、交通渋滞緩和のためにAIも利用します。市内のバスにシステムを搭載して、効率のよい運行を目指した検証が行われています。

自動車やバス、電車などの交通インフラを効率よく運用するのに、量子コンピューターは威力を発揮するでしょう。都市に暮らす人々にとって交通インフラによる移動の効率化は、日常的なストレスの軽減にもつながるため非常に高い関心を集めます。もちろん、交通渋滞が減れば排気ガスや燃料コストが抑えられるため、経済的なメリットも大きくなります。省エネルギーにもつながるため、高価な量子コンピューターを稼働させても、コストが釣り合うかもしれません。

フォルクスワーゲンをはじめ世界中の自動車メーカーやその関連企業が、道路を走る機械の最適化を進める背景には、最適化の先にある**自動化**を見据えた動きがあります。つまり、自動運転システムの中に、運行の最適化を組み入れる目論見(もくろみ)です。将来的に都市の車システムはAIによって自動化されるでしょう。個々の車にAIが搭載されるのか、それとも中央制御としてのAIからの指令を受けて車が運行されるのか、それらのミックスによるのかは、まだわかりませんが、組み合わせ問題を素早く処理できるコンピューターが必要になることはわかります。自動車やタクシー、バス、そのほかの都市交通システムのすべての動きをデータ化し、それら1台1台の目的地と経路の最適化を行う自動運行システムができれば、渋滞や交通事故を極限にまで減らすことが可能です。

自動車関連の機械を製造しているデンソーでは、自社工場内で無人搬送車を走らせる実証実験を行っています。D-Waveを用いて、リアルタイムに無人搬送車の道順や速度を最適化したところ、稼働率が15%向上したことが報告されています。

マーケティング、金融ビジネス

量子コンピューターを商業利用するための実験的な取り組みも行われています。

リクルート・コミュニケーションズでは、旅行サイト「じゃらんnet」やグルメサイトの「ホットペッパーグルメ」など、利用者とサービス提供者とのマッチングを提供するWebサイトを運営しています。このようなサイトの出来・不出来は、まさにユーザーが望む検索結果をいかに上位に表示するかという“マッチング効率”で決まります。これは、ユーザーのプロフィールデータ（居住地、年齢、性別、職業、家族構成など）と、時期や状況などを組み合わせる最適化問題です。そこで同社では、個人からの情報と、サービスリソースにあるデータとの最適な組み合わせを見つけたり、Webページに表示する広告を効果的に配置したりすることに量子コンピューターを使用しています。

投資の最適化に量子コンピューターを使おうという考えも出ています。投資を選択して行おうというときに役立つのは、金融工学です。現代の経済は数学で語られることも多くなっています。

資産運用で重要なのは、総合的な収益の安定性です。そこで、いくつかの資産を組み合わせます。分散投資を行うことで、価格変動に対するリスクをできるだけ減らすのです。このような目的で作られるのが「ポートフォリオ」です。そこで、量子コンピューターにポートフォリオの最適化をさせるのです。2018年から野村ホールディングスと東北大学は、D-Waveを用いたポートフォリオの最適化に関する研究に取り組んでいます。

創薬、新素材創造

創薬の分野でも量子コンピューターの活躍が期待されています。現在、創薬にはスーパーコンピューターが利用されます。そもそも病気は、体調に異変を与えるもととなる物質（主にタンパク質の仲間）によって起きます。このような、病気のもとになるタンパク質に結合して、人体に悪い影響が及ばないようにしてくれるのが薬です。つまり、病気の原因分子が特定されれば、それに結合する可能性のある物質を見つけ出したり、作り出したりすることが薬の開発（創薬）につながるのです。実際には、このあと、安全性の確認などに臨床試験が必要で、新薬開発には10年以上かかるといわれています。

スーパーコンピューターは、病気の原因分子に適合する分子構造を見つけるのに利用されています。**バーチャルスクリーニング**という手法を使うと、実際には存在しない分子構造を当てはめてみることもできるため、新薬候補の範囲が広がります。このように、創薬の中でも候補をできるだけ多く見つけ、それを絞り込む過程でコンピューターが活用されています。組み合わせ最適化が得意な量子コンピューターには、この分野での活用も見込まれます。

有機化合物は、炭素原子や水素原子など何種類かの非金属原子が、いくつも複雑に組み合わされてできています。原子間の結合は、電子の共有によることが多く、この結合に関しては、コンピューターで計算することができます。原子間の結合を量子力学で理論的に探究するのが**量子化学**です。量子化学の領域でも、親和性がよいと考えられる量子コンピューターの完成が待たれています。

有機化合物の電子状態を量子コンピューターによって短時間で調べることができるようになれば、次は化合物の化学反応をシミュレートできるようになるでしょう。つまり、理論的に化学反応をコンピューター上に正確に再現できるようになります。これを応用すれば、新しい物質の化合をコンピューター上で実験できるようになります。

工業分野では、炭素原子を組み合わせた新素材が注目されています。誘電性のポリマーや疎水性の高い繊維、自然環境にやさしいプラスチック素材などを、これまでよりもずっと短時間で開発できるようになるでしょう。

生化学、医療分野

量子コンピューターの性能がもっと上がれば、複雑な問題にも対処できるようになると期待されます。ゲート方式の量子コンピューターの性能アップで問題解決が期待される領域です。原子が集まってできている分子では、原子に所属する電子が分子間でどのように遷移するかが知りたいのです。もちろん、電子数が多くなり、分子が大きくなれば計算は複雑になります。本書の執筆時点では、電子を1個しか持たない水素原子2個でできている水素分子の量子状態をシミュレートするのがやっとといった水準です。量子ビット数が1000を超える量子コンピューターが完成すれば、分子数100程度の化合物の量子シミュレーションが可能になります。これでも、小さなタンパク質分子の分子数にも満たないため、実際に量子化学の領域で広く利用されるようになるためには、10万量子ビット程度の量子コンピューターが望まれます。分子数の小さな分子の反応や量子状態の変化をシミュレートさせる取り組みは、すでに古典コンピューターを使っても行われていますが、量子コンピューターを使うことで時間を短縮することができます。

量子化学や物性学のシミュレーションに量子コンピューターが利用される例もあります。**VQE***（**変分量子固有値法**）**アルゴリズム**を用いた分子シミュレーションやタンパク質の立体構造の把握に用いられ、一定の成果を上げています。大阪市立大学の工位武治らのチームは、分子内のすべての電子配置を考慮した**FCI*法**（**全配置相間相互作用法**）に有効な量子アルゴリズムを発見しました。

量子コンピューターによって化学物質とタンパク質の相互作用や化学反応をシミュレートできるようになれば、副作用のない薬品の開発をスピードアップさせられるでしょう。さらに、DNAの配列とはたらきを効率的にシミュレートすることで、民族や地域ごとの耐病原菌性能を加味した治療方法の提案、個人の遺伝的な体質を考慮した治療法や処方箋の決定など、パーソナル医療を推進できる可能性があります。

＊**VQE**　Variational Quantum Eigensolverの略。
＊**FCI**　Full Configuration Interaction Methodの略。

量子コンピューターの可能性

このように、交通やロジスティックなどの社会インフラ、金融関係やマーケティングなどのビジネス領域、創薬や新素材の開発など、これまでスーパーコンピューターが担っていた、膨大なデータから適切な組み合わせを高速で見つけ出す分野は、将来、量子コンピューターが担うことになる可能性が高いと思われます。

これまで人類は、量子コンピューターのような“知的道具”を使ったことがありませんでした。スーパーコンピューターでも計算に数か月かかるという場合には、もっと効率的で現実的な方式を捻(ひね)り出していました。量子コンピューターが完成し、スーパーコンピューターより1億倍も高速に計算が終了するのなら、これまで人類が探ってもこなかったり、諦めたりしていた領域に再チャレンジできるのではないでしょうか。例えば、臭い物質の分析や化学合成（分析化学）、脳のニューロンの結合と記憶との関係の解明（脳科学分野）、万能ワクチンの開発（創薬）など、量子コンピューターによってどのような未来を拓けるか非常に楽しみです。

近年、日本は毎年のように大きな自然災害に見舞われています。津波や台風などで避難指示を出してから、住民をどのようにしてスムーズに避難所へ移動させるか、といった研究でも、量子コンピューターの活用が提案されています。東北大学の大関真之らは、D-Waveを用いた避難経路探索問題に取り組んでいます。また大関は、2020年の新型コロナウイルスの世界的大流行を受けて、感染拡大を防いだり、重症患者を指定病院に割り当てたりするために量子コンピューターを活用しようとしています。

AIに量子コンピューターを利用すれば、処理速度がずっと速くなるため、**機械学習**のスピードが上がります。機械学習には、**教師あり機械学習**と**教師なし機械学習**がありますが、どちらにしても大量の学習データが必要です。ビッグデータと呼ばれる膨大なデータ処理でも、いまよりずっと高速に完了するでしょう。

量子コンピューターの出力は、確率分布をもとに決定されるため、古典コンピューターの出力に比べると“アナログ的”です。量子コンピューターでは、「白」「黒」をはっきりと区別した結果が表示されるとは言い切れず、あるときは「白」「黒」どちらとも言い切れない、といった曖昧な出力を許すこともできます。これは、人間の思考としては、よくあることです。このことは、量子コンピューターがAIの頭脳となった場合に、このような曖昧な処理がなされる可能性を示唆しています。つまり、AIが人間に近い思考をするようになる可能性があるということです。このAIは、人間の文学や芸術を理解し、感情を芽生えさせるかもしれません。

2-9 量子ビットを生成する方式

D-Waveなど多くの量子コンピューターでは、量子素子の温度を絶対零度付近まで下げることで、計算に使う量子を安定させます*。物質の温度を絶対零度付近まで下げると、物質は超電導状態（超伝導体）になり、物質内の量子は波としての性質が際立つことが知られています。

量子ビットのハード

量子コンピューターは、量子の重ね合わせや量子もつれを利用します。量子としては、電子や光子などが使われますが、これらの量子は周囲からのちょっとした変化に敏感なものばかりです。電子では、わずかな電気的な刺激（エネルギー）のみならず、温度や磁場にも敏感に反応してしまいます。**量子ビット**では、こういった外部からの電磁波や磁気、光などの雑音がエラーを引き起こす大きな原因となっていて、安定した量子ビットをできるだけ長い時間、存在させることが量子コンピューター実用化への大きな課題となっています。

D-Waveをはじめとして、グーグルやIBMなどの量子コンピューターに搭載されている量子素子は、超伝導体を用いた**超電導回路方式**と呼ばれます。ニオブ（Nb）を材料としたループ状の超電導回路に流れる電流の向きによって、2量子ビットを発生させます。

超電導回路方式

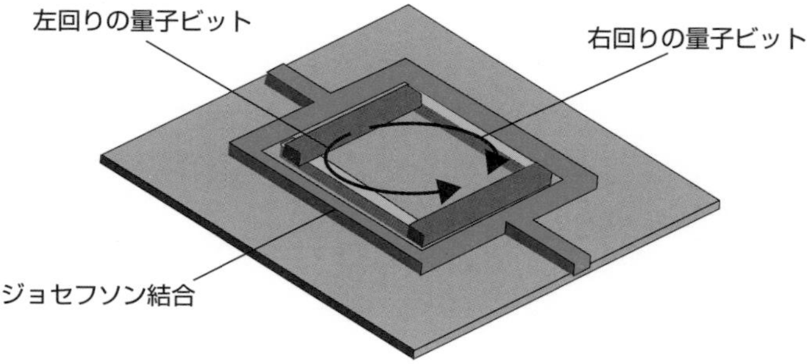

*…**安定させます**　D-Wave 2000Qでは0.015Kまで下げられている。

光方式は、量子に格子を使います。この方式の量子コンピューターでは、光を偏光板で縦波長「0」と横波長「1」の2通りに分け、それらを量子もつれ状態にして計算に利用します。光子方式のメリットは、光子が安定して存在できることです。このため、光方式の量子コンピューターは常温で動作させることが可能です。ただし、光学的なデバイスを小型化する技術的がまだ確立されていないため、集積化に課題がありました。

2量子ゲートを作るために光子同士を相互作用させる方法として、2013年、古澤明と武田俊太郎らは量子テレポーション技術を応用した演算装置を開発しました。さらに彼らは2017年に、光源から発せられる光子を短いパルスに区切る方法で、数多くの量子ビットを生成することに成功しています。光方式では、量子テレポーテーションの手法を使って量子版XORなどの計算処理を行います。このような光方式の量子コンピューターを開発しているベンチャー企業には、カナダのXANADUや、マイクロソフト社が投資しているPsiQuantumなどがあります。光方式による量子コンピューターは、超電導回路方式に比べて開発が遅れていますが、量子重ね合わせ時間（**コヒーレンス時間**）が長い、冷却が不要などのメリットがあるほか、光を使用することで光通信との相性もよく、将来性は高いと考えられています。

量子テレポーテーション回路

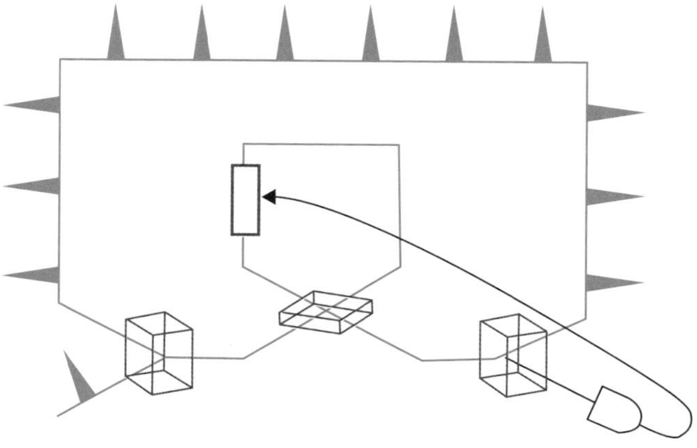

イオントラップ方式は、真空中でレーザーを使ってイオンを冷却し、電気的性質を利用して空中に浮かせて量子として利用するというものです。トラップされたイオンは安定していてコヒーレンス時間が長く、この方式は演算精度が高いというメリットがあります。トラップされたイオン中の電子に演算制御のためのレーザーを当てます。量子ビットによる計算結果は、再度、照射するレーザーによって読み出します。

イオントラップ方式の開発を行っているベンチャー企業として先行しているのはIonQです。アマゾンやサムスン、マイクロソフトなどから資金の供給を受けて研究を進めています。アメリカのHoneywell社もイオントラップ方式の量子コンピューターの開発を行っています。この量子コンピューターでは、イッテルビウム（Yb）イオンが量子ビットのはたらきをします。

イオントラップ方式

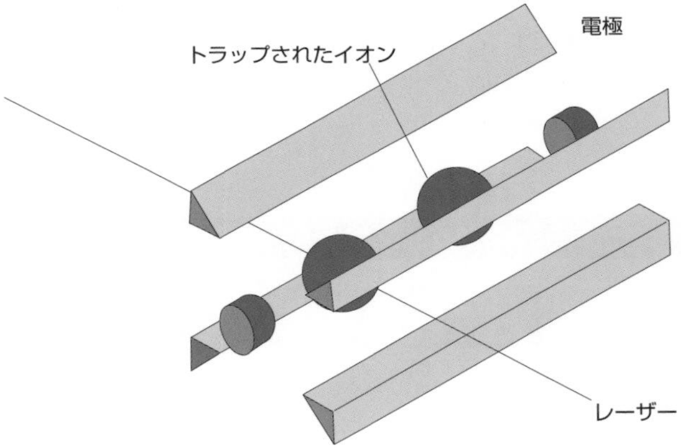

半導体方式は、現在の古典コンピューターのLSIと同じように、量子ビット素子をシリコンウエハー上に集積することを目指した方式です。種類の異なる２種類の半導体の薄膜を層状に接合すると、膜境界の２次元面では電子が自由に動けるようになります。半導体方式は、この電子を電極によって１点に閉じ込めて制御する方式です。したがって、量子ビットとしては電子のスピンを利用します。半導体方式は量子ビットの高密度な集積が可能です。また、これまで古典コンピューターで蓄えてきた製造のノウハウを活かすことができるため、Intelなどが研究開発に前向きです。

　東北大学の小林崇は、2020年、半導体量子コンピューターの強い電子スピン作用を保持でき、しかもコヒーレンス時間の長い材料を発見しました。この材料は、ホウ素不純物を含むシリコンに圧力を加えて結晶のゆがみを生じさせることで、量子性を持つ正孔を作り出すことができます。半導体方式の量子コンピューターの進歩につながるものとして期待されています。

半導体方式

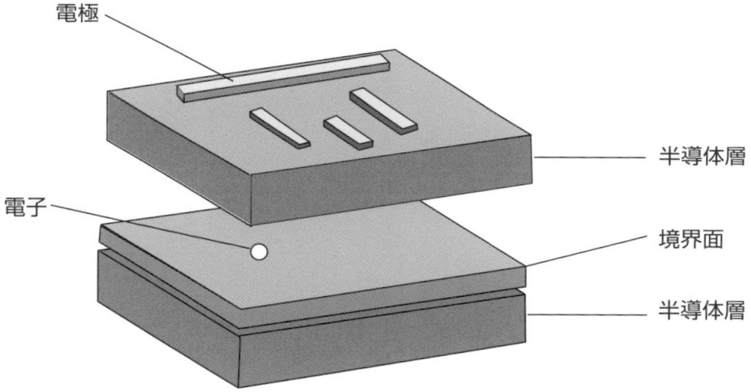

　これらの方式はどれも一長一短ですが、早くから研究開発がスタートして実績を積み重ねてきた超電導回路方式で「量子コンピューター」の可能性を探ろうとする企業が多いようです。一般にも量子コンピューターのすごさや素晴らしさが知られ始めていますが、実際には技術的にはどの方式もいまだ発展途上で、それぞれにメリット、デメリットが混在している状態です。

　さらに、ハードウェア的に安定して使用できるようになっても、量子コンピューターを何に使うのか、汎用的な利用ができるのかどうか、アルゴリズムやプログラム言語はどうするのか、といった利用面での問題も残っています。量子コンピューターの現実的な使い方として、量子コンピューターを単独で用いるのではなく、古典コンピューターと組み合わせるというハイブリッドな利用法も提案されています。2020年代中ごろまでには、性能的にはスーパーコンピューターを超え、商用が可能な程度に汎用化された量子コンピューターが登場すると予想されています。

2-10 量子コンピューターの開発競争

量子ボリュームは、IBM版ムーアの法則といえるものです。2017年の同社の量子コンピューター「Tenerife」の量子ボリュームは4、2018年の「Tokyo」は8、2019年の「Johannesburg」は16、2010年の「Raleigh」は32——と指数関数的に性能が向上*しています。

量子ビット数の競争

2019年、グーグルの作った量子コンピューターが、最速の古典コンピューターであるスーパーコンピューターを破ったというニュースが世界中を駆けめぐったとき、多くの人々は量子コンピューターということばを初めて聞いて、"それって何？"と思ったのではないでしょうか。

トランジスタなどのエレクトロニクスからインターネットや無線通信までのIT技術の中心技術である「コンピューター」と、相対性理論と並んで20世紀科学の大理論である「量子力学」とを結び付けたファインマンの洞察力はたいしたものです。ファインマンは、風変わりな量子の世界の計算をするためには、量子力学の理論によるコンピューターが必要になると言ったのです。

グーグルの作った量子コンピューター「Sycamore」は、実験的意味合いが強く、ある特定の問題に限れば、スーパーコンピューターの計算速度をはるかに超えたことを証明したにすぎません。古典コンピューターの祖である「ENIAC（エニアック）」も、暗号解読に特化したコンピューターでした。これから登場すると思われる"本物の量子コンピューター"は、人間社会や自然界にどれほど大きな変革をもたらすか想像もつきません。

量子コンピューターの開発には、莫大な資金、開発に携わる多くの優秀な人材、そして高度の技術力が必要だと考えられます。グーグルやIBMなどの巨大なグローバルIT企業は、量子コンピューターの性能の1つとされる量子ビット数を競い合っています。量子ビット数が多くなればなるほど計算力が高まるのは確かですが、量子コンピューターの場合には量子ビットの"質"も性能を大きく左右します。量子コンピューターは、古典コンピューターと違って、計算に利用される量子自体が非常に

*…に性能が向上　IBMでは、量子コンピューターの量子ボリュームがある一定期間で倍になることを「ガンベッタの法則」と名付けている。

小さく、内外からのわずかな雑音（振動、電場、磁場、光、空気、温度など）によってエラーとなります。このため、エラー耐性が高い量子ビットが求められます。さらに、量子間のもつれの時間が長いものの方が量子を用いた計算に有利なため、量子の質として「コヒーレンス時間の長さ」が重要視されます。IBMでは、量子ビットの数とコヒーレンス時間などを総合した性能指標として**量子ボリューム**（**QV**＊）という概念を使っています。IBMの量子ボリュームは、量子ビット数、接続性、ゲートエラー、瘦軀底のエラーなどで定義され、IBMはハードウェア方式に依存しないとしています。

IBMのこのような製品の性能向上を目指した開発過程は、すでに量子コンピューターの基本的なアーキテクチャーが完成したことを示しています。量子コンピューターはどのような計算に役立つのか、といった量子コンピューターの有用性を探索する段階に入ったと考えられます。

IBM Q量子ボリュームの推移

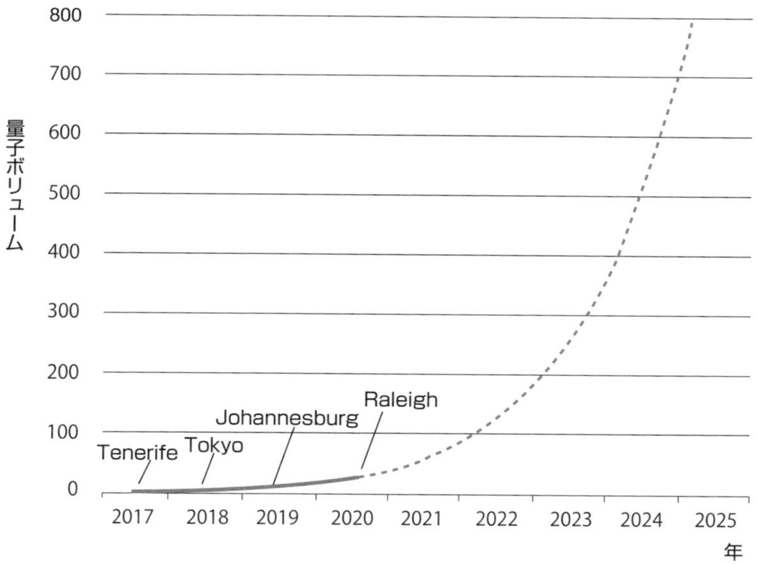

＊**QV**　Quantum Volumeの略。

2-11 現実的な量子コンピューター

廉価で汎用性があり、一般の人が簡単に使えるような量子コンピューターが登場するまでのつなぎ役として、エラーの訂正をせずに、それでも古典コンピューターの性能を上回る量子コンピューターシステムを作ろうとする現実的な方向があります。このような、エラーのある中規模量子コンピューターをNISQ*と呼びます。

現実的な量子コンピューター

汎用型のゲート方式の量子コンピューターの実用化は、アニーリング方式に比べてもっと先のことと思われます。IBM Qなどで量子ボリュームが1年で2倍になるとすれば、ゲート方式の量子コンピューター実用化のボトルネックになっているのは、量子エラーの訂正技術です。

汎用性がありエラーのない量子コンピューターの実現までには、まだ10〜20年かかるだろうというのが多くの研究者たちの一致した意見です。現在の量子コンピューターの最大の欠点は、長い時間、計算を続けて行うのが難しいことです。量子は非常にデリケートなものなので、安定した量子状態を保つことが難しいのです。量子コンピューターを量産するためには、ほかにもまだ解決しなければならない問題が山積しています。

NISQは、量子エラーを許容しています。このため、結果は「白」か「黒」かといった、はっきりとしたものを提示する用途には向きません。"「白」の確率が○%で、「黒」の確率は□%です"といったアナログ的なものになります。しかし、量子コンピューターの開発および実験の現場では、このような結果しか提示できないNISQでも利用価値がある、という判断が多くあり、NISQの実用化が進められています。自動車にたとえるなら、電気自動車や水素自動車のような、ガソリンに頼らず環境にほとんど負荷をかけない自動車が一般的になるまでの間を、ハイブリッド車がつないでいるのと似ています。

＊**NISQ**　Noisy Intermediate-Scale Quantum computingの略。

まさに、NISQとして設計されている量子コンピューターは、古典コンピューターとのハイブリッドです。膨大なメモリ性能を活かした並列計算は量子コンピューターが担当し、そのほかの計算処理やデータの入出力を古典コンピューターが従来どおり受け持つという方式です。この**ハイブリッド方式**なら、ユーザーインターフェイスは従来どおりで済むため、量子コンピューターに容易に移行することができるでしょう。

ただし、NISQに関する研究も先が見通せるかといえば、そうとばかりは言い切れません。もともと、量子コンピューターでのエラー発生確率は0.1～10%もあるといわれています。このエラー発生確率を軽減する努力をせずに実行したNISQで、問題解決のための正しい解答を得ることができるのでしょうか。量子状態をもつれさせて計算すればするほどエラーの発生は増えます。最終的な出力がどの程度の正しさを保っているのかを見積もるのは、デジタル処理というよりもアナログ的なイメージがあります。このようなNISQが、古典コンピューターに対してどれほどの優位性を備えているのかはまだわかりません。

NISQであっても、安易な導入は簡単ではないことがわかります。NISQの役割は、あくまで汎用性の高い量子コンピューターが登場するまでのつなぎにすぎません。そのため、量子コンピューターに有利な最適化問題やAI、それにシミュレーションなどの限られた分野で利用すべきです。これは、量子コンピューターという新しい計算機の使い方に慣れる過程です。正確さが要求される物理計算などに用いるのは難しいとしても、アナログ的なデータ解析でも大丈夫なシミュレーションの用途では利用できるでしょう。

現在、D-WaveやIBMなどがクラウドでの量子コンピューターの時間貸しを行っています。NISQの普及で目指すのは、同じクラウドでの利用にとどまるでしょう。現在は、量子コンピューターの黎明期に当たります。量子コンピューターを何に、どのように使うか、といったアイデアが待たれている時期だといえます。

2-12 量子コンピューターは組み合わせ問題を解く

量子コンピューターで解ける問題は、古典コンピューターと同じわけではありません。量子コンピューターで解決するのに都合のよい解法（アルゴリズム）がいくつか提案されています。

量子コンピューターのアルゴリズム

量子コンピューターは、フォン・ノイマンの発想から発達した古典コンピューターとは一線を画するコンピューターです。古典コンピューターで問題を解くときには、計算装置とメモリとをデータやプログラムが行ったり来たりしながら、処理が逐次実行されていきます。これに対して、量子コンピューターでは量子状態を利用して、データが異なるけれども同じ操作ならば、全部まとめて一度に実行します。また、実行結果も最終的な出力までは、量子状態で保存されます。したがって、メモリへのデータの出し入れも不要です。これが、量子コンピューターは並列処理が得意で、組み合わせのような問題が一度に解けるということの理由です。

- **量子近似最適化アルゴリズム**（**QAOA**：Quantum Approximate Optimization Algorithm）
- **変量量子固有解法**（**VQE**：Variational Quantum Eigensolver）
- **変量量子線形ソルバー**（**VQLS**：Variational Quantum Linear Solver）
- **量子ニューラルネットワーク**（**QNN**：Quantum Neural Networks）

これらのアルゴリズムは、データの組み合わせを最適化させる解を求めるもので、量子コンピューターに向いていると考えられています。システムリソースをどのように組み合わせることで最大限の効果を得られるか、あるいはディープラーニングの多層化を最適化するといった利用が考えられています。

量子化近似最適化アルゴリズム（**QAOA**）は、組み合わせ最適化問題の１つです。例えば、戦国時代、天下布武を掲げる織田信長に従わない５人の領主がいたとします（下図）。しかし、これら5領主の結び付きは確固としたものでなく、昔からの因縁や恨みを持つ者同士も含まれます。領主間の結び付きを線で示しました。数字は領主間の結び付きの強さです。さて、信長はこれら5領主を2つのグループに分断したいと思います。このような問題を解くのに量子化近似最適化アルゴリズムを使うことができます（例題の正解は、点線による分断です）。

最適化問題の例

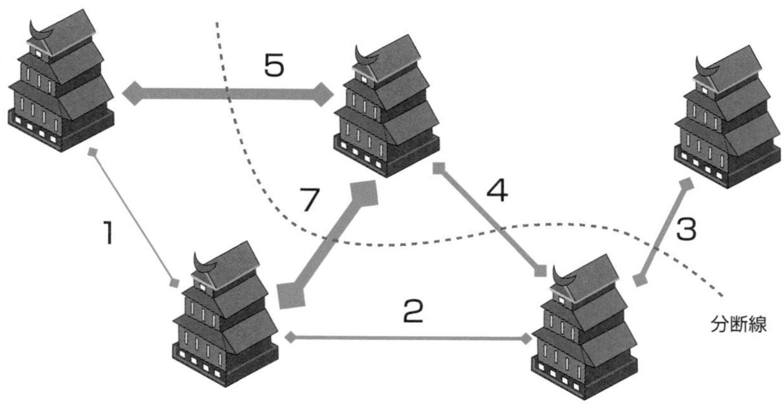

変量量子固有解法（VQE）は、量子化学で使われる基底状態のエネルギーを計算するのに役立ちます。共有結合している分子の姿をシミュレートするときなど、原子間の電子の確率を計算することになります。分子の数が増えるほど膨大な計算が必要で、古典コンピューターでは多くのリソースを必要とします。量子コンピューターの活躍が期待されます。

変形量子線形ソルバー（VQLS）は、線型方程式を効率よく解くためのアルゴリズムです。**量子ニューラルネットワーク**（QNN）は、量子コンピューターに機械学習をさせるもので、音声・画像認識、自動運転などにも応用できます。

現在までのところ、古典コンピューターより量子コンピューターの活躍が期待されているのは、創薬や新素材の製造に関係する化学領域、様々な社会問題の解決を目指した最適化に関する領域、そしてAIへの応用です。

2-13 RSA暗号によって秘密は守られている

現在、広く使われているデジタル暗号技術は、コンピューターによって破ることができます。しかし、それでも安全だといえるのは、破るまでに長い年月がかかるためです。しかし、量子コンピューターの登場は、デジタル暗号が現実的な時間内に破られる可能性が生じたことを意味しています。

最も広く使われている暗号技術

Webサーフィンをしたり、検索サイトから必要な情報にアクセスしたりするときは、個人のパソコンからのリクエストがそれぞれのサーバーに送られ、それに応じて情報が伝送されます。このとき、個人のパソコンから重要な情報が流出することはありません。しかし、ネットショッピングのサイトを利用すると、クレジットカードのIDやセキュリティ番号などが個人のパソコンからインターネットに流れ出します。固定電話のようにNTTの専用回線を使って伝送される情報と違い、インターネットでは小さく分割されたパケットデータが、いくつものサーバーコンピューターを経由して伝送されます。インターネットを利用したこのような情報伝達では、伝送の途中でデータを盗み見ることができてしまいます。送信した電子メールは、いったん、メール専用のサーバーに保存され、一定期間保存されます。このため、メールサーバーの管理者は、簡単にメールの中身を覗(のぞ)くことができます。

このようなリスクのあるインターネットを利用した様々な情報サービスにおいては、伝送するデータそのものを**暗号化**する仕組みが早くから取り入れられました。暗号化されていれば、途中で覗かれても情報が知られることを防げるからです。

アメリカのロナルド・リベスト、アディ・シャミア、レオナルド・アドルマンの3人によって発明された暗号化技術は、3人の頭文字から**RSA暗号**と呼ばれています。インターネットに対応した暗号化技術では、簡単に解読されないのはもちろんですが、逆に見る権限のある人にとっては容易に解読できなければなりません。RSA暗号は、この条件を満たしていて、現在のところインターネットの世界で最も広く使用されている暗号化技術です。

RSA暗号システムは、**公開鍵暗号方式**です。データの受信者が2つの鍵を作成します。この“鍵”とは、コンピューター上のデータを暗号化または複合化するのに必要な数列です。受信者は他人にはわからない**秘密鍵**を持ちます。秘密鍵と対になる**公開鍵**は、インターネット上に公開され、誰でも見ることができます。送信する側は、この公開鍵を使ってデータを暗号化します。暗号化されたデータは、受信者が持っている秘密鍵がなければ復号化*できない仕掛けになっています。

RSA暗号システムでは、秘密鍵と公開鍵を作るアルゴリズムは公開されていて、それほど難しくない数式*を利用しています。このため、RSA暗号アルゴリズムによる一対の鍵（秘密鍵と公開鍵）は、いずれか1つがわかればもう1つもわかります。そのためには、素因数分解による鍵の解析が必要で、コンピューターによって素因数分解が短時間でできるなら、RSA暗号は破られます。1990年代の512ビットの鍵の長さのRSA暗号の公開鍵を破るには、当時のPCで35年以上かかるといわれています。しかし、ある程度大きな数（現在のRSA暗号の推奨される公開鍵の長さ2048ビットを含む）の素因数分解をコンピューターで短時間に行うためのアルゴリズムは発見されていません。このため、RSA暗号は安全であるとされているのです。RSA暗号の安全性の高低は、鍵の長さによります。もちろん、長い鍵の方が複雑で安全性が高いといえます。RSA暗号の鍵の生成時に設定する鍵の長さに相当する数は、暗号解読技術の進歩、さらにはコンピューターの高性能化によってどんどん長くなります。現在標準として利用されているRSA暗号の鍵の長さは2048ビットです。この鍵の長さの有効限度は、2030年程度と見積もられていて、そのあとは3072ビットになると予想されています。

暗号システムの鍵の長さを短くすることは、処理速度の改善につながります。そこで、RSA暗号とは異なるアルゴリズムによる暗号システムがいくつか考案されています。**楕円曲線暗号**は、RSA暗号よりも短い鍵を使っても同程度の安全性を持つことができ、処理速度も改善されています。これらの暗号化システムは、ある種の数学によって暗号化および復号化する鍵、つまり数列を算出します。このため、高性能の計算機をもってすればいつかは破られます。問題は、暗号を破るのにかかる時間が現実的な範囲内であるかどうかという点です。銀行のキャッシュカードの暗証番号を破るのにスーパーコンピューターでも数十年かかるのであれば、現実的にこの暗号化システムは安全性が高いといえるでしょう。しかし、量子コンピューターならRSA暗号ですら、一瞬で破ることが可能だといわれているのです。

＊**復号化**　暗号化されたデータを元の平文に戻すこと。
＊**数式**　RSA暗号のアルゴリズムは、フェルマーの小定理に基づいている。

2-14 量子通信

通信技術の主な課題を整理すると、伝送する情報の質と量の向上、伝送する情報の安全性の2つになります。量子技術は、主に安全性にかかわる新しい通信技術を生み出しました。

新しい通信手段

現在、インターネットの基幹回線の主流となっている伝送技術では、1本の光ファイバーに異なる波長の信号を収容するために**大容量化多数波長技術**が用いられ、ファイバーのエネルギー密度はレーザー溶接機並みになっています。このため現在の伝送技術の改良を進めても限界が見えてきています。さらに、量子コンピューターの出現が現実となる中、RSA暗号などの公開鍵暗号の安全性も脅かされつつあります。

これまでの通信や暗号化に関しては、電磁気学や光学を用いて理論が構築されてきましたが、これらに量子力学を応用した新たな通信や暗号化の技術を追加する研究が進められています。

光子や電子などの量子としての性質を利用した通信手段が**量子通信**です。量子通信ではまず、送信者が量子もつれを使って用意した量子に情報を乗せます。そして、量子もつれになっている量子の片方を受信者に送ります。量子もつれの状態が維持されたままなら、送信者が乗せた情報が受信者に届きます。

量子通信は、量子もつれの状態にある2つの量子はそれを観察した瞬間に情報が決定されてしまう、という**量子テレポーテーション**の性質を応用したものです。このため、もしも通信の途中で盗聴者によって量子に乗せた情報が見られた場合、その量子が受信者に届いたときに、途中で盗聴があったことがわかってしまいます。つまり、量子通信では情報の盗聴や改ざんが原理的にできないのです。

実際の量子通信では、量子もつれを施した光子を1対作り、それらに情報を乗せます。そして、その1つを光ファイバーで受信者に送って情報を確認することになります。しかし、量子に乗せられた情報は雑音に非常に弱いため、長い距離での量子通信は難しいと考えられてきました。光子を光ファイバーで送る場合、100kmが限度といわれています。

量子通信

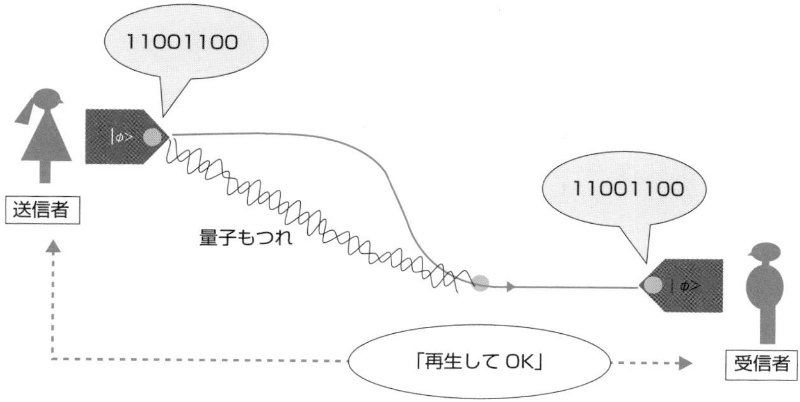

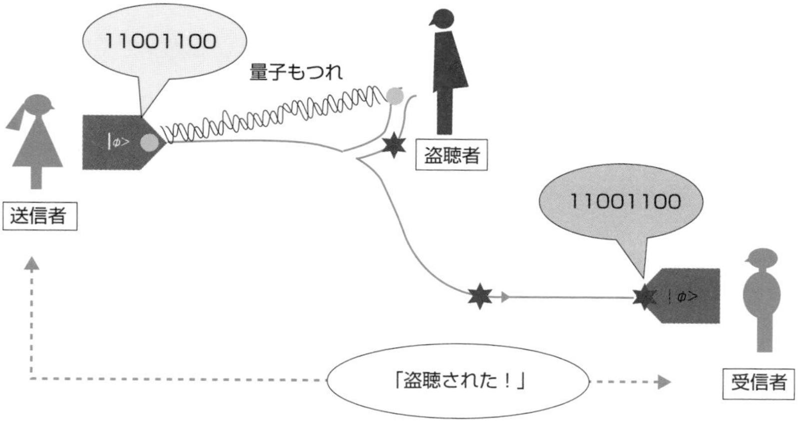

従来の通信でも、長距離の通信では電波や光のエネルギーが減衰するのは同じです。そのため、通信を中継するたびにそこで増幅することが行われてきました。量子の一つひとつに情報が乗せられているので、情報が乗っている量子を複製して数を増やせば、情報の減衰を補えると思えるのですが、そう簡単にはいきません。量子を複製すると、そこに乗っている情報は壊れてしまいます。

そこで、量子通信の中継では、送信者と受信者の関係をいくつも続けてつなぐ役割をさせます。例えば、送信地点の量子Aと中継地点の量子Bの間での量子もつれによる量子通信と、中継地点にあるもう1つの量子Cと受信地点の量子Dの間での量子もつれによる量子通信があるとします。中継地点で量子Bと量子Cをベル測定によって量子もつれの状態にすると、中継地点を介して、送信地点の量子Aは受信地点の粒子Dと量子もつれが形成されることになり、これで量子通信の距離が延長されたことになります。

2016年、情報通信研究機構と電気通信大学の共同研究チームは、量子通信を中継する従来の技術を1000倍に高速化することに成功しました。同研究チームでは、量子中継の原理を**量子もつれ交換**と呼んでいます。独自に開発した量子もつれ光源と超電導格子検出器を用いることで、光ファイバー上で高速な量子もつれ交換を達成できたため、引き続き量子中継の実用化に向けて技術的な前進が図られています。

世界中に敷設されているインターネットやLANなどの既存の通信網と量子通信を接続するのが現実的です。インターネットに利用されている光ファイバー網を基幹回線として、市内などの限られた範囲に安全性の高い量子通信網を接続させたり、量子コンピューターのセンターを量子ローカルネットワークでつないだりすることになるでしょう。

量子中継

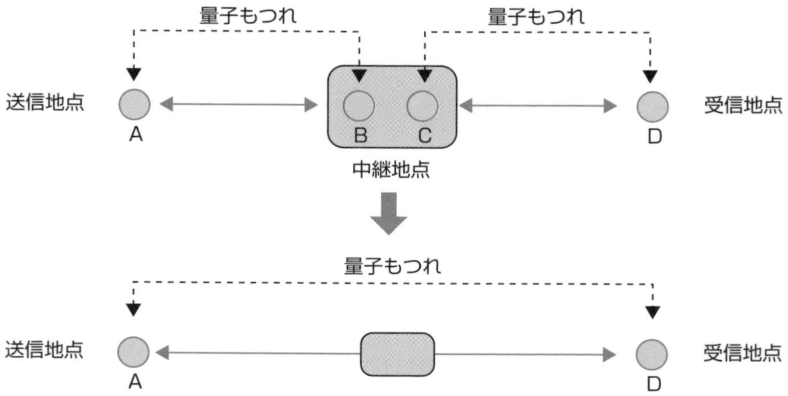

2-15 絶対安全な量子暗号通信

量子暗号技術の1つである**量子鍵配送**とは、秘匿情報を共有する目的で、量子力学によって盗聴の有無が検知できる暗号鍵（この鍵はワインタイムパッド用）を2者が持ち、この鍵を使って情報を安全に送受信する仕組みです。

量子通信プロトコル

量子鍵配送では、暗号化と復号化に使われる“鍵”が光子に乗せて送られます。この鍵は、「0」「1」によるランダムなビット列です。この「0」「1」の情報を光子に乗せて送り、途中で盗聴されていないことを確認したら、この鍵で暗号を復号化します。

この方式では光の性質が使えるため、偏光板などを使って性質を任意に変えられます。例えば、偏光板を使って縦の波と横の波を作ります。光を極限まで弱くしてパルスにすると、光子1個ずつを分けて送り出すことができます。光子1個ずつに「0」「1」の情報を乗せて送り出すことで、鍵を送ることができます。

量子暗号通信の最初のプロトコルは、1984年、アメリカのチャールズ・ベネットとジャイルス・ブラザードによって提案された「**BB84**」です。

BB84では、縦、横、右回り（45度）、左回り（45度）の４つの偏光を利用します。送信者は、これら４種類の偏光板のどれかをランダムに選択して送信します。受信者は、縦横系および右回り左回り系という２種類の受信用偏光板のいずれかをランダムに選択して受信します。送信者と受信者の偏光方向が合致したときに、情報の内容がわかります。

受信者は、光子を受信したあと、縦横系と右回り左回り系のうち、どちらの受信用偏光板を使用したかを送信者に知らせます。それに対して送信者は、送信がその受信偏光板に適合していたかどうかを返答します。受信者はこの返答を待って、受信した信号が正しかったかどうかを決定します。

もし送信途中で光子が抜き取られて盗聴が行われたとしても、盗聴者は受信者と同じように受信用偏光板を選択しなければなりません。その結果を送信者に尋ねるわけにもいかず、盗聴者が受信した鍵の情報が正しいかどうかは50%の確率にな

4つの偏光

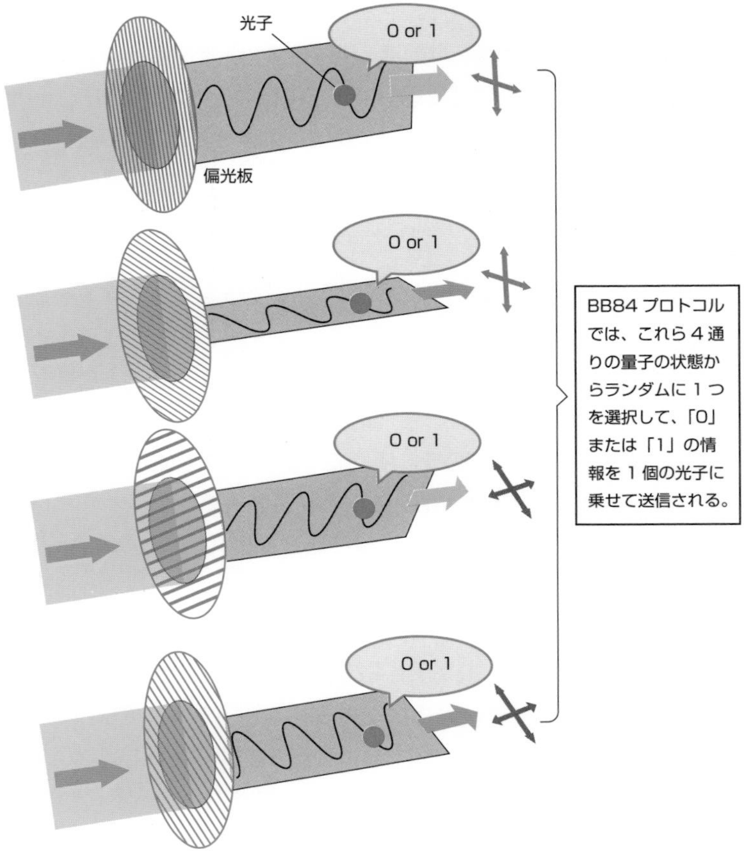
光子
0 or 1
偏光板
0 or 1
0 or 1
0 or 1
BB84 プロトコルでは、これら4通りの量子の状態からランダムに1つを選択して、「0」または「1」の情報を1個の光子に乗せて送信される。

ります。つまり、盗聴者には正しい鍵の情報がわかりません。また、盗聴者から受信者への情報も正しく伝わりません。これによって、盗聴が発覚します。

受信側で鍵に異変が見つかったなら、その鍵を破棄して別の鍵を再送信してもらえばよいだけです。つまり、盗聴者にとって盗聴して得た鍵の情報は無駄になってしまします。このことが、量子通信は安全だという理由です。

量子鍵配送（BB84プロトコル）

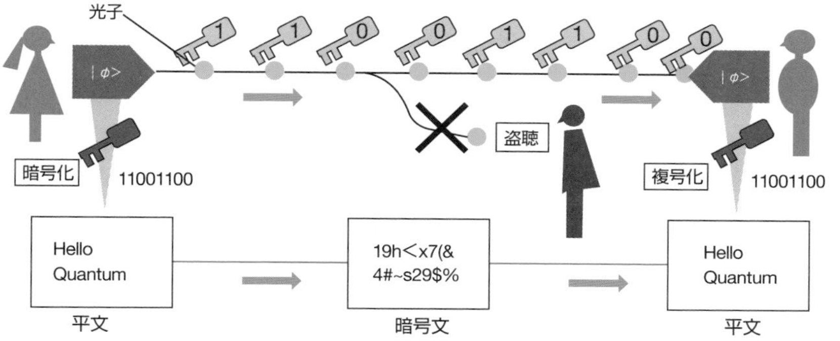

スイスのid Quantique社やアメリカのMagiQ Technologies社などは、BB84プロトコルをサポートしている量子暗号化装置を販売しています。日本では、NECや東芝、三菱電機などが量子暗号化装置の開発に成功しています。

なお、ここで述べたような光子の偏光を使った量子暗号通信では、変更状態が適切に保持されないため光ファイバーは使えません。NTTが研究している**差動位相シフト量子鍵配送方式**は、位相変調した光子を使用するものであり、受信者は光子を検出した時刻を送信者に通知します。

BB84に量子的な性質の「量子もつれ」を組み合わせたのが、**BBM92**プロトコルです。送信者は、量子もつれ状態にした鍵を受信者に送信します。送信者の偏光方法と受信者の偏光方法は、いずれかが観察した瞬間に決定します。この量子的な性質を利用すると、送受信者間で同じ鍵を持つことができます。BBM92プロトコルは、量子もつれを利用した非常に安全性の高い量子暗号通信です。

BB84に関しては、基本的な技術はほぼでき上がっています。そして、量子通信では通信距離がせいぜい200km程度という弱点も、量子中継という方法で解決できそうです。長距離での量子暗号通信に特に関心が高いのはアメリカと中国です。

アメリカでは、ボストンとワシントンDCなどの東部の主要都市を結ぶ量子暗号通信網を敷設が完了し、2018年からは商用利用が開始されました。このネットワークの途中には、多くの金融機関が使っているデータセンターがあります。将来的にはアメリカ西海岸にまでネットワークを延ばす計画です。

中国では、サイバー攻撃を防ぐ目的で、北京と上海の間、約2000kmに量子暗号に対応した量子通信回線を構築しています。

さらに、量子暗号通信で注目されているのは**量子暗号衛星**です。2016年、中国は世界で初めて量子暗号衛星「墨子」を打ち上げました。墨子の打ち上げから4か月後、墨子から発せられた量子もつれの状態の光子は、地上で1200km離れた青海省と雲南省で受信されました。これは、1200km離れた中国国内の2地点で量子暗号を送受信できることを表します。しかも、衛星を介しているため、暗号を傍受することは不可能です。もしも量子もつれになっている光子を傍受しても、量子通信の性質上、傍受したことがわかってしまいます。

地上の通信網での重要な国家情報の多くは、アメリカやその同盟国によって傍受されています。しかし、墨子による量子暗号通信での通信内容がアメリカに知られることはありません。

中国は、墨子のような量子暗号衛星からの光子を受け取る地上の受信局を増やしています。これは、世界中どこからでも暗号通信ができるようにするために必要なのです。すでに、オーストラリアやアフリカ諸国の人工衛星を打ち上げる見返りとして、基地局を各国に置いています。このような中国の量子暗号衛星に対して、中国の科学力や軍事力の台頭を阻止したいアメリカは後れをとっています。

ところで日本では、2017年に**情報通信研究機構**（**NICT**＊）が開発した小型（50kg程度）の人工衛星を打ち上げ、量子暗号通信の実験に成功しています。量子暗号通信の分野で日本は世界的にアドバンテージを持っているのです。日本が、量子暗号通信の技術で世界のトップを走っているというのは、奇妙に聞こえるかもしれません。この分野で日本が世界をリードしていられる理由は、過去数十年に及ぶ基礎技術の積み重ねがあったからだといわれています。

NICTを中心に、NTTや東芝、三菱などの研究者たちの苦労によって、この分野では日本が主導して標準化が進んでいます。東芝やNECが開発した量子暗号装置は高速かつ長距離に対応した世界最高水準のものだといわれています。

しかし、人工衛星を使った量子通信については、アメリカや中国に加え、ドイツ、スイス、シンガポール、オーストラリアなどが研究を加速しています。このままアドバンテージを維持するためには、光通信ができる量子暗号装置を積んだ人工衛星を複数基打ち上げるなど、実績をさらに積み重ねる必要があります。

＊**NICT**　National Institute of Information and Communications Technologyの略。

第3章

量子ビーム

レーザー光を使った加工技術は加工作業をパラメータ化しやすく、そのため自動化が容易であるといわれています。レーザー光を含む、量子ビームの種類と特徴をまとめました。量子ビームの応用範囲は非常に広く、産業用加工機、材料の分析などから医療用の機器まであります。

3-1 エネルギーの最小単位

人間が古代より考えをめぐらせてきた元素の本質に、科学的に迫れるようになったのは20世紀になってからです。そして、原子についての物理学が発展するにつれて、それまで持っていた“常識”が当てはまらないことがらも発見されました。その1つが、エネルギーにも最小単位があるということです。

物質はどこまで小さく分割できるのか

人間は古代より、物質の大もとについて根源的な疑問を持ち続けてきたようで、その時代時代の哲学者や科学者たちが、この問題に取り組みました。そして、“物質を細かくしていくと、もうこれ以上分割できない、物質の元（素）である「元素」（element）にたどり着く”と、すでに紀元前から洞察していました。問題は、「物質の元（基）」とは何か、ということです。

現在、物質の最小単位は**原子**であり、さらに原子は**素粒子**によってできていることが知られています。原子の大きさは、種類や状態によって多少は変わりますが、おおよそ0.1ナノメートル（nm）です。これは、1メートル（m）の100億分の1（1×10^{-10}m）の大きさです。

この事実は1900年のプランクの実験によって導き出されたため、このエネルギーの最小単位を**プランク定数**と呼びます。

プランクの法則によれば、エネルギー（E）はプランク定数（h）と振動数（ν）の積の整数倍で示されます。振動数は光速（c）を波長（λ）で割ったものなので、エネルギーを波長で表すこともできます。$h\nu$または、hc/λがエネルギーの最小単位です。

$$E = h\nu = hc/\lambda$$

このことを原子の電子配置について当てはめてみると、最小の電子エネルギーを持つ電子（基底状態のエネルギー準位の電子）と、その次に高い電子エネルギーを持つ電子とでは、連続した値ではなく、決まったエネルギー分だけ高い次のエネルギー準位だけ隔たっていることになります。これを**量子化**と呼びます。

電子の量子には、電子の定常波の数（電子波の振幅の数）を示す主量子数（n）のほか、電子軌道の方位や形を表す方位量子数（l）、磁気量子数（m）、そしてスピン量子数があります。電子スピン量子数は、半整数（1/2, 3/2, …）の値をとります。例えば、炭素原子は主量子数n=1,2、方位量子数l=0,1、磁気量子数m=-1,0,1に6つの電子が入っています。通常の状態での原子は、全体のエネルギーが低くなるように電子配置を決めます。炭素原子は、全部で6つの電子を持っています。これらの電子をエネルギーの低い準位から順に入れていきます。すると、2P軌道に、さらに4つの電子が入るだけの空きができます。

炭素より原子番号が1つ多い窒素原子では、先に見た炭素の電子配置に電子1つを追加します。この追加される電子は、2P軌道の空いている軌道に1つ入ることになります。同様にネオン原子までは、電子を増やすことができます。ネオン原子では、主量子数n=2までのエネルギー準位が満杯になります。ネオン原子に、さらに1つの電子を追加したナトリウム原子では、主量子数n=3のエネルギー準位に電子を入れることになりますが、この準位はネオン原子までの準位に比べて一気に高く跳ね上がります。

量子化されたエネルギー

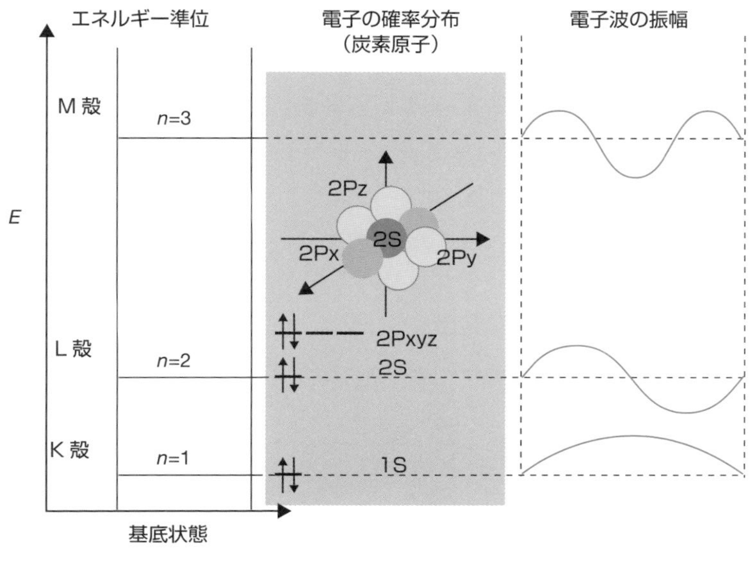

3-2 量子化されたエネルギーに跳び上がる/跳び下りる

原子のような小さな粒子では、エネルギーは量子化されていて、その準位は離散しています。このため、電子も異なるエネルギー準位に移るときには、跳び上がるか、または跳び下ります。斜面を使うように、次第に上がったり下がったりすることはできないのです。

原子モデルと発光

原子内部の電子にエネルギーが与えられたとき、与えられた分だけ電子の振る舞いが変わるわけではありません。電子が、高いエネルギー準位に跳び上がるだけのエネルギーを与えられるまで、電子はその準位に居続けるのです。

20世紀初頭から前半、物理学者の関心は原子の構造を解明することに向けられていました。イギリスのJ.J.トムソンは、プラスの電荷を持った塊の中に電子が点在している原子の模型を考えました（**トムソンモデル**）。その後、アーネスト・ラザフォードは実験をもとに、プラスの電荷を持った原子核が原子の中心にあり、その周囲を電子が回っている**ラザフォードモデル**を考えます。それとほぼ同じころに日本の**長岡半太郎**も、原子核の周囲に電子がある土星型原子モデルを考えています。

最初の量子論的な原子モデルとなったのが、デンマークの**ニール・ボーア**が1913年に発表した**ボーアモデル**です。ボーアが考えた原子構造では、中心にプラス電荷を持った原子核があり、その周囲に電子が所定の軌道に従って内側から順に配置されます。原子核に一番近い、つまり一番内側の軌道の「K殻」から順に「L殻」、「M殻」…と名付けられた軌道に入る電子数には定員があります。ボーアモデルで特に重要なのは、軌道が離散的であるという点です。ある電子軌道とその次の電子軌道との間のエネルギー準位は、連続的ではなく飛び飛びです。このように、ボーアモデルは量子的な振る舞いを説明することもできる原子モデルになっています。

▼ニールス・ボーア

原子モデル

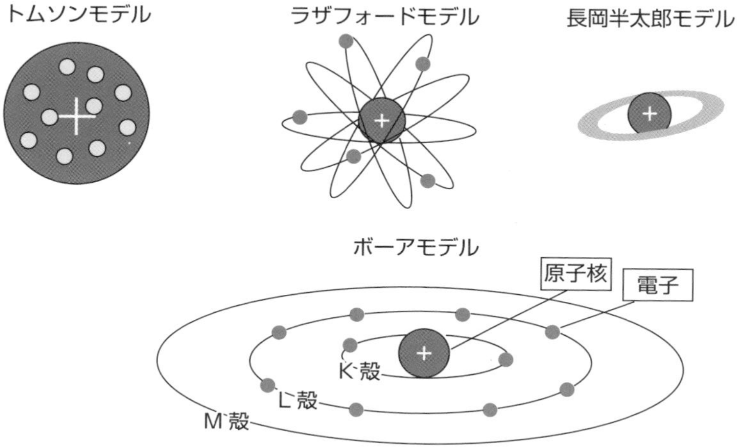

それでは、ボーアモデルを使って、ネオンサインが赤色に輝く仕組みを見ていきましょう。空間を電子が飛ぶ電子線の現象は、19世紀後半にイギリスのウィリアム・クルックスが発明した**クルックス管**によって確認されていました。ガラス管内の気圧を小さくしていくと真空放電が起こり得るのですが、内部の気圧の具合によっては、ガラス管壁の一部が輝く**グロー放電**が見られます。さらにガラス管内にいろいろな気体を封入すると、鮮やかに色のついた光が気体から発せられます。ネオンガスを封入すると、鮮やかな赤橙色の光を発します。

ネオン原子は、希ガス類に分類されているとおり、他の元素と反応しにくい元素です。その原因は、主量子数による電子エネルギー準位が安定しているためです。ボーアモデルのK殻、L殻の2つには定員いっぱいまで電子が詰まっていて、通常はほかの原子と共有結合できません。ところが、ガラス管中にネオンガスを封入し、ガラス管内の気圧を下げると、放電された電子がネオン原子に衝突します。衝突させる電子のエネルギーが小さいときには、放電された電子はネオンに撥ねつけられます。しかし、電子エネルギーを少しずつ高くしていき、ついに電子がネオン内の励起エネルギーに相当するエネルギーを持つに至ったとき、放電した電子のエネルギーはネオンに吸収されます。その結果、ネオン内の電子の一部が励起されます。

ところが、通常よりも高いエネルギー準位に上がった電子は不安定になります。せっかく得たエネルギーですが、時間が経つと、得たエネルギーを放出して安定しようとします。この結果、励起していた電子は、基底状態にまで落ちてきて安定します。このとき、放出されたエネルギーは光に変換されますが、ネオンの場合にはちょうど赤橙色の光になるというわけです。

励起と放出

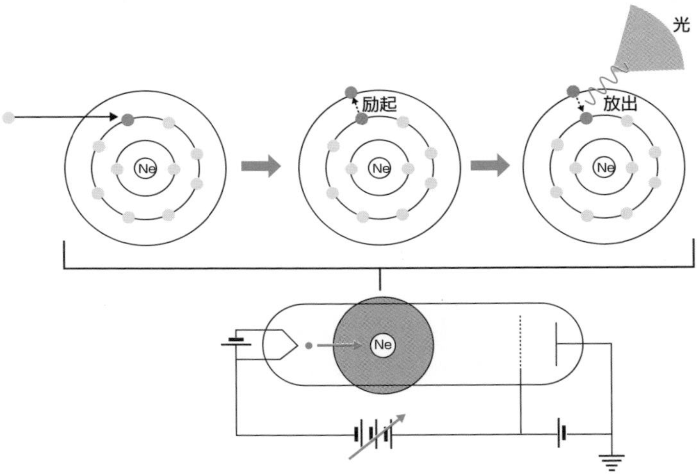

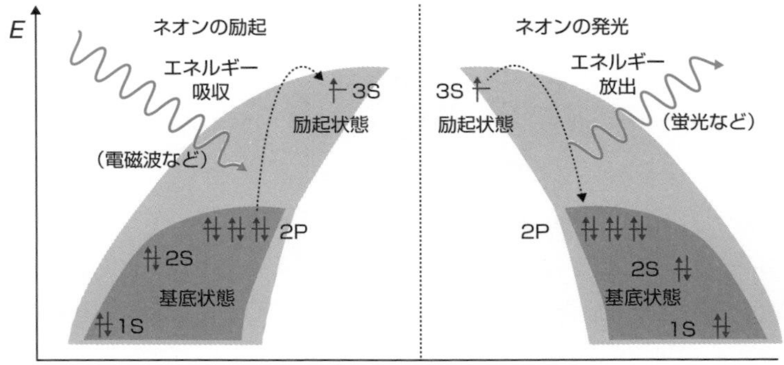

3-3 レーザーとは

レーザー（laser）の語は、Light Amplification by Stimulated Emission of Radiationの頭文字をとったものです。これを訳せば、「誘導放出による光の増幅」となり、レーザーの機構を表しています。

レーザーに適した光

レーザーポインターに使用されている**赤色レーザー**には、普通の光に比べて周囲に広がりにくい性質（高い志向性）があります。さらに**レーザー光**は単色性の強い光です。太陽光などの白色光をプリズムで分光すると虹色に分かれます。白色光は複数の色の光が集まっている光なのです。白色光に比べ単色性が強いレーザー光は、周波数の揃っている光です。もう1つ、レーザー光は波形もよく揃っています。レーザー光は**コヒーレント**（可干渉）な光を集めた光なのです。光のこのような性質を**コヒーレンス**といいます。コヒーレントな光はプリズムを通しても、太陽光のように多色に散乱することはありません。

レーザー光の仕組みは、あとで説明しますが、簡単にいうと原子内の励起した電子が放出する光です。したがって光は様々な位置から、ランダムな時間に放出されます。この光を束ねて1つにすることで、高エネルギーのレーザー光にしています。光を束ねる（光を合成する）とき、それぞれの光の位相や周波数が異なっていると、光は平均化されてしまいます。これではレーザー光に適しません。

コヒーレントな光は、光の山と山、谷と谷が互いに干渉し合うので、きれいな波形のまま合成して、レーザー光にすることができるのです。

1960年にベル研究所のドン・ヘリオット、アリ・ヤーハン、ウィリアム・ベネットの3人によって、ヘリウムとネオンの混合ガスによるレーザーが開発されました（ただし、このときネオンが発したのは赤外線ですが……）。その後、同じベル研究所のアラン・ホワイトとダーネ・リグデンが、現在でもよく利用される632.82ナノメートルの赤色レーザーを発振させることに成功しました。この赤色レーザーは、現在でもレーザーポインターやバーコードの読み取り機、レーザープリンターなどで使用されています。

コヒーレントな光

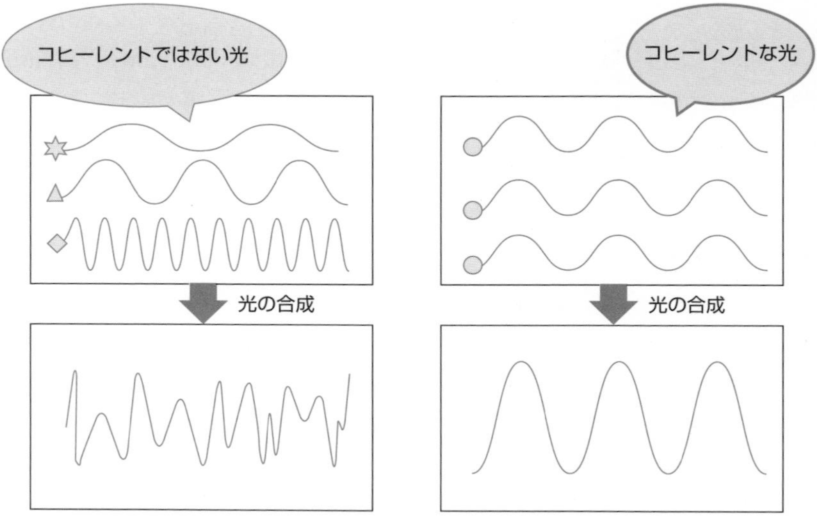

レーザー光を発する機器を実際に作る場合、連続して光を照射できなければなりません。ネオンから光を連続的に放出させるためには、励起状態を維持する必要があります。そのためには、電子を励起させるエネルギー準位を基底状態の１段上ではなく、もっと上の準位まで持ち上げてやります。すると、エネルギーを放出しても、すぐには基底状態にまで戻らず、高いエネルギー準位にとどまる電子が増えます。電子を励起するためのエネルギーを与え続けてやると、ついには基底状態にある電子の数よりも励起している電子の数が増えます。この状態を**反転分布**といいます。

次に、反転分布している電子が放出するのと同じ波長の光を当ててやります。すると、励起している電子は、当てられた光と同じ波長、位相、振動数の光を出します。つまり、まったく同じ光が２倍に増えるのです。これを**誘導放出**といいます。

誘導放出が発生すると、その光は、反転分布にあって励起している次の電子に当たって、同じ向きに同じ波長の光を出します。これを次々に繰り返すことで、コヒーレントな光を非常に多く作り出すことができます。

ヘリウムネオンレーザーでは、ネオン原子を励起させているのはヘリウム原子です。ネオンガス15％以下とヘリウムガスとの希薄な混合ガスをガラスチューブに入れて電圧をかけて放電させると、放電した電子によってヘリウムガスが励起状態になります。このヘリウム原子がネオン原子と衝突することで、ネオンが励起します。励起したネオン電子が増えていき、反転分布したところで632.82ナノメートルの赤色光を当てると、励起していたネオンから同じ波長の赤色光が放射されます。放射された光は、次の励起状態にあるネオン原子からの誘導放出を誘います。

フランスの2人の科学者にちなんで名付けられた**ファブリー・ペロー共振器**は、平行に置かれた一対の反射鏡によって放出光を増幅します。コヒーレントな光を2枚の鏡の間で往復させることで、レーザー光は指数関数的に増幅されます。これを**レーザー発振**といいます。

ヘリウムネオンレーザーのエネルギー図

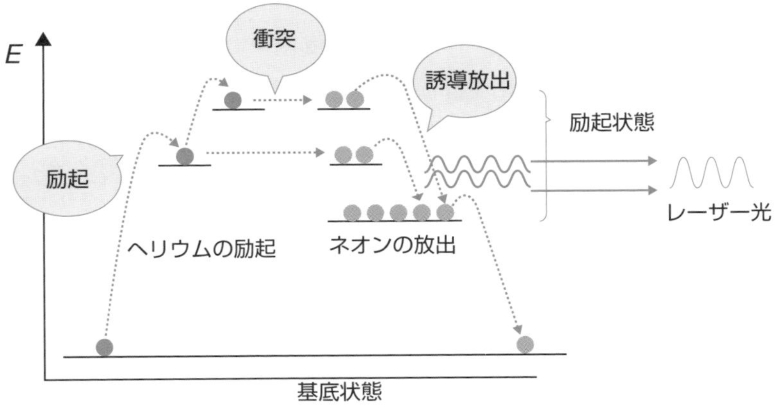

レーザー発振器

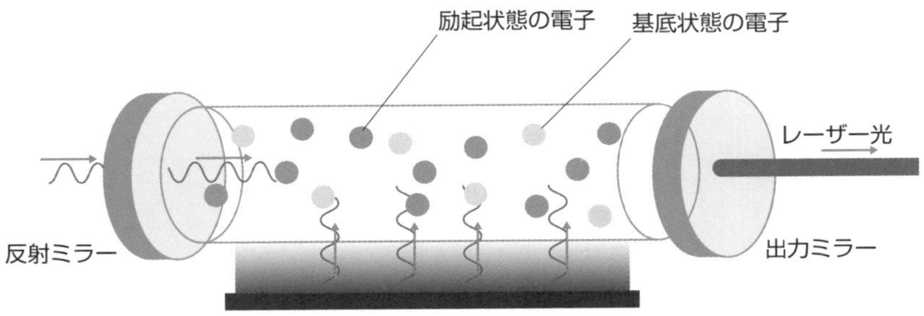

半導体レーザー

レーザー光の発光器には、周波数が同じ光を安定して発光することが要求されます。このため、発光器として**LED**（**発光ダイオード**）がよく使われます。LEDは、**p型半導体**と**n型半導体**によるp-n接合素子により作られています。

p型半導体は、シリコン結晶に少量のホウ素などを混ぜて作られます。シリコンだけの共有結合の中に電子が1つ足りないホウ素が組み込まれることで、結晶内に電子の不足している**ホール**（**正孔**）ができます。結晶全体では、少しだけプラスに傾くことから、ポジティブタイプの半導体、つまり**p型半導体**と呼ばれます。

n型半導体は、シリコンにリン原子を少し混ぜて作られます。すると、今度は全体で電子が少しだけ余ります。このため、結晶全体で少しだけマイナスに傾くことから、ネガティブタイプ半導体ということで、**n型半導体**といいます。この2つの半導体を接合すると、p-n接合素子ができます。

p-n接合素子に電圧をかけると、接合部付近で電子がやりとりされます。このとき、励起していた電子が基底状態に戻るのと同じことが起きます。つまり、発光します。このとき、半導体の材料によるエネルギー差に応じて発光の周波数が異なります。
半導体レーザーでも、p-n接合素子によって光を取り出すところはLEDと同じです。単一の周波数を持った光を取り出すことができます。レーザーは、このような光の位相を揃えた指向性の強い光の束です。このため、p型半導体とn型半導体の2層の間にレーザー結晶を挟みます。通常はこの活性層のへき開面がハーフミラーの役目をして、レーザー発振器のようにはたらきます。このようなシンプルな構造を持った半導体レーザーを**ファブリー・ペロー型半導体レーザー**といいます。

半導体レーザーは、ガスレーザーなどに比べると小型軽量で、特にファブリー・ペロー型半導体レーザーは構造も簡単なので、光ディスクやレーザープリンターなどに広く使われています。

実際にファブリー・ペロー型半導体レーザーで取り出せるレーザー光は、単一のスペクトルではなく、わずかにほかの周波数が混ざります。光ファイバーに用いる単一の波長を持つレーザーを作り出すには、p型半導体の層とレーザー結晶の層の境に回折格子を作り、これによってレーザー光の波長をしっかりと揃えるようにした**DFB型半導体レーザー**が使われます。DFB（Distributed FeedBack）型半導体レーザーは、長距離の大容量の光通信などに使われます。

DFB型半導体レーザーは加工が難しく高価です。そこで、より安く単一波長のレーザーを発振できるようにしたのが**FBG*****波長安定化半導体レーザー**です。FBGとは、半導体レーザーから出されたレーザー光をいったん外に出して導いた光ファイバー内に構成された長さ数ミリメートル程度の回析格子です。この周期的な屈折率変調によって、半導体レーザーから出たレーザー光は単一の波長に整形されます。

ファブリー・ペロー型半導体レーザー

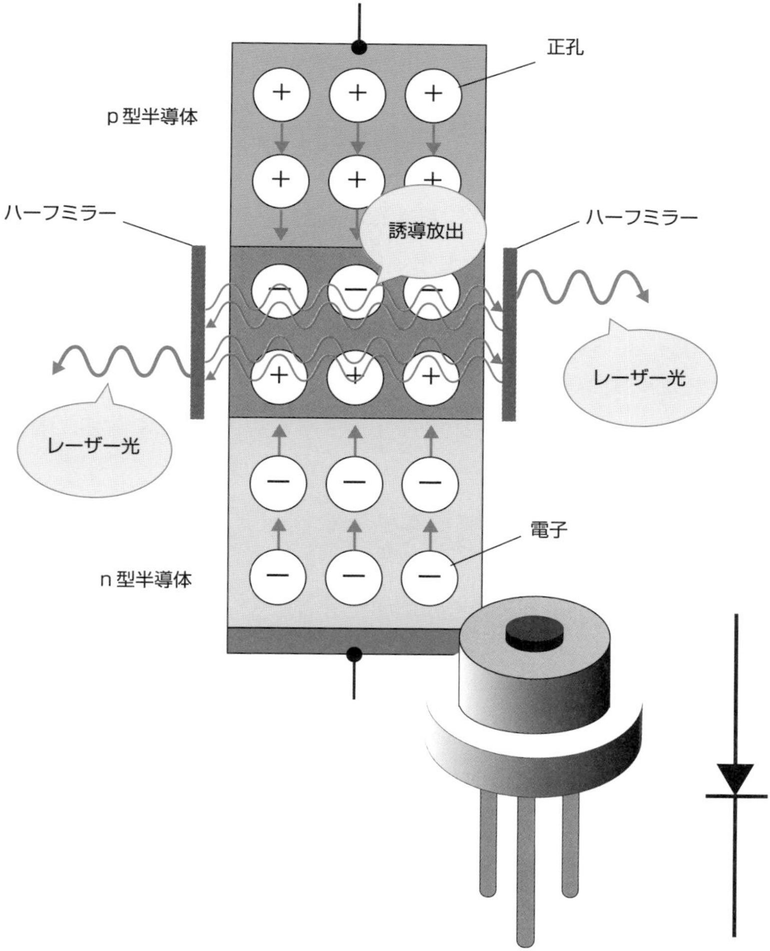

* **FBG**　Fiber Bragg Gratingの略。

3-4
未来の武器

レーザー発振器の作用によって、レーザー光は単色性、単指向性、干渉性に優れています。この性質によってレーザー光は、狭い領域にエネルギーを集中させることができます。この特性を武器に応用する研究が行われています。「AKIRA」や「ガンダム」に登場するレーザー銃は、数々のSFアニメなどにも登場する未来の武器だと思っていましたが、実戦配備の日まではそれほど遠くはなさそうです。

レーザー兵器

イスラエルにある兵器会社、ラファエル・アドバンスト・防衛システムズ社は、2014年の航空ショーに「Iron Beam」という**レーザー兵器**を出品しました。Iron Beamは、地上配備型もありますが、専用車の荷台でも運べるくらいの大きさで、射程距離は約7キロメートル（km)、飛んでくるミサイルや大砲の砲弾を攻撃して破壊できるとのことです。レーザー光の出力は数十キロワット（kW）程度なので、ミサイルなどの破壊には数秒間かかります。このため、弾着前に破壊するのは難しく、実線配備にはまだ時間がかかりそうです。出力が上がって数百キロワット程度の赤外線レーザーになっても、ドローンなどの比較的速度の遅い物体の破壊に限られるでしょう。

レーザー光を使った兵器についての研究や開発は、イスラエル以外の国でも行われています。理由は、レーザー光による破壊は、砲弾を使うよりも運用コストがかからないからです。弾切れを心配することもなく、かかる人員も少なくて済みます。

アメリカ海軍では、2012年にすでにレーザー兵器のテストを行っています。その後も開発は進んでいるようです。高出力のレーザー兵器は携帯できるほどには軽くなく、アメリカ空軍も大型機のAC-130に搭載すると思われます。

中国のレーザー兵器は、宇宙空間の偵察衛星を破壊するのが目的です。アメリカ国防情報局の資料によれば、人民解放軍は宇宙での軍事活動を強化しています。中国はかつてミサイルによって人工衛星を破壊する実験を行っています。その際、破壊された人工衛星が宇宙のごみ（スペースデブリ）になり、世界中から非難の声を浴びました。

　中国軍が偵察衛星等にレーザー光を照射する目的は、衛星の破壊ではなく、衛星の機能を消失させることです。レーザー光によって、衛星の電子機器が使えないようにすることを目指しています。このため、レーザー光ではなく、中性子やマイクロ波などのビーム砲の研究も進んでいるようです。

　アニメのレーザー兵器は、照準された物体を一瞬にして破壊できますが、実際にはレーザー光のエネルギーによって装甲を溶かし、内部に侵入するまで時間がかかります。このため、破壊を目的としてレーザー光が使われるのはまだかなり先のことになりそうです。

▼レーザー兵器

実戦配備が進む
レーザー兵器

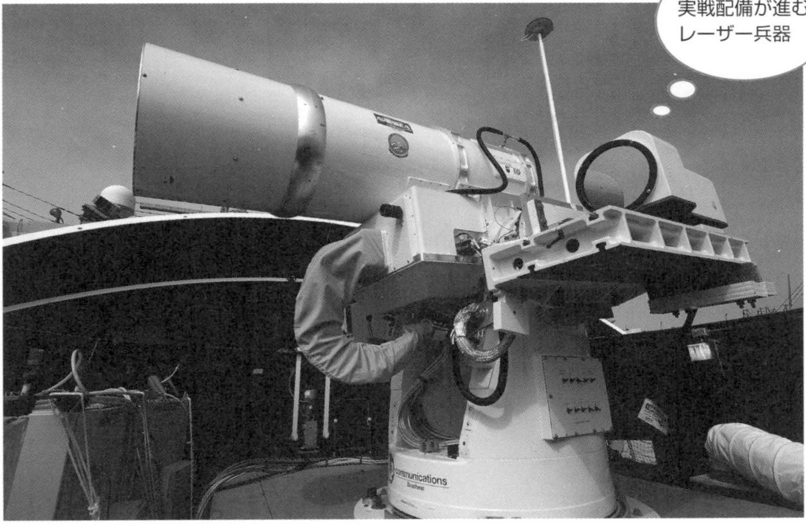

by Office of Naval Research

3-5 産業分野で使われるレーザー

現在、レーザーは幅広い分野での利用が進められています。一般にレーザー技術は、学術領域としては「量子光学」の中にあり、「**量子エレクトロニクス**」と呼ばれています。レーザー光は、通信や計測などの目的に利用されることもあります。

様々な場面で利用されるレーザー

ヘリウムネオンレーザーは、レーザー媒体としてヘリウムガスとネオンガスの混合ガスを用いています。レーシック手術などに使われる**エキシマレーザー**もガスレーザーです。コンサートなどエンターテイメントで使われる**アルゴンイオンレーザー**や**クリプトンイオンレーザー**なども気体レーザーの一種です。

二酸化炭素（CO_2）をレーザー媒体に使った**炭酸ガスレーザー**は、ほかのガスレーザーに比べてエネルギー効率がよく、高出力を得ることが可能です。さらに、**Qスイッチ**と呼ばれるレーザーの出力を高める技術を使うことで、炭酸ガスレーザーの出力は最終的に数ギガワットまで高められます。炭酸ガスレーザーは、加工や溶接などの分野では高出力で使用されますが、出力を調整することで形成外科や皮膚科などでも利用されています。

レーザー媒体には、固体や液体を利用したものもあります。ヘリウムネオンレーザーの開発と同じころ、**ルビーレーザー**が開発されています。人工ルビーをレーザー媒体にした固体レーザーで、694.3ナノメートル（nm）の赤色レーザー光を放出します。ルビーレーザーは、工業用や材料の加工やスポット溶接などに使用されています。同じく宝石にあるサファイアを使ったチタンサファイアレーザーもあります。このレーザーは2光子励起蛍光顕微鏡にも使用されています。

金属材やプラスチック材のマーキングやトリミングには、**YAGレーザー**が使われます。「YAG」とは、イットリウム（Y）とアルミニウム（Al）を含むガーネットのことで、化学組成「$Y_3Al_5O_{12}$」の結晶であり、これをレーザー媒体としています。現在、よく使われているYAGレーザーにはネオジム（Nd）が添加されているため、Nd:YAGレーザーと表記されます。

一般的なNd:YAGレーザーは、出力が数キロワットあり、数ヘルツから数キロヘルツのパルス発振が可能です。これを用いることで、ほかにも材料の切断や穿孔（せんこう）、溶接など、材料の加工に幅広く利用されています。

微細加工に使われるレーザー技術

すでに様々な工業分野で材料の加工などに広くレーザーが利用されています。そのような中で、ガラス内に立体的に白く彫られた彫刻を、観光地の土産物やイベントの記念品などで見かけることがあります。**3Dクリスタル**などと呼ばれるこれらの彫刻（マーキング）は、レーザーによってガラス内部に作られた小さなひび割れです。透明なガラス内に焦点を合わせて、レーザーを集光させます。透明なのに、その部分だけが高エネルギーを吸収します。この現象を**多光子吸収**といいます。3Dクリスタルは、多光子吸収によって制作されているのです。

通常、分子内の電子1個を励起させるには、光子1個のエネルギーを分子に吸収させますが、光子密度の非常に高い光を分子に照射したときには、複数個の光子がまとめて分子に吸収されて電子を励起させます。これが多光子吸収です。

ガラス内部の狭い範囲にレーザー光が集められると、多光子吸収が起き、透明なガラスにもエネルギーが急激に吸収され、そのために小さなひび割れが起こるのです。3Dクリスタルを製造している会社によれば、透明度の高いガラス素材に出力1ワット程度のレーザーを照射するとのことです。ひび割れの間隔は0.01ミリメートル(mm)程度で彫刻の細工ができるようです。

3Dクリスタルでは、エネルギー密度の高い光を使っています。しかし、照射する時間が長くなればガラスが割れてしまいます。3Dクリスタル制作のために、1つのひび割れを作る照射時間はごく短時間です。レーザー光の照射時間をごく短くするとレーザー光はパルスとなります。パルスの発生時間（パルス幅）をフェムト秒単位にしたレーザーを**フェムト秒レーザー***といいます。フェムト秒とは10^{-15}秒、つまり1千兆分の1秒のことです。

フェムト秒レーザーを材料表面に照射しても、レーザーによる熱がごく狭い範囲に集中するため、熱や振動などによる周辺部の割れやクラックを起こしません。さらに、多光子吸収を利用することで、ガラスやダイヤモンドなどの透明材料の内部加工が可能になります。フェムト秒レーザーのパルス強度は、テラワット単位にな

＊**フェムト秒レーザー**　パルス幅が10^{-12}秒台のレーザーを**ピコ秒レーザー**、10^{-18}秒台を**アト秒レーザー**という。

るほどですが、それでも金属材料などの超微細加工においては、数十ナノメートル単位の精度のものを作成することが可能です。さらに現在、アト（10^{-18}）秒単位のパルスレーザーが開発され、そのパルス強度はペタワット単位に迫ります。これらの超短パルスレーザーを使用することで、金属やシリコンなどの超微細加工が可能になっています。

フェムト秒レーザー

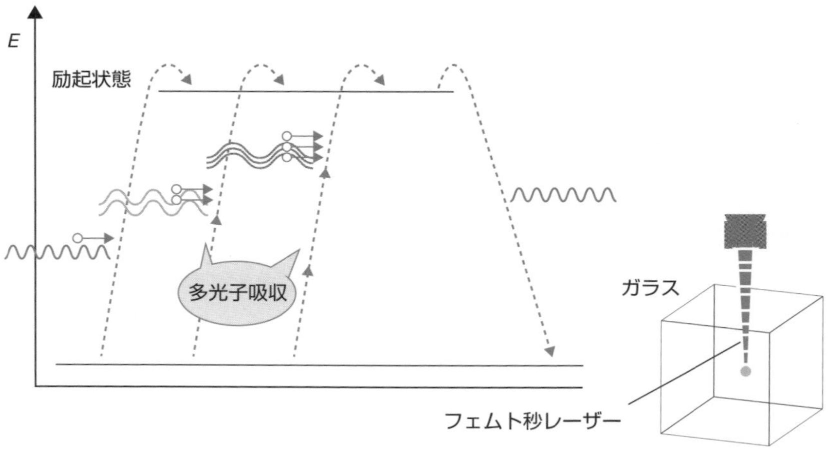

COLUMN 光周波数コム

20世紀末にドイツのテオドール・ヘンシュとアメリカのジョン・ホールによって開発された**光周波数コム**技術によって、長さの国際基準が「光のものさし」に変わりました。光周波数コムは、レーザー波形がくし（コム）のように等間隔に多数並んでいるものです。これは、パルスの時間間隔をフェムト秒単位、繰り返し時間をナノ秒単位としたパルスレーザーです。現在、日本を含む世界の1mの長さの標準に光周波数コムが使用されています。

光周波数コムの各成分の間隔は非常に狭く、これをうまく使うことで原子や分子の分析を行う方法が開発されています（**デュアルコム分光法**）。また、一度の照射で物体の3次元形状を測定する技術が開発されています。さらに光格子時計や原子の冷却など、まだまだ多くの分野への応用に向けての研究が盛んに行われています。

3-6 CPS型レーザー加工

CPS*型レーザー加工のC(**サイバー**)とはシミュレーターを指し、P(**フィジカル**)はレーザーによる加工を指します。つまり、これまで技師や職人が行ってきたプロセスを定量的にとらえてコンピューターで再現するシステムをCPSと呼んでいるのです。

レーザー加工を効率化する

日本のものづくり現場では、労働人口の減少と高齢化が進んでいます。これまで技師や職人の経験による技と勘に頼っていた製造現場は、技術の伝承が課題となっています。現在では半導体素子の基板加工などのほか、様々な電子デバイスの製造にレーザー加工が利用されています。レーザー加工機に入力する加工パラメータについても、職人の経験に任されてきました。**CPS型レーザー加工**では、このようなレーザー加工パラメータの抽出を9割減らせると期待されています。

CPS型レーザー加工の一例では、まず技師や職人による実際のレーザー加工を様々なセンサーを使ってモニタリングします。このとき収集するデータは、温度、湿度、蒸気圧、せん断応力、レーザー光の反射など多種多様なものです。

サイバー空間では、モニタリングによって得られたデータをデータベース化します。さらに、データの中から特徴量を選択し、教師あり学習で機械学習させます。サイバー空間で加工をシミュレートできたら、そのデータをもとにしてフィジカル空間での自動加工を行います。

自動加工の様子はモニタリングされ、サイバー空間で最適化され、シミュレートされます。このフィジカル空間とサイバー空間とのやりとりを繰り返すことで、自動加工の精度を上げることができます。

レーザー加工機も国際競争のただ中にあり、ヨーロッパではドイツが産官学の共同体を作って技術革新を進めています。アジアに目を向けると、中国やインドでは国が主体となって開発を進めています。本書執筆時点でのレーザー加工機の世界市場規模は1.5兆円とされ、年率で10%程度の成長が見込まれるという試算があり、国際競争はますます激しくなると思われます。

* **CPS**　Cyber-Physical Systemの略。

日本では長年、それぞれの企業が独自に開発を行ってきましたが、海外勢の急伸を受け、CPS型レーザー加工の競争力強化が国家戦略の重点プログラムの1つとして動き出しました。

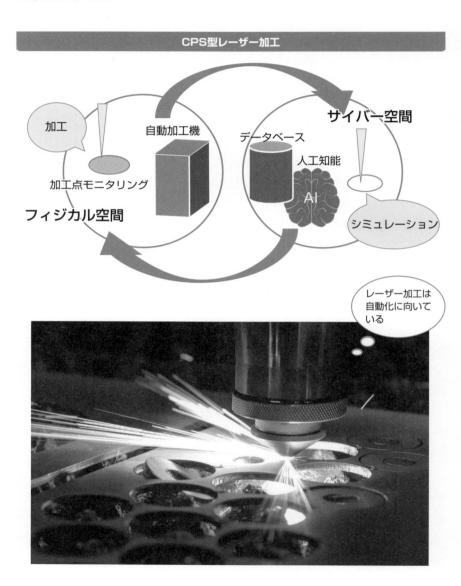

CPS型レーザー加工

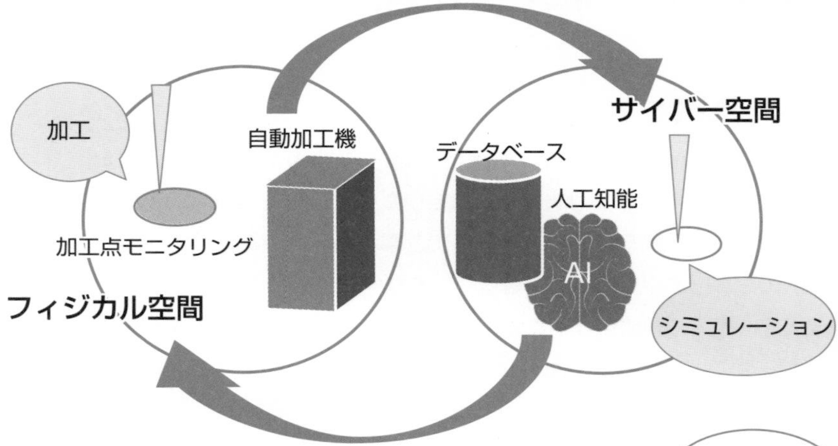

3-7 多光子吸収の利用

2つの光子が同時に物質に吸収されることで、1個の電子を励起することがあります。このとき吸収される光子は通常の2倍の波長です。このような多光子吸収の性質を利用したデバイスの開発が行われています。

多光子吸収の応用

2光子による**多光子吸収**では、電子を励起状態にするためのエネルギーは、電子のエネルギー準位を励起状態にまで上げるためのエネルギー（遷移エネルギー）の半分、3光子による多光子吸収では3分の1になります。多光子吸収で使われる光は、「$E = h\nu = hc/\lambda$」の式から、長い波長の光でもレーザー光にすることで分子を励起状態にできます。例えば近赤外線でも、励起状態を作り出す可能性があることになります。

蛍光顕微鏡では、蛍光プローブを発光させるためにレーザーを使うことがあります。このとき、プローブが多光子吸収をするように集光したレーザーを使うことで、3Dクリスタルを彫刻したときのように、非常に限られた範囲の分子だけを励起状態にすることができます。つまり、非常に狭い範囲の分子だけを蛍光発光させることが可能になります。

さらに、励起させるためのレーザー光の波長を長くできるため、生体組織にとって透過性の高い波長のものが使えます。つまり、より深い部分の蛍光プローブだけを選択的に観察することが可能になります。

多くのメーカーから販売されている**2光子励起蛍光顕微鏡**は、チタンサファイアレーザーによる近赤外レーザー光を使うため、組織表面から数百マイクロメートル程度の深部の顕微鏡画像を得ることができ、さらに生体組織に対しての損傷が少なくなるために長時間の観察も可能です。

大学共同利用機関である生理学研究所の2光子励起蛍光寿命イメージング顕微鏡は、2光子励起蛍光顕微鏡の仕組みを取り入れた最新の顕微鏡で、生体内撮像（in vivoイメージング）や神経細胞の信号伝達の可視化などにも使用されています。

1光子励起と2光子励起の違い

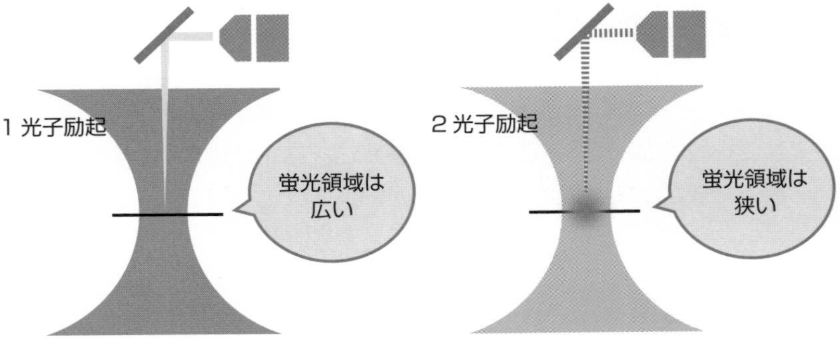

２光子吸収を実現するレーザーが、非常に限られた領域だけに、励起による変化を与えることができる――という性質を利用しているものとして思い当たるものの１つが、**光ディスク**などの大容量のデータ保存システムではないでしょうか。ディスク形の記録媒体の内部に３次元的に記録ピットを形成（ホログラム形成）すれば、大容量の情報記録ができます。これまでにも、この考え方によってCD、DVDやBDと大容量化を達成してきました。２光子吸収を利用すれば、数百層にまで及ぶ記録ピットを作成することも可能です。これは１枚のディスクでBD 400枚分、10テラバイト（TB）の記録容量を持つことを意味しています。

産業技術総合研究所とダイキン工業が共同で、この２光子吸収技術を用いて大容量の記録が可能な媒体を開発しました。この媒体では、8ナノ（10^{-9}）秒のパルスレーザー照射で記録ピットが形成されました。書き込み速度は、BDの記録速度の約3.5倍速いものです。

2光子多層記録

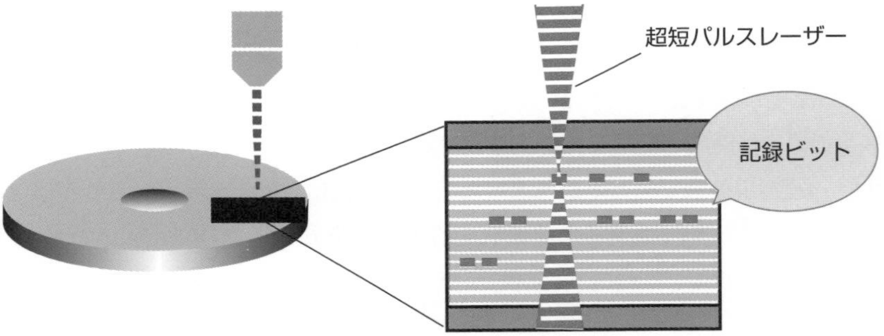

COLUMN

半導体レーザーを使ったメガネ

新エネルギー・産業技術総合開発機構（**NEDO**＊）は、企業が主体の開発ではリスクが高いと思われる技術や製品の開発、および実証に対する支援を行っています。

それらの例としてNEDOのホームページでも紹介されているアウトプットの1つが「半導体レーザー技術を使う視覚支援用アイウェア」です。富士通の研究所からのスピンオフによって設立されたQDレーザー社と大学との共同研究をNEDOが取り持つ形で製品化されました。商品名「RETISSA Display」（レティッサ・ディスプレイ）、網膜走査型レーザーアイウェアです。

同社の「Visirium for AR」という技術は、従来の、HMDによって視野内にディスプレイの映像を重ねるものとは異なります。Visirium技術では、半導体レーザーによって作り出された3原色のレーザー光を目の網膜に直接投影します。このため、HMDのように実視界と映像との間にピントのずれが生じません。

さらに、同社ではこの技術を応用して、角膜や水晶体に病変や屈折異常を持っている人の視力を補正する医療機器（RETISSAメディカル）を開発しました。この**レーザー網膜走査型メガネ**を使えば、一般的なメガネやコンタクトレンズで十分な視力が得られない人でも、視力補正できる可能性があります。

RETISSAメディカル

＊**NEDO**　New Energy and Industrial Technology Development Organizationの略。

3-8
パルスレーザーをさらに短く

パルスレーザーが作り出す時間間隔は、電気信号による時間間隔よりも短く、この性質はレーザーを使うことで達成できる領域です。このため、超短パルスレーザーを使うと、超高速で起こっている現象を知ることが可能です。分子運動や化学反応の過程を測定する研究が進められています。

超短パルスレーザー

超短パルスレーザーとは、非常に短い照射時間の区切り（パルス）のレーザーのことです。人間がまばたきをする時間の平均は100ミリ（10^{-1}）秒、カメラのフラッシュは1マイクロ（10^{-6}）秒、CPUのクロックは1ナノ（10^{-9}）秒です。これらの時間よりも超短パルスの時間はもっと短くて、数ピコ（10^{-12}）秒～数フェムト（10^{-15}）秒です。1秒間に約30万キロメートル進む光でも、フェムト秒では約0.3マイクロメートルしか進めません。

フェムト秒レーザーは、非常に短い照射時間の幅を利用して、特に様々な物質の物質状態の計測や微細加工や医療などの分野に利用されています。非常に短い時間だけ強いエネルギーを与えることで、熱による周囲の分子や細胞の損傷を極限まで抑えることができるからです。

パルスレーザーの強度（ピーク出力）は、レーザーの出力が同じなら、パルスの幅に反比例することが知られています。つまり、パルス幅が短くなるほど強力なレーザーが一瞬だけ出力される、これがフェムト秒レーザーです。

このような**ピコ秒レーザー**やフェムト秒レーザーは小型化が進んでいて、眼科や歯科の治療装置、精密工作機械など、身近なところでも見られるようになりました。フェムト秒レーザーの発生には、波長800ナノメートルのチタンサファイアレーザーが広く使われていて、この最短パルスは203フェムト秒になります。

フェムト秒パルスレーザーを用いることで、非常に短い時間で起こる分子の運動を追跡することも可能になっています。さらに、フェムト秒の1000分の1の時間単位のパルスレーザー（**アト秒パルスレーザー**）を使った研究も行われています。

アト秒の時間領域では、分子の反応速度よりも速い速度での変化をとらえることができます。それは原子内の電子の動きすらとらえることのできる速さです。

アト秒パルスレーザーには、フェムト秒レーザーとは異なる高次高周波発生技術が必要です。高次高周波は可視光域のフェムト秒レーザーをガスに照射するもので、シンクロトロン放射光と比べても優れた特性を持っています。

2017年、早稲田大学の新倉弘倫らの国際グループは、アト秒レーザーによってネオン原子の電子雲の様子を描き出すことに成功しました。電子の移動による変化は、まさに量子性を持つ波動関数で示されるものです。アト秒レーザーによる観察は、このような変化を瞬時にとらえることのできる手法です。このような制御は**コヒーレント制御**と呼びます。現在はまだ、コヒーレント制御によって固体や液体の状態にある原子や分子の電子状態を把握するまでには至っていません。物質の化学反応を直接確認したり、化学反応を電子レベルで操作したりするためには、さらにパルス幅が短く、しかもエネルギーを制御できるアト秒レーザーの開発が必要になります。

理化学研究所のシュエ・ビンらの国際グループは、3色のフェムト秒パルスレーザーを合成する**光シンセサイザー**を開発しました。この光シンセサイザーを用いることで、2.6テラワットもの強力なアト秒レーザーが発生します。この研究は、軟X線領域のアト秒レーザーを安定的に発生させることができると期待されています。

フェムト秒レーザーさらにアト秒レーザーは、ナノレベルの超微細な物質加工への利用にも期待が集まっています。ムーアの法則に従うべく開発が競われている集積回路のリソグラフィ用の光源として、大きな期待が集まっています。また、ナノレベルでのものづくりを支えるための検査技術としても、多くの知見の蓄積が行われています。

3-9 人体にレーザーを使う

医療現場では、すでにレーザーがいろいろな場面で使われています。レーザーの特性として局所的にエネルギーを集中させることが可能なため、手術用のレーザーメスや視力矯正用のレーシック手術などのほか、がん治療にも使用されます。

レーシック手術

レーザーの平和利用は、すでに身近なところでも行われていて、実際にそのレーザー光を目にすることもあります。

レーザー光がほとんど広がらないという指向性は、距離測定に利用されます。特定の波長（光色）のレーザーは、特定の物質あるいは色に吸収されるという性質があります。これを利用した**レーザー脱毛**が行われています。

皮膚にレーザーを適切に照射すると、毛根細胞やその周辺組織など濃い色の部分が集中的にレーザー光のエネルギーを吸収して熱くなりダメージを受けます。毛の生えるもとの細胞を無力化することで、永久脱毛を達成するというものです。このため、金髪など薄い色の毛の脱毛や肌の色の濃い人には、レーザー脱毛は向きません。

なお実際には、皮膚表面に出ていない休眠状態の毛も一定数あるため、皮膚表面に生えてくる毛をなくすには、定期的なレーザー照射が必要になります。美容領域では、シミやホクロ消しにもレーザーが用いられています。このような美容整形、美容外科の用途では、Nd:YAGレーザーを10ナノ秒程度のパルスにして使用することが多いようです。

医療分野では、このほか、視力矯正用の**レーシック手術**にも使用されます。日本国内では年間、約12万眼に対して行われている近視矯正手術です。

このとき使用されるレーザーは、塩素ガス、フッ素ガス、キセノンガス、クリプトンガス、アルゴンガスの混合ガスをレーザー媒体とした**エキシマレーザー**です。

レーシック手術ではまず、点眼麻酔を施します。次に特殊な器具で角膜表面を固定したら、フラップと呼ばれる角膜の覆いを開きます。そして、ここで角膜にエキシマレーザーを照射し、角膜の表面の一部を切除します。開いていたフラップを元に戻して消毒すると、手術は終了です。時間は両目で30分間程度です。

レーシック手術は近視に対して行われる手術で、角膜の表面を切除することで、目に入る光線の屈折率を、網膜に正しく像を作るように戻すための手術です。

レーシック手術

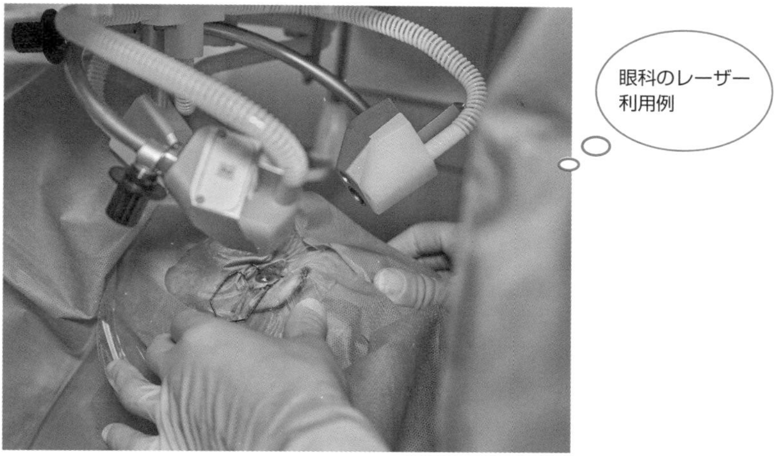

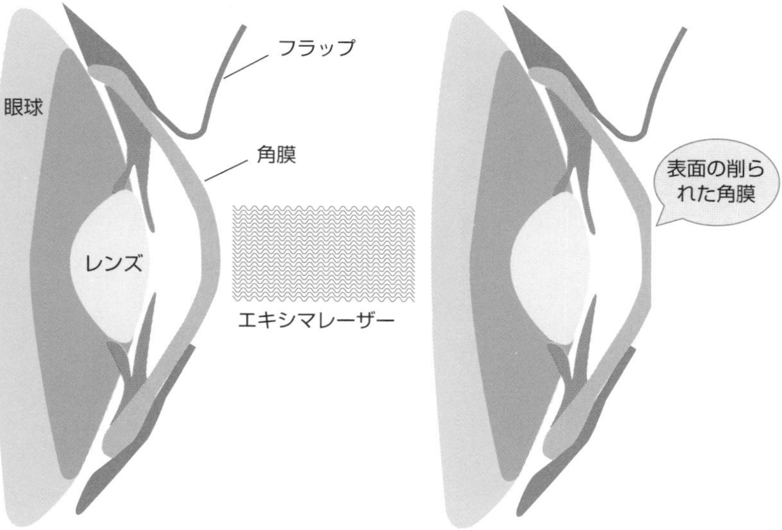

眼科でレーザーが使用される病気には、**加齢黄斑変性症**があります。加齢黄斑変性とは、網膜の中心部にある黄斑が加齢に伴って傷んでくるもので、進行すると物がゆがんで見えたり、大きさが実際と違って見えたりします。以前のレーザー治療では、原因の黄斑部の新生血管をレーザーでつぶすことが行われましたが、現在ではビスダインという薬剤を静脈注射したあと、黄斑部にレーザーを照射して行う、**光線力学的療法**(**PDT**＊)による治療が主流です。

エキシマレーザーは、レーシック手術に使われるように、人の体の一部分を切り取るまたは切開するなどの用途で、外科用メスに代わって使用されています。

エキシマレーザーは、紫外線パルスを照射することができ、プラスチックなどをきれいに切断できることがわかっていました。それを人体に使用することを思い付いたのは、IBMトーマス・J・ワトソン研究所の研究員たちだったといわれています。彼らは、1981年の感謝祭の七面鳥の食べ残しを使って、エキシマレーザーの威力を試しました。レーザーによって切り取られた七面鳥の断面を観察すると、切り口の周囲の組織はほとんど損傷を受けていませんでした。**紫外線レーザー**は赤外線レーザーと違い、レーザーの照射された組織を焼くのではなく、表面の分子構造を分解していたのです。このため、その下部の組織への損傷がなかったのでした。

手術時の切開用のレーザーメス、血管シーリングのほか、疼痛緩和、創傷治療促進、消炎などにもレーザーを使う場合があります。

レーザーによるがん治療

2018年の日本の死亡原因のトップは相変わらず悪性新生物、がんです。1年間で約37万人ががんで死亡しています。このため、様々な治療法が開発されてきています。レーザーを使った治療法としては、主に**腫瘍焼灼**(しょうしゃく)**法**と**光線力学的療法**(**PDT**)が行われています。両方とも、切開しない低侵襲的な治療法です。

腫瘍焼灼法は、文字どおり腫瘍をレーザーによって焼く治療方法です。肺がんに対しては、気管支を通して病変部に高出力のレーザー照射器を誘導して、がんを直接、焼きます。気管支がふさがれるような大きな腫瘍を焼いて、短時間で呼吸を確保することができます。使用されるレーザーが高出力なため、正常な組織まで焼いてしまうこともあります。

＊**PDT**　Photodynamic Therapyの略。

光線力学的療法も、主に肺がんに対して行われます。PDTは、日本では「肺がん治療ガイドライン」において推奨される治療法として認められているもので、早期肺がん、早期食道がん、胃がん、早期子宮頸がんなどのがんに対しては保険適用になっています。

PDTでは、腫瘍部分に集まりやすい性質を持つ光感受性物質を静脈から注射します。光感受性物質が腫瘍に集まったころにレーザーを照射します。日本で使用されている光感受性物質の1つ、**ポルフィマーナトリウム**（**フォトフリン**）の投与量は、体重1キログラム当たり2mgです。フォトフリンは腫瘍組織に選択的に取り込まれ、48時間以上停滞します。一般には48時間から72時間以内にレーザー照射を行うことになります。

フォトフリンの場合、波長630ナノメートルのエキシマ・ダイ・レーザー*などの赤色光レーザーが照射されます。すると、励起した電子によって腫瘍組織中の酸素と反応して活性酸素を生じさせて、この活性酸素が腫瘍細胞のミトコンドリアの酵素系を阻害し、腫瘍細胞に障害を与えると考えられています。

フォトフリンを使用したがん治療は、良好な成績を収めますが、遮光期間が約1か月もあります。そこで、フォトフリンに代わってもう1つの保険適用となっている光感受性物質、**タラポルフィリンナトリウム**（**レザフィリン**）が使用されるようになっています。レザフィリンは、遮光期間が1週間程度に短縮されています。

悪性の脳腫瘍の一種である「神経膠腫（こうしゅ）」（グリオーマ）の治療にPDTが使われることがあります。神経膠腫では、正常な脳を侵食するようにして腫瘍が増殖します。このため、腫瘍を外科手術で摘出するときには、正常な脳をできるだけ残して腫瘍を取り去りたいのですが、完全に分けて切除することが難しい部分が残ってしまいます。そこで、神経膠腫に特異的に光感受性物質を取り込ませ、その部分にレーザーを照射することで腫瘍細胞だけを破壊します。光感受性物質としては、レザフィリンが使用されます。

さらに、神経膠腫の手術時に、腫瘍と正常脳を見分けるプローブとして光感受性物質を投与することがあります。プロトポルフィリンⅣは神経膠腫に蓄積しやすく、レーザー光を照射すると、赤色光を発して正常脳と区別できるようになります。これを目印にして腫瘍を残すことなく摘出できるようになります。なお、神経膠腫におけるPDT使用については、副作用やレーザー深度などの改良すべき点も指摘さ

＊**エキシマ・ダイ・レーザー**　「ダイ」とは有機分子の色素のこと。

れています。

皮膚科領域では、皮膚がんに進展する可能性のある病変に対してPDTを使うことができます。日光角化症やボーエン病などは、紫外線による皮膚がんの前駆症と考えられ、転移する恐れのある皮膚がんに発展する前に、手術や薬物によって取り除くようにします。PDTによる治療では、**5-アミノレブリン酸**（**ALA**）＊が光感受性物質として塗布されます。PDTによる皮膚変性症治療は、治療跡が小さくて済みあまり目立ちません。また、副作用もほとんどなく繰り返し実施できます。このため、PDTはニキビの治療にも用いられています。ALAは、経尿道的膀胱（ぼうこう）腫瘍切除術（TURBT）の施行時における筋層非浸潤性膀胱がんの可視化に使用されるなど、蛍光プローブとして医療分野で注目されています。

光感受性物質（レザフィリン）

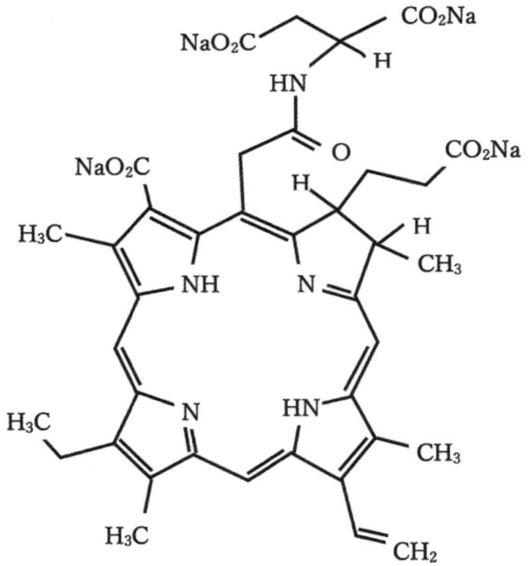

＊**5-アミノレブリン酸（ALA）**　ALAはAmino Levulinic Acidの略。体内のミトコンドリアで生成されるアミノ酸の一種。赤ワインや高麗人参などの食品にも含まれる。

5-アミノレブリン酸

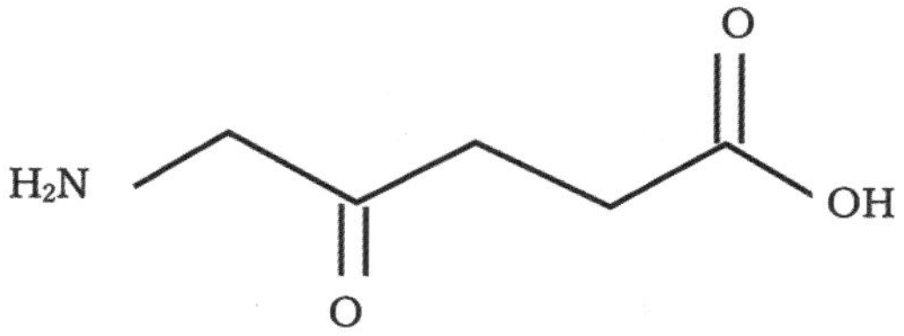

X線ビームの産業への先進的な使用法に先立って、医療の分野、特に肺や口腔内のレントゲン撮像に**X線**が使用されているのは周知のことでしょう。がんの3大療法の1つとして、X線を腫瘍に照射するX線治療も一般化しています。

X線やガンマ線による治療では、体外から腫瘍細胞に高エネルギーのX線（**ガンマ線**）を数回に分けて照射します。この治療で腫瘍細胞周辺の正常細胞も傷付きますが、正常細胞の回復力に期待して行われています。

X線などによる放射線療法は、手術と異なり患部を切除しないため、もともとの体の機能や形を残すことができます。このため、早期であれば乳がん、舌がん、喉頭がん、陰茎がんに有効です。また、そもそも摘出手術が困難な箇所、例えば脳幹部のがんなどでは、放射線療法を最初に検討することになります。X線治療は、乳がんなどの術後にがん細胞が転移しやすいリンパ節への照射を行うことで、手術後などでの再発防止にも使用されています。

最近では、**高精度放射線治療**といって、腫瘍以外への照射を最小限にする強度変調放射線治療（IMRT＊）や体幹部定位放射線治療（SBRT＊）などの医療が受けられます。

＊**IMRT**　Intensity Modulated Radiation Therapyの略。
＊**SBRT**　Stereotactic Body Radiation Therapyの略。

3-10 レーザーで半導体を製造する

半導体製造においては、**リソグラフィ技術**がその中核を担っています。半導体の材料であるシリコンを非常に細かく精密に加工して、電子回路を製造するために発展してきた技術です。これにレーザーが使われています。

レーザーを使った半導体製造

リソグラフィによる基板形成フローは、次のような過程をたどります。

最初に半導体デバイスの回路パターンを描画したマスクを作成します。高分子材料で作られるマスクによって、導線による配線図（回路）が転写されます。

シリコンウエハーと半導体材料を重ねたものの表面にレジストを塗布し、軽く焼き締めます。レジストとは保護膜のことで、半導体製造では、光や電子線を照射することでマスクを通り抜けた光によって溶解性に変化する性質を持つ物質を使います。

マスクを通った光を縮小し、レジストに照射します。現像処理は銀塩フィルム写真の現像と同じように所定の液体をくぐらせて行います。現像液はしっかりと洗浄します。酸やアルカリを使ったウェットエッチング、あるいは高真空プラズマを利用したドライエッチングによって削り込みを行い、レジストを剝離すると、半導体電子回路の基盤ができ上がります。

基盤上には半導体によってダイオードや抵抗、コンデンサなどが配置されます。コンピューターの頭脳であるマイクロプロセッサなど、切手サイズの小さなチップ上にこれらの電子部品が数千個以上も配置されるため、**大規模集積回路**（LSI）と呼ばれます。LSIに詰め込まれる電子素子の数は、コンピューターの性能を示す値でもあります。

Intel社を創業したゴードン・ムーアは、「マイクロプロセッサに搭載されるトランジスタの数は1～2年の周期で2倍になる」という**ムーアの法則**を予言しました。1965年のムーアの予言は、その後、現実のものとなります。集積度を上げるために加工技術は精微を追求するようになっていきました。

しかし近年は、ムーアの法則の達成の困難さが指摘されるようになりました。その理由の1つが微細化の限界です。微細化の物理的な限界は、原子の大きさです。

そのような加工をする技術の限界は数ナノメートルといわれています。現在は14〜18ナノメートル程度なので、もう限界が見えています。このような微細加工ではレーザーが使用されていますが、波長は次第に短くなります。10ナノメートル以下のリソグラフィ技術では、**極短紫外線リソグラフィ**が最先端技術となっています。極短紫外線は13.5ナノメートルの波長を持つ電磁波によって露光します。極短紫外線リソグラフィ技術の要となるのは、極短紫外線です。この極短紫外線とは、紫外線領域（波長10〜380ナノメートル）とX線領域（波長1〜10ナノメートル）の間で、ほぼX線ともいえます。世界中の半導体メーカーは、2020年に数ナノメートル幅のLSI製造を目指しています。

リソグラフィによる半導体製造

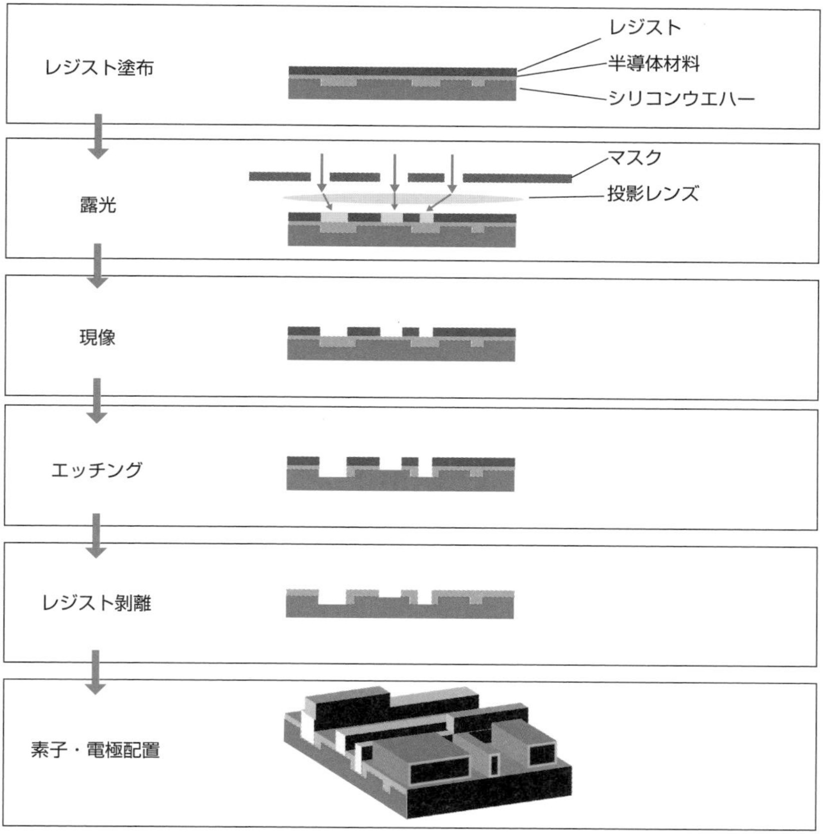

3-11 レーザーと半導体産業

すでに日本の半導体産業は風前のともしびであり、さらに韓国という、半導体産業に欠かすことのできなかったシリコンウエハーの製造技術や加工機械などを買ってくれる“お得意様”が、自力でそれらの技術を手に入れようとしています。

半導体産業の歴史

かつて日本は世界一の半導体産業を誇っていました。1986年と1991年にアメリカとの間に結ばれた「日米半導体協定」によって、日本の半導体産業の快進撃に“待った！”がかけられました。そのころ日本はバブルが崩壊していました。半導体メーカーとして世界に名を馳(は)せていた東芝や富士通も例外ではなく、花形だった半導体技術者にもリストラの波が押し寄せました。このころから、サムスン電子などが日本の半導体技術に食指を伸ばし、高度な技術を得ていきました。

ムーアの法則は、見方を変えれば半導体の開発スケジュールです。1～2年で革新的な技術開発を行い続けなければならない、という宿命を自らに課したものです。このため、世界規模での開発競争のための研究費、最新の開発環境を整えるための莫大な設備投資が必要になりました。東芝や富士通、ソニーなど日本の半導体メーカーは、どこも半導体だけで大きくなったのではありません。一般には家電メーカーとしての認知度の方が高い企業です。そんなこともあってか、企業名を賭けてまで半導体事業に邁進(まいしん)することに躊躇(ちゅうちょ)したのでしょう。海外のメーカーとのハイリスクに対する経営決定スピードの差、日本国内でのデフレの浸透、その他メーカー各社の事情などから、かつて世界を席巻(せっけん)していた日本の半導体メーカーにその面影はまったくありません。

次世代半導体の製造の要とされる、極短紫外線レーザーを使うリソグラフィ技術についても同様です。**EUVリソグラフィ**の開発研究を行う国家プロジェクトとして**EUVL基盤開発センター**（EIDEC＊）が2011年に発足していました。EIDECは、国内の半導体メーカーやマスク関連メーカー、レジスト関連メーカーに、海外の関連5社を加えたコンソーシアム形態の会社です。国家プロジェクトから外れた2016

＊**EIDEC**　Evolving nano-process Infrastructure Development Centerの略。

年以降は**先端ナノプロセス基盤開発センター**としてより積極的に製品開発の研究を進めていましたが、この間に日本国内の半導体メーカーは実質的に消滅してしまい、成果を持ち帰る先がなくなったことで、EIDECは2019年4月に解散しました。

現在、世界トップの半導体露光装置メーカーは、オランダのASML社です。半導体メーカーの約8割がこの会社の露光装置を使用しているといわれています。このASML社は2020年2月に、新しく開発したEUVリソグラフィによって3ナノメートルのトランジスタ形成用の配線層形成に成功した、と発表しました。同じころ、アメリカのLam Research社はASML社と共同でEUVリソグラフィ用のドライレジストプロセスの開発を発表しました。EUVリソグラフィの技術革新にとって最重要なのは、極短紫外線レーザーによる露光なのですが、そのレーザー光の波長に対応したレジストなどの技術革新も同時に行われなければならず、世界的な開発スピードが求められる中、技術開発を分担するほかの企業との連携や協力が重要になっています。2020年3月、Lam Research社は韓国に同社の研究開発センターを建設し始めました。同じく、アメリカのDupont社、Lion Semiconductor社、日本の東ソー社なども韓国進出を決めています。これからの日本には、強みである基礎開発研究や応用研究は継続しながら、過去の失敗に学び、世界中に協力者のネットワークを構築できる国際経験を持ち、効率的でスピード感のある決断をすることが求められます。

世界の半導体売上高（年間）

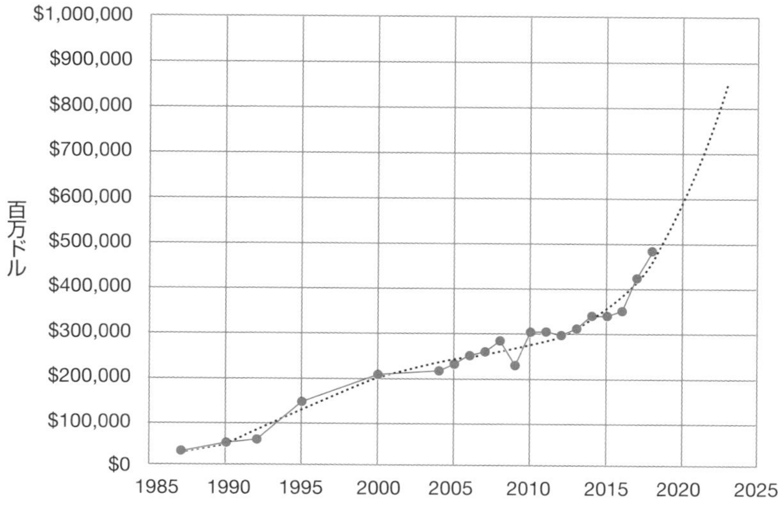

3-12
X線、軟X線

紫外線よりもさらに波長の短い**X線**は、波長が原子のサイズ（0.1ナノメートル）と同じかそれよりも短いため、物質への透過性がよくなります。軟X線もこれまでの量子ビームと同じように物質を透過することができるため、物質内部の様子を調べるのに利用されるのですが、軟X線を使うと物質を構成している電子を直接調べることができるようになります。

X線ビーム

量子ビームの代表格はレーザービームです。レーザーポインターから手術用レーザーメス、エンターテイメントイベントの演出、最先端の集積回路の製造過程での使用まで、すでに様々な場面でレーザーを目にします。本書では、紫外線から可視光、そして赤外線くらいまでの波長の光をビームとして利用したものをレーザーに分類しています。それでは、レーザー以外の量子性を持つビームは、どのように利用されているのでしょう。

レントゲン撮影では、X線による人体の透過画像が診断に役立てられています。1895年、ドイツのヴェルヘルム・レントゲンが放射性物質から発見し、"未知の電磁波"という意味で「X線」と名付けられました。

現在では、放射性物質から得るほかにX線管と呼ばれる装置からX線を得ることができます。X線管では、陰極側にタングステンフィラメントを用い、そこから加速した電子線を、モリブデンや銅などの陽極に向けて照射します。陽極に衝突した電子は原子内の1s軌道の電子を弾き飛ばします。この電子のエネルギー準位に外側の軌道から電子が遷移するときに、X線が放出されます。

透過性に優れているX線ですが、物性や状態を調べる手段として、X線を使用した**X線回折**が広く行われています。X線回折は次ページの図のように、原子を構成している電子による散乱を測定することで行われます。X線が入射した原子内の電子によってX線が干渉し合って回折を起こします。この回折パターンを解析すると、物質の種類、結晶構造などがわかります。

蛍光X線分析法は、入射したX線が原子内の電子を励起させて電子を追い出すときの蛍光X線を測定する方法です。この分析法では、非破壊的に元素分析を行うことが可能であるため、金属や鉱物、セメント材料、土壌、食品などの分析に広く用いられています。これと同じように、物質にX線を放射したとき、そこから放出される光電子を分析対象とすると、**X線光電子分光法**となります。

X線回折

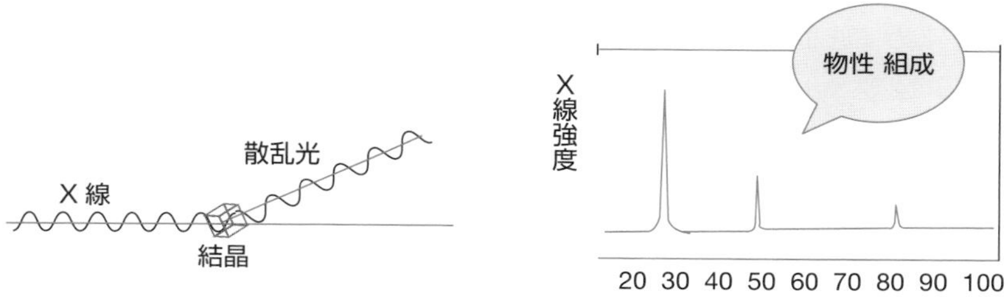

X線レーザーの多くは、プラズマを利用して電子エネルギー準位の差（エネルギーギャップ）の大きな遷移によってコヒーレントなX線を得る仕組みです。20世紀の終わりには、アメリカで開発されたネオン様イオンセレンレーザーやニッケル様イオンX線レーザー、イギリスのニッケル様パラジウム・銀レーザー、大阪大学のネオン様ゲルマニウムレーザーなどが登場しています。

日本の量子科学技術研究開発機構など、世界中でX線レーザーの開発や利用に関する研究が行われています。2019年に量子科学技術研究開発機構は、X線レーザー発振用ガラスレーザーを開発し、完全な空間コヒーレンスを持つX線ビームの世界で初めての発生に成功しています。2016年に大阪大学大学院の山内和人らは、X線ナノビームの集光スポットサイズを制御することに成功しました。このシステムは、兵庫県にある世界最高水準の放射光施設**SPring-8**で開発されました。

2019年に理化学研究所の高橋幸生らのグループは、SPring-8を使って「マルチビームX線タイコグラフィ」の実証に成功しました。**X線タイコグラフィ**とは、一種のX線顕微鏡で、これまでのX線顕微鏡の空間分解能を飛躍的に向上させたものです。これからのX線ビームを利用した分析・観測装置は、様々な材料のより細かな性質や構造を解き明かすことに使われるでしょう。

軟X線

量子ビームの中では特にX線、しかも波長の比較的長い方のX線に関心が集まっています。この領域のX線は、**軟X線**（「ソフトなX線」）と呼ばれています。X線のエネルギーで表現されることが多く、0.1〜2keVくらいまでのX線を指します。ちなみに、軟X線よりもエネルギーが高いX線（およそ5keV以上）は**硬X線**と呼ばれます。

軟X線をフェムト秒で制御することにより、これまで赤外線フェムト秒レーザーによる分解能の限界であった数マイクロメートルを大きく更新して、電子の様子を見ることができるようになります。

さらに、フェムト秒あるいはアト秒での軟X線パルスを使用し、原子内で起こる磁気構造の変化を推定することができます。分子を構成する任意の原子の電子振動や回転を追跡するといったことも可能であるため、物質の様々な性質がどのようにして起こっているのかを電子状態の推移から突き止められるのではないかと期待されています。

このようなX線領域の高輝度光源を作り出すためには、自由電子レーザーにも使われる**アンジュレーター***による放射光の高速化が必要になります。このような大掛かりな設備のためには巨額の費用が必要です。1997年に建設されたSPring-8の建造費は1000億円を超えていました。

国内には、**SPring-8**のような量子ビームを使った研究施設がいくつもあります。しかし、それらの施設では100eV以下の真空紫外光を得意としているか、もしくは、5keV以上の硬X線を得意としており、先端的な性能の軟X線を利用することができません。透過性では硬X線に劣る軟X線ですが、物質表面または表面近くの物質の性質を詳しく知るにはちょうどよいエネルギーを持っています。そこで、軟X線を製品開発に役立てたいところですが、軟X線は空気ですら長い距離を透過できません。そのため、実験装置を超真空内に置いたり、透過性のよいガスを充填したりする必要があり、設備を作ったり運用することが技術的に難しいのです。

***アンジュレーター**　周期的な磁場を作り、電子を蛇行させて放射光を発生させ、さらにそれを増幅する装置。

X線やその他の電磁波の波長

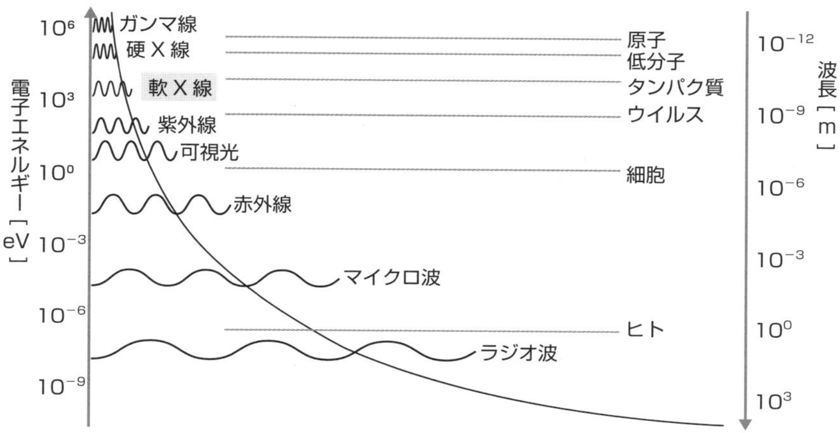

建設当時は世界屈指の性能を誇り、量子ビームの発展に数々の貢献をしてきたSPring-8ですが、現在では世界の放射光施設の趨勢（すうせい）からは取り残された感があります。量子ビームの研究では、20世紀には日本が世界を牽引（けんいん）していました。SPring-8による産業界への貢献が確認されると、各国は競って最新の量子ビーム施設を建設しました。その結果、新しくできる量子ビームはどんどん性能が向上し、SPring-8のいまの性能では、現在、望まれているような高エネルギーの軟X線による十分な放射光を作り出すことができません。

SPring-8を利用する人は年間で2600人います。開発や研究目的で利用する企業は180社にのぼります。先端技術を製品開発などに活かそうと考える企業は増えています。現在の日本の量子ビームの放射光施設が、近い将来には、このような産業界の要望に応え切れなくなるのは明らかです。このため、世界の最先端施設に負けないような設備を持った新しい放射光施設の建設を望む動きがあります。東北での官民地域パートナーシップにより進められている次世代放射光施設もそうした動きの1つです。

3-13 小さなモノを見るには小さな波長が必要

分解能の考え方では、波長を短くするほど、小さいモノが見られる限界が下がります。レーザー光を光源とした**レーザー光顕微鏡**では、短波長のレーザー光を使うことで、見える小ささの限界を下げることができます。

レーザー光やX線の利用

人間が目で見ることのできるモノは、目の網膜が感知できる光の周波数の範囲のモノです。この周波数範囲にある光が**可視光**です。おおよそ350ナノメートルの紫色から750ナノメートルの赤色までが可視光の範囲です。

ところで、どこまで小さなものが見えるのかを表したものを**分解能**といいます。分解能は、2点が近付いても見分けられる最小の距離です。顕微鏡ではレンズによって小さなモノを拡大しますが、光の回折という性質によって、点を見てもその周囲がぼやけます。このぼやける範囲は、0.61×（光の波長）÷（レンズの開口数）*で定義されています。開口数とはレンズの性能を決める指数で、レンズの屈折角とレンズ間の媒体の屈折率やレンズの焦点距離によって決まる値です。媒体に油を用いるなどしてレンズの**開口数**を上げています。一般的な光学顕微鏡の開口数は1.4～1.7程度です。すると、分解能は可視光を用いた顕微鏡で、数百ナノメートルの60%程度となり、180～380ナノメートルと計算されます。これが**光学顕微鏡**の分解能、つまりどこまで小さなモノが見えるのかの限界となります。人間の細胞は数十マイクロメートルもあり、光学顕微鏡でも十分に見られます。ミトコンドリアも数マイクロメートルあるので見られます。しかしそれらを形づくっているタンパク質は、数ナノメートルなので、光学顕微鏡では見ることができません。

レーザー光も、光学レンズであっても電子レンズであっても同じで、レンズを使う限りは回折や収差が発生するため、分解能の限界があります。このため、電子顕微鏡の限界は0.1ナノメートル程度とされています。

＊**0.61×（光の波長）÷（レンズの開口数）** レイリーの分解能。レーザー光のようなコヒーレントな条件では、定数の「0.61」が外れるアッベの分解能が採用される。

生きたままのタンパク質を見るための顕微鏡開発を行った功績で、2014年にノーベル化学賞*を受賞した**シュテファン・ヘル**の開発した**レーザー顕微鏡**（STED*顕微鏡）は、観察する試料自体から発せられる蛍光を際立たせる手法を使って、200ナノメートルもあった観測限界を10ナノメートルにまで下げることに成功しました。

レーザー光以外の量子ビームも顕微鏡に利用されています。電子ビームを使った顕微鏡である**電子顕微鏡**は、可視光線では見られないような小さな世界まで私たちに見せてくれます。ただし、可視光以下の波長を使って見ているため、一般的な電子顕微鏡画像には色はつきません。

日本には電子顕微鏡の開発から販売、保守管理まで行う会社がいくつもあり、中小企業用の比較的安価なものから、大学や企業の研究所が使用する高度な機能を持ったものまで、非常に多くの電子顕微鏡を国内外に供給しています。

電子顕微鏡の仕組み

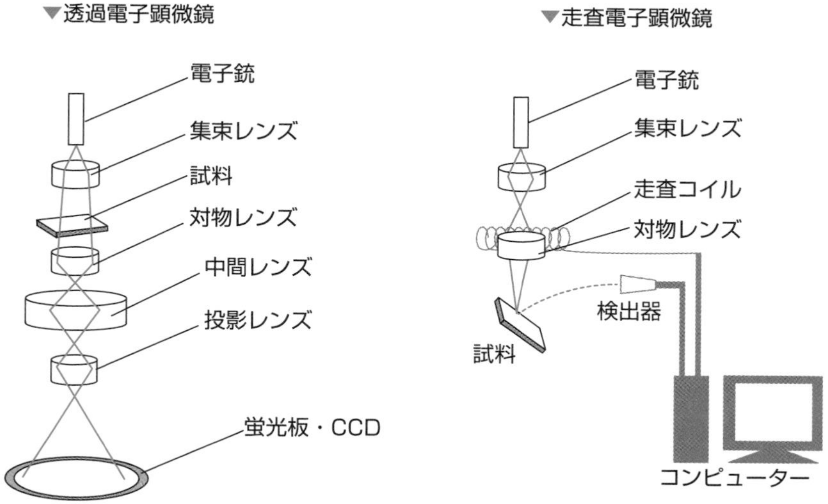

＊**ノーベル化学賞**　受賞理由は「超解像度の蛍光顕微鏡の開発」。
＊**STED**　Stimulated Emission Depletionの略。

レーザー光や電子線では、光源の波長はエネルギーの大きさで決まります。短い波長では大きなエネルギーを持つことになり、このような高エネルギーの電磁波を試料に当てると、試料から電子や光子が飛び出してきます。この現象をうまく利用すれば、試料の材質や状態が分析できるのですが、本当に見たい領域以外から放射される電磁波は分解能を下げる結果になります。

放射光に含まれるX線は、物質の性質や構造、または状態を調べるのにちょうどよい程度の透過性があります。そのため、X線を利用した多くの分析方法やイメージング手法が開発されています。

光電子分光は、高エネルギーの電磁波を試料に当てたときに飛び出してくる電子のエネルギーを測定して、試料の表面および内部の電子状態を調べる方法です。電磁波にX線を用いたのが**X線光電子分光（XPS）**です。**蛍光X線分析法**は、X線を試料に放射し、元素内部の電子を励起させ、その空孔に他の電子が遷移するときに放出されるX線を捕まえて分析します。電子線や陽子などを試料に当てる、同じような分析法もあります。蛍光X線分析法は、非破壊的分析手法で、定量分析にも使うことができます。工業製品の品質管理に使われているほか、環境分野でも利用されます。これらの分析におけるX線源としては、一般にX線管が使用されますが、シンクロトロンからの放射光を利用することもできます。

X線吸収分光法では、試料に照射されたX線の吸収によって得られるスペクトル情報を分析して、物質の電子状態のほか、原子周辺の構造などを知ることができます。**X線発光分光法**は、励起・遷移によるX線発光を分析します。X線発光分光法で調べられる材料の制限は少なく、様々な分野で用いられています。2つの分析法とも、大掛かりなものがシンクロトロンを使用して行われています。

X線回折法は、1912年にドイツのマックス・フォン・ウエラが発見したX線回折現象を利用した物質の分析法です。X線が透過性の高い電磁波であることはよく知られていますが、物質内に入ったX線の一部は物質内の電子によって散乱します。この一部のX線は、入射X線と同じ周波数を保っています。このように散乱したX線同士が干渉し合って生じる情報は、物質の構造を探る重要な手掛かりとなります。X線回折法は、非常に多くの分野で利用されている分析法です。SPring-8のビームラインは、産業利用のX線回折サービスに利用されていて、タンパク質の構造解析や新薬の開発データの収集などを行っています。

3-14 レーザーやX線以外の量子ビーム

暮らしのいろいろなところで普通に使われているレーザー光やX線ビームも、**量子ビーム**の一種です。しかし、可視光〜X線領域以外の光（電磁波）を束にした量子ビームは、どこでどのように利用されているのでしょうか。

量子ビームの利用

昭和時代のブラウン管テレビには**電子ビーム**（EB＊）が使われていました。電子ビームとは、文字どおり電子の流れを束ねたものです。

電子ビームは、ブラウン管テレビよりもさらに古くなりますが、真空管の制御にも利用されていました。このように説明すると、時代遅れの技術のように感じられるかもしれませんが、電子ビームにはレーザービームにはない優れた特徴があります。レーザービームは、光子または光の波のはたらきを利用した量子ビームですが、電子ビームは粒子としての電子の流れを利用しています。光子には質量はありませんが、電子はとても小さくても質量を持っています。また、マイナスの電荷も持っています。電子ビームは、量子的には"粒"としての性質がより強いのです。

この性質を利用して、電子ビームは滅菌に使用されます。電子ビームが生物のDNAに作用すると、DNAが切断されることがわかっています。このため、細菌が死滅するのです。また、電子ビームはDNA近くの水分子にラジカル反応を誘発し、これによってDNAが損傷します。

この電子ビームによる滅菌処理は、医療機器や医薬品用の容器、衛生用品などの滅菌に利用されるほか、梱包した食品などの箱外から照射して内部を滅菌することもできます。なお、電子ビームの滅菌処理と同じ用途で使用される量子ビームには、紫外線やガンマ線があります。紫外線による滅菌処理が最も簡単でコストもかからないのですが、電子線に比べて透過力が弱いため、段ボール箱の外から滅菌処理することができません。ガンマ線は電子ビームよりも滅菌効果が強く、また透過性もあります。しかし、周囲を厳重に遮蔽する必要があり、扱いが難しいというデメリットがあります。量子ビームを使用しないエチレンオキサイドガスによる処理もあり

＊**EB**　Electron Beamの略。

ますが、時間がかかるうえに残留ガスの問題もあります。このように見てくると電子ビームによる滅菌は、大掛かりな設備も必要としないうえに、ガンマ線よりも高速ラインでの使用に適しているなどのメリットがあり、広く普及しています。

中性子ビームの中性子は、電荷を持たないため透過性に優れています。この中性子の性質を利用して、理化学研究所では、コンクリート内部の劣化の非破壊観測に成功しています。また、日本原子力研究開発機構では、中性子回折法によって鋼材内部を解析し、高強度鉄鋼材料の開発に役立てようとしています。

茨城県の東海村にあるJ-PARCは、世界屈指のパルス中性子ビームとパルス**ミューオンビーム**を備えた実験施設です。**ミューオン**は**ミュー粒子**とも呼ばれる素粒子です。ミューオンは、超新星爆発などによって宇宙から地球にやってくる陽子やヘリウムの原子核などの宇宙線が、地球大気に入って窒素分子や酸素分子と衝突したときに発生します。ミューオンの質量は、電子の200倍、水素原子核の9分の1で、正電荷と負電荷の2種類があります。非常に高い透過性を持っていて、寿命は2.2マイクロ秒と素粒子の中では比較的安定しています。2.2マイクロ秒後には、電子とニュートリノに崩壊します。

中性子ビームでは、物質中の原子や分子の状態などを調べることができます。ミューオンビームでは、ミューオン回転・緩和・共鳴法（μSR法）によって、物質内部の磁場を観察できます。

中性子線によるがん治療の歴史は古く、1936年にはすでにがんへの活用が呼びかけられていました。ただし実用レベルに達するまでには時間がかかりました。現在、中性子による最新のがん治療の1つは、レーザー光によるPDTに似た治療を中性子線によって行おうという**ホウ素中性子補捉療法**（**BNCT**＊）です。BNCTでは、あらかじめ投与されたホウ素が腫瘍に取り込まれたところを狙って、中性子線を放射します。すると、ホウ素化合物が中性子との間で核反応を起こし、アルファ線と放射性リチウム元素を出します。これらが腫瘍だけに作用して腫瘍細胞を殺します。中性子によって生じたアルファ線などはほとんど移動しないため、正常な細胞はほとんど傷付きません。現在、BNCTの対象としているのは、悪性脳腫瘍、頭頸部腫瘍、肝臓がん、肺がん、膵臓（すいぞう）がん、中皮腫などです。BNCTは世界の中で日本が先行

＊**BNCT**　Boron Neutron Capture Therapyの略。

して取り組んでいる医療方法の分野です。

　従来の放射線療法では、X線やガンマ線、電子線が使われてきました。これらの治療施設は全国各地にあり、がん治療などに一般的に用いられています。例えば、X線はレントゲン撮影で知られるように人体への透過性があります。その性質を利用し、腫瘍に対して照射することで、腫瘍細胞の増殖を抑えたり、死滅させたりしようというものです。X線の人体への透過性を詳しく見ると、人体表面から離れるに従って、エネルギーは次第に弱くなります。深部にある腫瘍では、X線の照射の回数や向きを工夫することで最大の効果を上げる研究が行われてきました。X線による放射線療法とほぼ同時期には、ほかの放射線による同じような治療のアイデアも生まれ、治療方法が研究されてきました。中でも**粒子線**を使った治療は、近年、粒子線を放射する機器の開発が進み、ようやく先進医療としてですが、医療現場でも実施できるようになりました。**陽子線**をがん治療に応用したのが**陽子線治療**です。陽子線は人体に照射したときに、ある深さでエネルギーが最大になる特性を持っています。そのことを利用して、腫瘍細胞だけを狙い撃ちして死滅させる治療法です。

　「陽子線治療」ができる病院は、現在、全国に20施設程度あります。例えば、名古屋市にある「名古屋陽子線治療センター」では、前立腺がん、肝臓がん、肺がん、骨軟部腫瘍、頭頸部腫瘍、膵臓がん、小児がん等への治療が行われています。なお、これらの治療は先進医療のため、高額な治療費（同センターの場合、290万円程度）がかかります。

　重粒子線治療は、炭素イオン線を照射する治療法です。全国的にも治療できる施設数はまだ少ない治療法です。重粒子線治療は、手術やX線による放射線治療に比べて、体への負担が少ないため、高齢の人も治療が可能です。群馬大学医学部付属病院重粒子線医学センターでの治療費は300万円を超えます。

　重粒子線による治療が一般の人でも受けられるようになったとはいえ、重粒子線を作ったり制御したりする機械は非常に高価なものであるため、治療費も高額になっています。2020年、量子科学技術研究所のドーバー・ニコラスらは、重粒子線がん治療用の加速器の小型化と低価格化につながる新しい理論モデルを発見しました。同研究所では、重粒子線がん治療に利用できる量子メスの開発も進めています。

3-15 量子ビーム研究施設（国内）

日本には四国や北陸、沖縄を除く各地に量子ビーム施設があります。それぞれ同じ設備を持っているわけではなく、扱える量子ビームの種類や出力が異なっています。

放射光発生施設

兵庫県にある**SPring-8**は、数十本のビームラインを持つ日本最大級の量子ビーム施設で、放射光発生設備も持っています。**放射光**とは、シンクロトロンで発生する電磁波です。この**シンクロトロン**とは、リング状をしている巨大な設備で、磁場や周波数を制御して粒子を加速します。

シンクロトロンによって電子が光の速さ程度に加速されると、電子軌道の接線方向に非常に指向性の高い放射光が出ます。この放射光には、医療用X線の1億倍を超えるような強力なX線が含まれています。従来はシンクロトロンの副産物としてあまり顧みられることもなかった放射光ですが、現在では量子ビームによる新しい地平を拓くと大きな期待が集まっています。

シンクロトロンが作る放射光

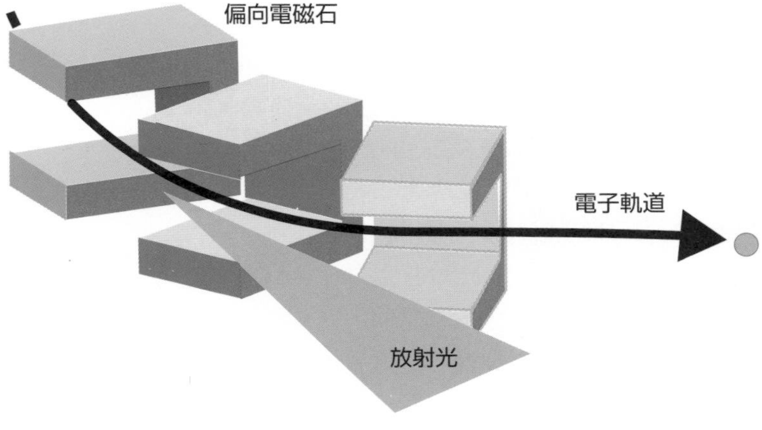

国内の主な粒子ビーム施設

ビーム施設またはビーム名	主な量子ビーム	運営主体
電子加速器中性子源：HUNS	中性子線（小型）	北海道大学
LINAC、RCS、MR	陽子線（二次ビームとして中性子、ミューオン、ニュートリノ、K中間子）	J-PARC（JAEA、KEK）
JRR-3	中性子線	JAEA
電子光学研究センター	電子線	東北大学
次世代放射光施設	第4世代放射光	官民地域パートナーシップ（東北）
PF、PF-AR	放射光	KEK
陽子線医療利用研究センター	陽子線	筑波大学附属病院
SuperKEKB	電子線、陽電子線	KEK
HIMAC	重量子線	QST
RIBF	イオンビーム	理研仁科加速器科学研究センター
TIARA	イオンビーム	QST（高崎量子応用研究所）
ペレトロン	重イオンビーム	東京工業大学
UVSOR-Ⅲ	極短紫外光	自然科学研究機構分子科学研究所
AichiSR	放射光	科学技術交流財団
陽子加速器中性子源：KUANS	中性子線（小型）	京都大学
原子炉実験所電子加速器中性子源	中性子線（小型）	京都大学
激光Ⅶ号レーザー LFEXペタワットレーザー	レーザー	大阪大学
J-KARENレーザー プラズマ軟X線レーザー QUADRA-Tレーザー	レーザー	QST（関西光科学研究所）
陽子加速器中性子源：RANS	中性子線（小型）	理化学研究所
立命館大学SRセンター	放射光	立命館大学
SPring-8	放射光	理化学研究所
SACLA	X線自由電子レーザー	理化学研究所
NewSUBARU	放射光	兵庫県立大学
HiSOR	放射光	広島大学
FFAG加速器	イオンビーム	九州大学
SAGA-LS	放射光	九州シンクロトロン光研究センター

1960年代には東京大学でシンクロトロン（INS-RING）による放射光実験が開始されました。さらに1974年には世界初の放射光専用シンクロトロン（SOR-RING）が建設され、半導体開発などに貢献しました。これがその後のフォトンファクトリー（PF）、SPring-8を生むきっかけになりました。

放射光施設の**フォトンファクトリー（PF）**は、茨城県の**高エネルギー加速器研究機構（KEK）**にあります。PFは、日本最初のX線領域の放射光加速器になったPFリングと、6.5ギガ電子ボルトのパルス放射光を作り出せるPFアドバンスリングを持っています。PFでも、大学や関連組織からの実験を行っています。ただし、最近は国内の企業との共同実験は減っているようです。

SPring-8などの国内の量子ビーム施設の多くは、大学などの研究者への設備貸しだけではなく、様々な企業の製品開発などへの設備の活用相談や技術指導にもあたっています。例えば、住友ゴム工業との共同研究において、軟X線での顕微分光計測を利用して新しい自動車用タイヤ（耐摩耗マックスレッドゴム搭載タイヤ）を開発しました。なお、この製品開発にはSPring-8のほかにも、日本原子力研究開発機構（JAEA）と高エネルギー加速器研究機構（KEK）の共同プロジェクトである**J-PARC**、スーパーコンピューター**京**とも連携しています。

COLUMN

量子シミュレーター

化学変化や磁性の物理学などに、ナノスケールの電子や陽子がどのようにかかわっているのか、お互いの力をどのように及ぼし合っているのかということがわかれば、量子的なスケールの現象も理論的に予測することが可能になります。しかし、現在の科学力ではこのようなシステムを理解することは非常に難しいのです。例えば、量子的振る舞いをする粒子30個でできているシステムの振る舞いですら、スーパーコンピューターを使っても計算することが難しいといわれています。

そこで、原子など制御可能な粒子のシステムを人工的に組み立て、これを使って粒子の振る舞いを模擬実験する取り組みが注目されています。これを**量子シミュレーター**と呼びます。2016年、分子化学研究所の大森賢治らは、絶対零度にまで冷却した原子集団にレーザーパルスを当てて制御することで、40個以上の原子による相互の関係（強相関係）を模擬実験できる量子シミュレーターを完成しました。

3-16 次世代の放射光施設

先端産業技術や次世代エネルギー開発を支える基礎研究、そして世界規模の競争が熾烈さを増す産業への利用が期待されている量子技術の研究で日本がリードしていくには、最先端の**放射光施設**が欠かせません。

放射光施設

新技術を活かして次世代産業をリードしようとする国のいくつかは、放射光、特に軟X線からテンダーX線、硬X線領域までカバーできる放射光施設の建設に積極的です。科学技術のさらなる高度化や工業製品の性能を飛躍的に高めるようなブレークスルー、さらに物理学や化学、生命科学などの領域での新しい地平を拓くような大発見の成否は、ナノスケールの世界を正確に理解する手段となる量子技術の進歩にかかっています。各国が競って最新の放射光施設を建設しようとしているのは、特に将来の産業分野の発展には量子技術が絶対に必要で、そのための投資だと判断しているからです。

日本には、PFやSPring-8など世界の量子技術開発をリードしてきた施設があります。これらの日本の施設と、諸外国で建設された、または建設計画のある大型の放射光施設とを比べてみます。

放射光の性能は、「加速エネルギー」と「輝度」または**エミッタンス**の値で比べるのがわかりやすいでしょう。放射光では電子サイズのとても小さなモノを見る（知る）ことが要求されます。このため、輝度の高い放射光の方が性能がよいとされます。「エミッタンス」という、放射光の広がりを示す値が小さいほど放射光は高強度となります。放射光が高強度であれば、実験時にビームの一部を削るなどの加工を行いやすくなります。放射光の「出力（加速エネルギー）」の値は、一般には蓄積リングの周長が長いほど大きくなります。世界最大級の放射光施設では1kmを超え、シンクロトロンの出力は数GeV程度になります。第３世代の放射光施設と位置付けられている日本のSPring-8での性能は現在、蓄積リングが1436メートル、シンクロトロンの最大出量が8GeV、放射光のエミッタンスは3nm・rad*です。

＊**rad**　radiationまたはradiation absorbed doseの略。

SPring-8と同程度の性能を持つ第３世代放射光施設は、SPring-8以降、世界中で11基作られました。さらに現在では、アメリカ、スウェーデン、台湾などで３GeV級の低エミッタンスリングが稼働し始めています。

2010年代に起きた放射光施設に関するブレークスルーによって、すでに時代は第４世代放射光施設に向かっています。また、これらの新型の放射光施設では、これまでの軟Ｘ線よりもさらに波長の短いテンダーＸ線*や硬Ｘ線*領域を使った研究開発を進めることもできるようになっています。

これまでの高輝度放射光施設の性能アップは、主に日本、アメリカ、ヨーロッパで競われていました。第３世代放射光そして第４世代放射光となると、これらに中国やブラジルなども加わりそうです。

世界の主な高輝度放射光施設（計画・建設中を含む）

放射光施設名（国）	エネルギー [GeV]	エミッタンス [nm・rad]
SLS（スイス）	2.4	5.0
SOLEIL-Ⅱ（フランス）	2.75	0.072
ALBA（スペイン）	3	4.3
DIAMOND（イギリス）	3	2.7
NSLS-Ⅱ（アメリカ）	3	1.5
TPS（台湾）	3	1.6
MAX-Ⅳ（スウェーデン）	3	0.33
HEPS（中国）	6	0.05
Sirius（ブラジル）	3	0.28
ESRF-EBS（フランス）	6	0.15
APS-Upgrade（アメリカ）	6	0.147
SPring-8-Ⅱ（日本）	6	0.1
PETRA-IV（ドイツ）	6	0.01
次世代放射光施設（名称未定：日本）	3	1.14

＊**波長の短いテンダーＸ線**　2～5keVのＸ線。
＊**硬Ｘ線**　およそ5keV以上のＸ線。

日本では、第3世代の放射光としてSPring-8が世界に先駆けて起動して、先端技術の開発にも貢献してきました。しかし、その後、国内にはSPring-8の性能を上回る施設は建設されていません。その間に世界では高輝度の放射光施設が次々に建設されています。

危機感を持った研究者が中心となり、第4世代の放射光施設建設が計画されています。1つは、SPring-8をアップグレードした**SPring-8-Ⅱ**です。そしてもう1つは、新しい施設のSRISによる次世代放射光施設です。これまでの大型放射光施設のすべてが、国が主体的に建設計画を進めていたのに対して、宮城県に建設中（2023年稼働予定）のSRISは、宮城県、仙台市、東北大学、東北経済連合会によるコンプレックスが主体となっています。現在検討中のSPring-8-Ⅱとはスペックが一部重なりますが、SRISによる次世代放射光施設は効率性を重視して多くの研究者、企業に利用してもらいたいようです。

COLUMN

レーザー冷却

真空中にある原子に、運動とは反対の方向からレーザーを当て、そのエネルギーを吸収させることで原子の動きを止める技術を**レーザー冷却**といいます。すでに高圧気体の温度をレーザーによって下げる実験にも成功しています。

レーザー冷却を用いて、原子集団の動きを止めてから、意図的に任意の原子だけにパルスレーザーを照射するなどしてその挙動を変化させ、原子団の動きを観察するといった模擬実験（量子シミュレーター）への応用が考えられています。

また、レーザー冷却による冷却イオンを量子コンピューターの量子ビットとして用いる研究も進んでいます。

COLUMN パワーレーザー

アト秒パルスレーザーで化学変化する物質の電子の状態を見ようとするときには、物質を破壊しないようにエネルギーを適切に調節する必要があります。パルスの持っているエネルギーはそのままに、パルスの時間幅を短くすると最大出力がどんどん大きくなっていきます。このように、最大出力を競う超高強度レーザー施設の建設が各国で相次いでいます。チェコとイギリスの研究所が共同で開発した**Bivoj**と呼ばれるレーザー装置は、1kWのレーザー光を1時間繰り返して発生させることができます。日本やアメリカにもペタワット級のレーザーがあり、中国や韓国にも10ペタワット級のレーザー施設の建設計画があります。これらのレーザーを**パワーレーザー**と呼びます。

パワーレーザーの利用はこれから本格化するのですが、非常に高いエネルギーを瞬時に物体に与えることができることから、これまで難しかった非常に大きな圧力を物体に与えるといった使い方が考えられます。例えば、大阪大学のレーザー科学研究所では、パワーレーザーによって1000万気圧超の圧力を制御し、ダイヤモンドよりも硬いスーパーダイヤモンドの作成に（まだ瞬間的ですが……）成功しています。パワーレーザーを用いることで、炭素やケイ素を圧縮して金属化したり、いろいろな原子を圧縮して未知の物質を作成したりすることが期待されています。さらに、パワーレーザーの高密度、高温を利用して核融合に利用する研究も進められています。日本はパワーレーザーの分野で世界最先端の研究を進めています。

第4章

量子イメージング・量子センシング

量子イメージングは、主に生物分野で活用される量子技術です。量子センシングとは、様々な物理量を量子技術で測定するものです。どちらもナノスケールでの量子技術であり、ナノテクノロジーと融合して、分子レベルの科学や工学の発展を可能にします。

4-1 量子イメージングと量子センシング

ナノサイズの物体を**電子顕微鏡**で映し出すと、非常にはっきりとした画像が見られます。しかし、例えば細胞のはたらきや動きをより深く理解するには、細胞や組織、そしてもっと小さいタンパク質などの分子の動きを観察することが必要です。このように、観察対象を視覚化することを**イメージング**と呼びます。

見たい箇所を光らす技術

生物の体の主要な構成物質にタンパク質があります。タンパク質は、アミノ酸がペプチド結合したもので、人間の体内にあるタンパク質で最小のインスリン（膵臓で合成されるタンパク質）で、分子量は5733です。筋肉の伸び縮みに作用するミオシンの分子量は約48万もあります。人体に最も大量にあるコラーゲンは、分子量が約30万で繊維状、長さは300ナノメートル程度です。原子1個の大きさが0.1ナノメートル程度ですから、人体に限っていえば、すべてのタンパク質はナノ単位で表せることになります。

タンパク質は、生命体にとって非常に重要な分子構造です。酵素反応や情報伝達、筋肉運動など、生命活動の非常に多くの部分をタンパク質が担っています。このため医療や生命科学にとって、タンパク質のはたらきを詳細に調べることが非常に重要になります。その究極は、タンパク質の化学反応、物理的な運動をナノスケールで直接観察することです。

小さな世界を覗く観察機器には顕微鏡があります。小中学校の授業で使っているような顕微鏡では、可視光を使って対象を見るため、ナノサイズの物体は見えません。そこで、可視光よりも小さな波長の光を用いた顕微鏡を使ってナノサイズの物体を観察します。ここにも量子技術が使われています。

顕微鏡で観察したときに、観察対象のタンパク質がどの部分なのかを見分けるのは大変です。そこで、特定のタンパク質だけを色分けする方法が考え出されました。これが**蛍光プローブ**です。蛍光プローブを紐付けされたタンパク質は、特殊な光を当てると蛍光発光します。分子レベルでのイメージングは、現在の生命科学になくてはならない技術になっています。

これまでは有機蛍光物質が蛍光プローブとして使用されてきましたが、人工的に無機物によって作られた**量子ドット**を蛍光プローブとして使用する例も増えています。

蛍光プローブによるイメージング

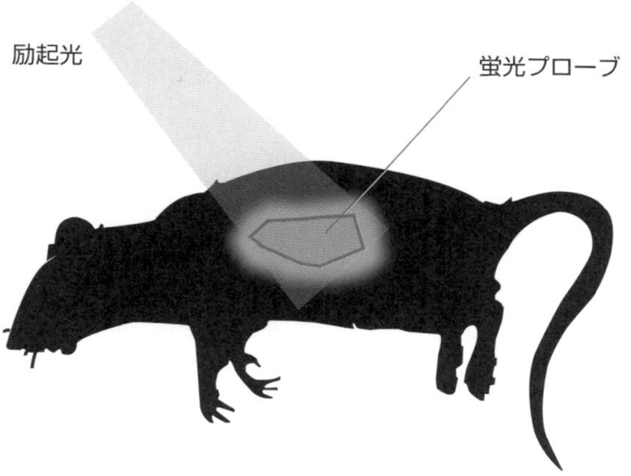

量子ドットは、カドミウムやセレンなどの性質の異なる無機原子を、核および核を包む膜の構造にしたものです。炭素原子と窒素原子を使って結晶構造を作ると、一部分、共有結合できる電子が不足する構造ができます。これを**ダイヤモンドNVセンター**といいます。ダイヤモンドNVセンターも量子ドットと同じように量子的な性質を持っていることが知られています。例えば、ダイヤモンドNVセンターに光（光子）を当てると、蛍光プローブと同じように蛍光発光したり、磁場やマイクロ波などによって内部の量子状態が変化したりします。このわずかな変化を外から観測することで、ダイヤモンドNVセンターをセンサーとして利用できます。

量子をセンサーとして利用する取り組みは、ダイヤモンドNVセンターのみで行われているわけではありません。量子コンピューターでは、いくつかの方法で安定した量子状態を作り出し、それをマイクロ波などで制御することで計算を行います。このとき量子状態はレーザーを使って安定したイオンを作り出したり、光子を使ったりしています。量子コンピューターの出力結果を取り出すときにも、センサーが重要な役割をします。

人工量子物質

量子ドットでは、電子の「スピン」という量子的な性質を利用することで、温度や磁場を測定することができます。蛍光プローブとして作成した量子ドットやナノダイヤモンドを生体内の特定のタンパク質に紐付けしたら、その場所を蛍光放射によって特定できるだけでなく、細胞の周囲の磁気や運動状態などの情報を得ることも可能になります。量子的な特性をセンサーとして利用するため、このような使用法を**量子センサー**と呼んでいます。

量子センサーは、非常に小さな物理変化量をとらえることができます。このため、高精度のセンサーとして期待されています。生命科学や医療分野だけではなく、様々なデバイス用のセンサーとして応用可能です。

ダイヤモンドNVセンターの応用範囲

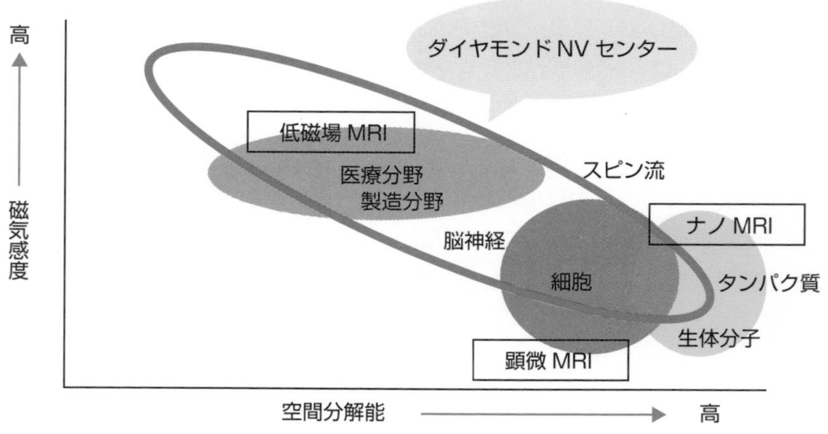

4-2 もっと小さな世界を見るために

光学顕微鏡では、組み合わされたレンズを通して対象を拡大して、数百〜1500倍程度までなら見られます。しかし、この程度の光学顕微鏡では、量子技術の発見や開発には役に立ちません。小さな粒、分子や原子、原子の中の電子や原子核などを“見る”ために、光学顕微鏡とは異なる方式で状態や変化を映し出す新しい顕微鏡がいろいろと開発されています。

顕微鏡

いつ、人は自らの体が細胞という小さな単位からできていることを知ったのでしょうか。人の目の分解能は、0.1ミリメートル程度しかありません。人の細胞の大きさは10〜30マイクロメートル程度（0.01〜0.03ミリメートル）といわれていますから、細胞を見分けることはできません。細胞を見るためには、小さなものを拡大して見る道具の発明がなければなりませんでした。

水晶やガラスの玉を覗くと周囲の風景がゆがんで見えることや、これらの透明な鉱物の玉が太陽光線を集光することなどは、紀元前3世紀ごろにはわかっていたようです。しかし、凸レンズが小さなモノを大きくして見せてくれるというルーペの発明がいつごろなのかは、はっきりしていません。玉状の透明鉱物や蓮の葉の表面の雨粒などが対象物を拡大するという光の現象は、それほど珍しいものではなかったのでしょうから、ガラスの加工技術の発展と共に、ごく自然に作られ利用されていたとも考えられます。このようなレンズやメガネは、ベネチア（イタリヤ）で質のよいガラスが製造されるようになる13世紀ごろには発明され、使われ始めていたといわれています。

顕微鏡の発明は16世紀末ごろと思われます。17世紀に入ると、**ガリレオ**も顕微鏡でハエの複眼を観察しています。1665年、**ロバート・フック**は顕微鏡で見たシラミやノミなどの小さな生物のスケッチなどを載せた『顕微鏡図譜（Micrographia）』を刊行します。この書にはコルクの細胞壁が描かれていました。この書で初めて生物の体が小さな“部屋”の集まりであることが示されました。

ロバート・フックは現在の光学顕微鏡と同じ、接眼レンズと対物レンズを組み合わせた形式の顕微鏡を使っていました。しかし、当時はまだレンズの精度が悪く、高い倍率ではっきりとした像を見ることはできませんでした。

1670年代に微生物や精子を発見したオランダの**レーウェンフック**は、独自に短レンズの顕微鏡を改良し、200倍以上の倍率を達成しました。彼の描いたスケッチから、彼の顕微鏡の分解能は数マイクロメートルまで迫っていたと推定されています。

生物体の最小単位が個々に完結した1つの生命体のように振る舞う**細胞**であること、さらに多細胞の高度な生命システムを持つ生物では細胞が分化しているという**細胞説**として結実していくには、18世紀後半から19世紀前半にかけての病理学や生物学の発展まで待たなければなりませんでした。

しかし、ようやく顕微鏡という未知の世界を覗くことのできる道具を手に入れた人類は、生物の体が何で形づくられているのか、どのように構成されているのか、それらがどのように作用し合っているのかを実際に目で見て観察できるようになったのです。

細胞を見てみると、様々な構成要素に気が付きます。組織によって異なる細胞内の様子がわかってきます。生物によって、また個体によって細胞の構成要素に違いが見られ、はたらきが異なることを解き明かしていきます。科学者の興味が、どんどん小さな世界に向かったのは当然のことでした。そのためには、もっと小さな世界を見る顕微鏡が必要だったのです。

肉眼で小さな世界を見る道具（光学顕微鏡）

細胞観察などに使用されている顕微鏡は、接眼レンズと対物レンズの組み合わせによる**複式顕微鏡**です。複式顕微鏡の構成が現在のように決定されたのは、1850年ごろ、ドイツのカール・ツァイスの顕微鏡工房においてでした。その後、光学顕微鏡は、観察する対象によって様々に変化して現在に至ります。一般に使用される光学顕微鏡は、透過光によって試料を拡大して見る**明視野顕微鏡**です。このタイプの顕微鏡での拡大倍率の上限は1500倍程度であり、分解能は100ナノメートルほど、生きている細胞内を観察することができます。

電子で見る顕微鏡（電子顕微鏡）

光学顕微鏡では、10ナノメートル程度の小さなウイルスを見ることができません。これは光学顕微鏡が、試料から反射または透過した可視光線によって観察を行うためで、可視光線より波長の小さなものは、はっきり見ることができないのです。ということで、可視光線よりも小さな波長の電磁波を利用して、試料をさらに拡大して見ようというのが**電子顕微鏡**です。

可視光線より短い波長の電磁波や電子の発見は19世紀後半です。そのころから電子顕微鏡の開発が開始され、1930年代にドイツのエルンスト・ルスカらが世界で初めて開発に成功しました。日本では1940年、大阪大学の菅田榮治が開発に成功しています。

電子顕微鏡は試料に電子線を安定して照射することが必要なため、基本的な構造として顕微鏡内は真空に保たれます。しかし、真空中に生体を置くと、内部の水分が噴出して生体が破壊されてしまうので、生体試料から水分を抜くか、表面をカチカチに固めるなどの処理が必要になります。

電子顕微鏡は方式によって大きく2つのタイプに分けられます。試料に電子線を透過させて観察する方式（**透過電子顕微鏡**：TEM*）と、試料に電子線を当てて反射した電子線を解析して観察する方式（**走査電子顕微鏡**：SEM*）です。

電子を透過させて見る（透過電子顕微鏡）

透過電子顕微鏡の原理は、光学顕微鏡とよく似ています。光学顕微鏡が試料を透過してきた可視光線をレンズで拡大して見るのに対して、透過電子顕微鏡はコンデンサーレンズによって制御された電子線を試料に当てて、透過してきた電子線の密度を測定します。

光学顕微鏡が試料の下から光を当て、試料を透過した光を観察するのと同じように、透過電子顕微鏡は試料上から電子線を照射し、透過してきた電子の分布を調べて画像にします。光学顕微鏡でプレパラートを作るのと同じように、透過顕微鏡も電子が透過できるように試料を薄くします。

＊ **TEM**　Transmission Electron Microscopeの略。
＊ **SEM**　Scanning Electron Microscopeの略。

透過顕微鏡を使った細胞の観察では、薄さ数十ナノメートルほどの「超薄切片」を作成します。試料を薬品で固定し、さらに樹脂に入れて切片を作ります。しかし、この方法では、試料によっては生きた姿と異なるものになる可能性があるため、急速凍結置換法によって生物などの試料を生きた状態のまま固めることが行われます。

どちらにしても、透過電子顕微鏡の画像は試料の断面を見ることになるため、2次元的な画像になります。立体的に見られる走査電子顕微鏡に比べると、平面的でダイナミックさに欠けるため驚きは少ないようにも思われます。しかし、特に細菌などの生物体を観察する場合には、切断された内部の様子までわかる透過電子顕微鏡の方が、より多くの情報を得ることができます。

透過電子顕微鏡の電子線は加速電圧によって加速されます。例えば、300kVの加速電圧で試料に当てられる電子線の波長は0.002ナノメートル程度で、可視光線の500ナノメートル付近の波長に比べて非常に小さいため、光学顕微鏡ではとらえ切れない試料の微細な様子を見ることができます。加速電圧を上げることで、電子線の波長をさらに短くすることもできます。このように電子顕微鏡では、光学顕微鏡に比べて非常に細かな分解能を発揮することができます。

電子顕微鏡

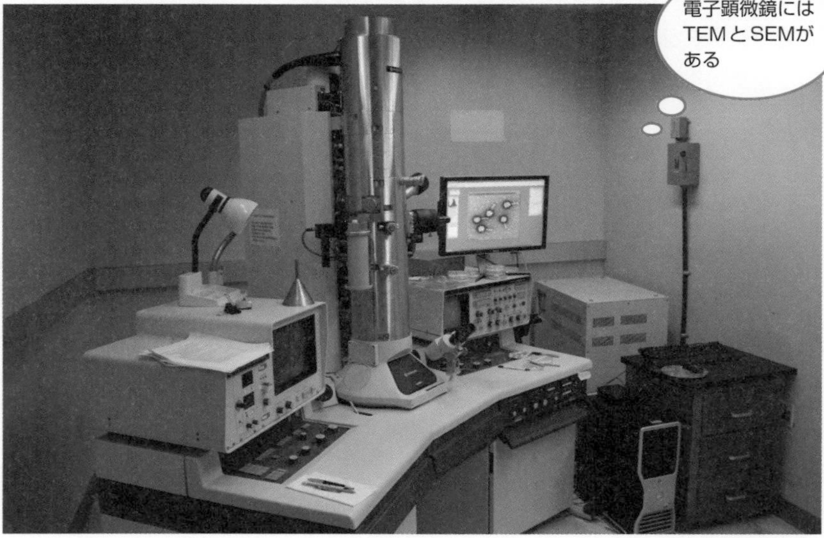

by Oak tree road 1

電子顕微鏡の性能は分解能で知ることができます。どこまで小さなものを見分けられるかを競っています。日立が2010年に達成した世界最高水準の電子顕微鏡の分解能は、0.043ナノメートルでした。2018年にはコーネル大学が0.039ナノメートルの分解能を達成しています。

まるで微視世界にいるように見せる（走査電子顕微鏡）

1965年、イギリスのケンブリッジ・インスツルメント社が世界初の商用の走査電子顕微鏡を開発しました。1972年には、より輝度の高いFE電子源が製品化されたため、分解能が飛躍的に向上しました。以降、走査電子顕微鏡は、見た目にインパクトのある画像になるということもあり、一般の人々に電子顕微鏡の有用性を示し続けています。

走査電子顕微鏡は、試料に電子を当て、そこから得られる情報をコンピューターで解析して画像にするタイプの顕微鏡です。試料に反射してくる一次電子を検出することで、試料の位置が詳しくわかります。試料内部の電子（二次電子）が放出されて外部に出てきた場合、それは内部の構造や状態を表す情報です。これらの電子を検出器で調べます。

また、透過電子顕微鏡では電子が透過した狭い領域だけの情報を見ることになりますが、走査電子顕微鏡は試料全体を走査（スキャン）するため、全体を調べることができます。

走査電子顕微鏡は、物質の表面観察はもちろんのこと、試料から得られる様々な情報を分析するセンサー類を併せ持つことで利用範囲が広がります。このため、世界中の研究機関や品質検査の場で広く利用されています。医学や生物学の分野のほか、物性領域、半導体などのデバイス開発といった分野で活用されています。

走査電子顕微鏡は、細菌などの内部を知るには向きませんが、試料の形や表面、試料の周囲の様子などが立体的に見えるため、直感的な観察がしやすく、構造や配置を把握するのに適しているといえます。現在、生理学や生物学にとどまらず、工業用材料やデバイス分野で材料の表面を調べたり、試料の材質や状態を分析する機能によって発光する光を分析するスペクトルの解析や内部起電力の測定なども行われています。

電子顕微鏡で撮ったペスト菌

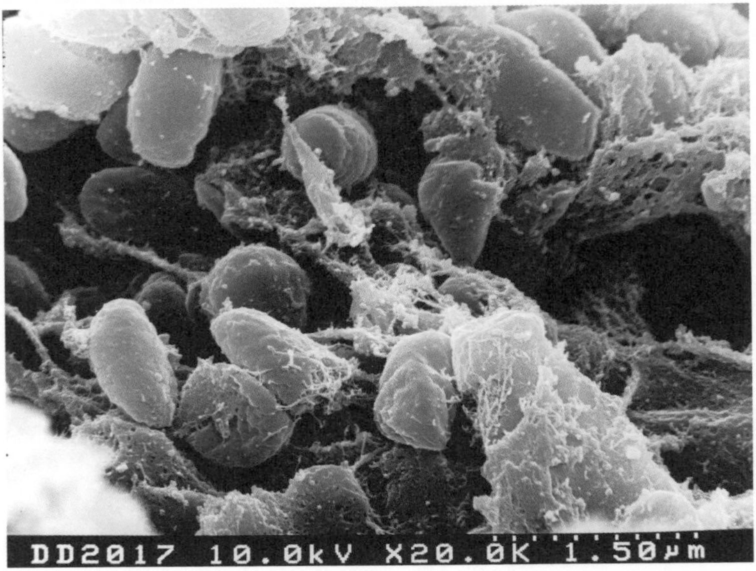

針の先で探りながら見る（走査型プローブ顕微鏡）

走査型プローブ顕微鏡（SPM＊）の**プローブ**は日本語では「探針」と訳されます。走査型プローブ顕微鏡は、このプローブで試料表面近く（プローブと試料との間は1ナノメートル以下）をなぞるように走査するタイプの顕微鏡です。1981年、IBM社で開発されました。走査型プローブ顕微鏡のプローブの先端は、シリコンの化合物で作られ、その曲率半径は10ナノメートル程度に精密に加工されています。

走査型プローブ顕微鏡の中には、プローブと試料との間の力学的な相互作用、例えば原子間力や磁気などのほか、電流や電圧なども測定できるものがあります。このようなタイプの走査型プローブ顕微鏡は、特に**原子間力顕微鏡**と呼ばれています。原子間力顕微鏡は、透過電子顕微鏡並みの高倍率で試料表面を3次元画像にして見せてくれるだけでなく、試料表面の摩擦、粘弾性、表面電位などの情報も得られます。一般に電子線等を利用する顕微鏡では、電子線を安定させるなどの理由から試料を真空中に置きますが、走査プローブ型顕微鏡では試料が大気中や液体中にあっても

＊**SPM**　Scanning Probe Microscopeの略。

観察可能です。

走査型プローブ顕微鏡は、生体などへの使用にとどまらず、金属や半導体の表面観察、高分子や樹脂、液晶など工業材料の観察にも広く用いられています。

冷凍にして見る（クライオ電子顕微鏡）

クライオ電子顕微鏡の"クライオ"とは"冷凍の"という意味です。クライオ電子顕微鏡は、試料を樹脂等で固めるのではなく、急速冷凍によって凍らせて電子顕微鏡で観察する手法です。

2017年のノーベル化学賞は、スイスのジャック・デュボシェ、イギリスのリチャード・ヘンダーソン、アメリカのヨアヒム・フランクの３人に贈られました。この３人が開発した電子顕微鏡が**クライオ顕微鏡**です。クライオ電子顕微鏡という小さな世界を見るための道具が、どれだけ多くの新しい知見を生み出し、科学界に多大な影響を与え、ひいては社会に大きな貢献をしたかがわかります。

クライオ電子顕微鏡は、透過電子顕微鏡の一種です。一般的な透過電子顕微鏡では、試料を樹脂等で固めます。それは、電子顕微鏡内を高度真空状態にしなければならないためです。しかし、これでは水を必要とする生体分子の顕微鏡画像を得る

クライオ電子顕微鏡

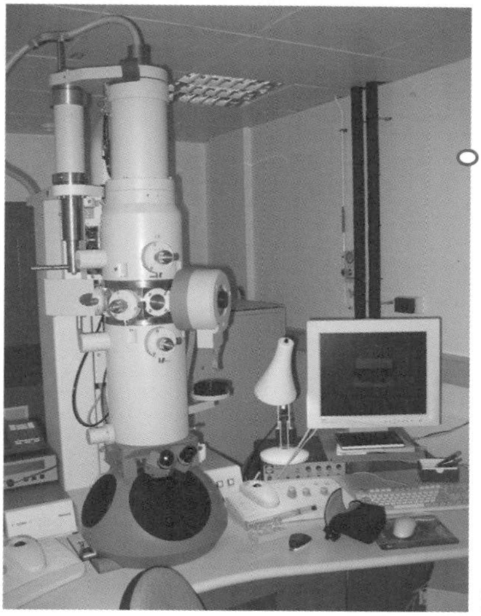

ノーベル賞受賞に
結び付いた発明

by David J. Morgan

ことができません。かといって、直接、生体分子に電子を放射すると、生体分子の構造が壊れてしまう可能性があります。クライオ電子顕微鏡は、このような電子顕微鏡の使いにくさを払拭すると共に、生理条件に近い構造を見ることができるという画期的な手法なのです。

クライオ電子顕微鏡は、試料から検出するデータの内容と解析アルゴリズムによって、主に2つに分かれます。1つは、スライス状に投影された試料データを積み重ねて3次元の画像を構成する**電子線トモグラフィー**です。もう1つは、様々な方向から試料を観察した投影データを収集します。このデータを処理するとき、試料つまり観察したい分子が同じ形で均一な大きさの粒子とします。これを**単粒子解析法**といいます。性能が大きく向上したため、仮定する粒子の大きさが小さくなり、原子分解能に相当する程度まで高い構造解析ができるようになっています。実際に結晶化の困難なタンパク質についての解析に成功したり、ウイルスやイオンチャネル、膜タンパク質などの構造が解明されたりしています。

クライオ電子顕微鏡で見たウイルス

▼チクングニアウイルス

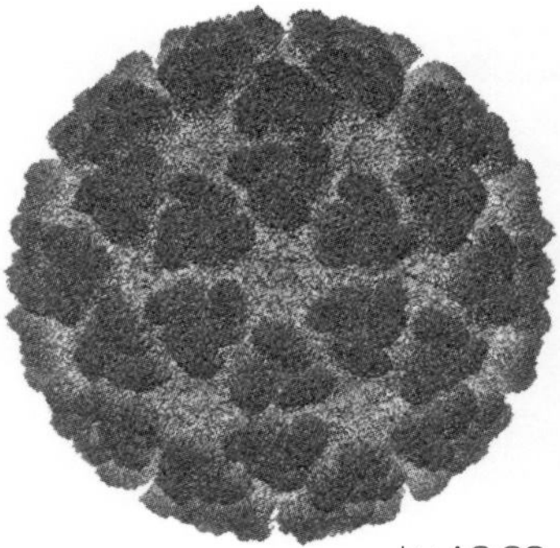

by A2-33

▼新型コロナウイルス（SARS-CoV-2）

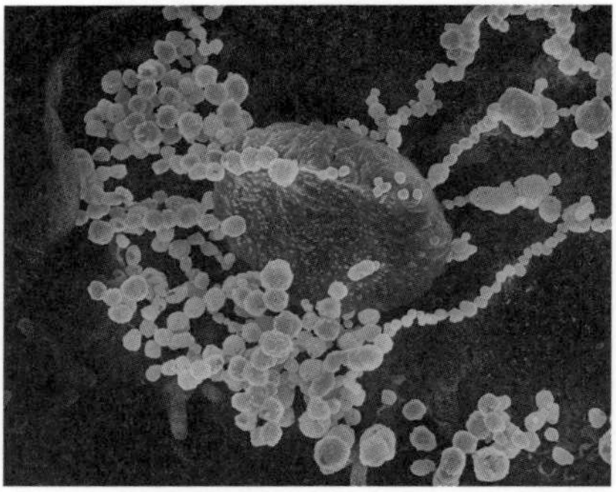

by NIAID

4-3 それは「クラゲ」から始まった

2008年のノーベル化学賞は、**オワンクラゲ**から**緑色蛍光タンパク質**（GFP＊）を発見した**下村脩**に贈られました。ここから発展した蛍光タンパク質量子技術は、GFPのような有機蛍光標識の代替となる人工物質を提供することを目指しています。

GFPの利用

1979年に下村は、クラゲの発光にかかわる仕組みを発見しました。この緑色蛍光タンパク質（GFP）は二百数十個のアミノ酸でできていて、その中で発光にかかわっているのは3個のアミノ酸であることを突き止めました。これは、遺伝子を使ってGFPをタンパク質に組み込める可能性を示しています。

発見当時、下村はひたすら生物内の発光物質を特定する仕事に没頭していて、GFPがその後、生命科学の新しい扉を開くことになるとは思っていなかったそうです。その後の1994年、マーティン・チャルフィーは下村の発見を応用して、緑色に光る線虫を作り出しました。また、ロジャー・チェンは、GFPを改造して様々な蛍光色を発するタンパク質を合成しました。2人は下村といっしょに同年のノーベル化学賞を受賞しています。

ノーベル賞の受賞理由は、GFPが生命科学においてタグ付けツールとして広く使われるようになったため、その功績を認められたことにあります。受賞当時すでにGFPは、アルツハイマー病の神経細胞や膵臓でインスリンを製造する細胞のはたらきなどを知るために広く用いられていました。GFPを標識として使用するときには、GFPがタンパク質であることを利用して対象とするタンパク質に直接組み入れ、それを蛍光顕微鏡や共焦点顕微鏡で観察するという形になります。

GFPをがんなどの人体の特定のタンパク質に組み入れることができれば、生体医療に大きな貢献ができる——そう考えていたアメリカのダグラス・プラッシャーは、のちにノーベル化学賞を受賞することになるマーティン・チャルフィーやロジャー・チェンと同じ時期に、情報を共有しながら研究を行っていました。プラッシャーは、経済的な事情のためGFPの研究を途中であきらめました。それを継いだ2人が、蛍光タンパク質によるイメージング技術の扉を開けました。

＊**GFP**　Green Fluorescent Proteinの略。

この技術を利用すると、特定のタンパク質だけに光る標識をつけて観察することができます。現在では、生命科学の分野で非常に多く利用される、プローブによるイメージングという手法です。GFPは無機蛍光物質ではなくタンパク質の一種なので、生きた生物に導入することが容易です。具体的には、GFP融合タンパク質のコードを持たせたDNAを生物に取り込ませ、生物自身によって蛍光発光するタンパク質を作らせます。GFPと同じDNA構造を有したタンパク質は、励起光によって蛍光を発します。この発光場所を確認すれば、特定のタンパク質の位置がリアルタイムでわかります。

GFPはオワンクラゲから抽出された蛍光タンパク質でしたが、現在では青色や黄色などのGFP変種の物質も存在していて、使用環境によって使い分けができるようになっています。蛍光タンパク質の性能としては、蛍光色のほか、人に使う場合には安全性も考慮しなければなりません。そして、なんといっても発光が明るいことが重要です。

GFP

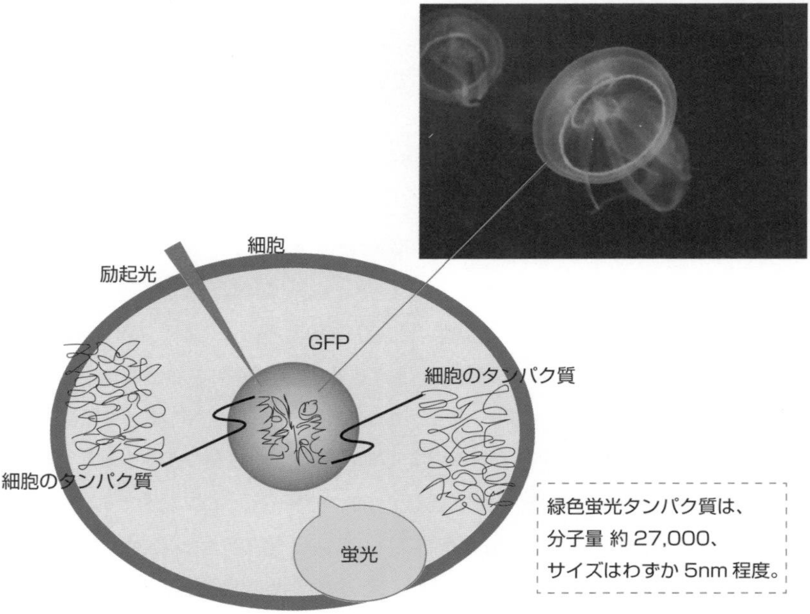

4-4 蛍光イメージング、蛍光分析

生体内での分子レベルの性質や挙動を確認するために、分子をまるで本当に見てきたかのように表すことを**分子イメージング**といいます。研究者たちの希望は、できれば生きたままの分子イメージングを確認することです。生きた細胞の動きや仕組みを見たり、分子レベルで計測したり、人工的な操作を施したりするための技術が求められています。

1分子生物学

細胞は、それ自体が1つの生物のようにして生きています。様々な代謝活動を行いながら、分化した機能を受け持っています。顕微鏡によって生物の中の小さな世界を簡単に覗けるようになった20世紀からは、細胞の中で起こっている分子レベルの活動や、さらに小さなところで起こっている生化学反応に注目が集まるようになりました。

顕微鏡も、実際に接眼レンズを覗いて小さな世界を直接見るだけではなく、電子やX線などの量子的な性質を持った粒子や電磁波を試料に当て、試料から出てくる様々な情報をコンピューターで解析することで、可視光線では見られないほど小さな世界を観察できるようになりました。いまでは原子や原子内の電子の動きでも観察することができますが、生物学や医学にとって最も興味があるのは、タンパク質の分子レベルの動きでしょう。生きている細胞内で特定のタンパク質がどのようにどこに動いていくのか、どのように化学反応が起きているのか、そのような分子レベルの変化はどのような機構で起きているのか、などの根本的なことを知るには、どうしてもタンパク質レベルの1分子を“見る”ことが要求されます。この研究分野は**1分子生物学**と呼ばれることもあります。

見たい部分を発光させる顕微鏡(蛍光顕微鏡)

明視野顕微鏡に高圧水銀ランプを取り付け、そこから発せられた励起光を選んで試料に照射すると試料が「蛍光」を発します。これを**蛍光顕微鏡**といいます。細胞などを蛍光観察するためには、細胞のそれぞれの器官を、異なる特性を持つ化学物質で染色します。また、蛍光剤としては「量子ドット」を用いることもできます。

蛍光の原理

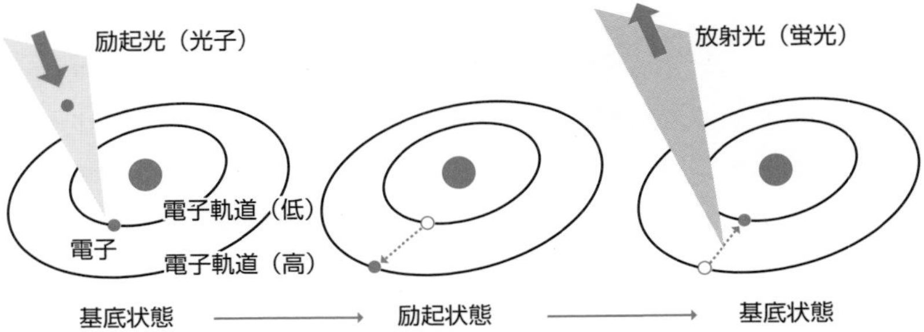

そもそも、蛍光が発光する原理は量子の特性に基づいています。蛍光物質に光（励起光）を当てると、光の持っていたエネルギーが蛍光物質に吸収されます。蛍光物質内では、吸収したエネルギーが物質内の電子のエネルギーを増加させます。このとき、電子の持つエネルギーレベルは、連続した値ではなく“飛び飛び”の値しかとれません。これが電子の量子としての振る舞いです。光からエネルギーを得た電子は、安定時の状態から“飛び飛び”の高いエネルギー状態に遷移します。これを**励起**と呼びます。

元の状態より高いエネルギー状態に励起した電子は不安定です。そのため、励起光によって得たエネルギーを短時間で放出して元の電子状態（基底状態）に戻ります。高エネルギーレベルにあった電子は、次第にエネルギーを減らすのではなく、量子の性質によって一気に安定化する基底状態に戻ります。このとき、励起状態と基底状態の差の分だけのエネルギーが一気に放出され、エネルギーは光に変換されて蛍光現象が起きます。蛍光顕微鏡では、高圧水銀ランプによる励起光で励起した観察対象の蛍光を観察するのです。

生体の詳細な機構を調べるには、少なくともタンパク質程度のサイズの分子がどのように動くのかを知ることが必要です。もちろん、タンパク質は化学的に活性である必要がありますが、蛍光顕微鏡はこのような要請に応えることができます。

筋肉の収縮は、筋原繊維を構成しているアクチンフィラメントとミオシンフィラメントが滑り運動をすることで起きます。アクチンフィラメント自体は、長さ数マイクロメートル、太さ10ナノメートルの縄のようなものです。大阪大学の柳田は、アクチンフィラメントにキノコ毒素ファロイジンの蛍光標識（プローブ）をつけ、蛍光顕微鏡でこの標識を発光させ、間接的にアクチンフィラメントの様子を観察しました。こうして、筋収縮にかかわるこの分子モーターがどのように動いているのかを、顕微鏡で見ることができたのです。しかし、筋肉を動かす生体モーター機構を説明するためには、もっと細かい部分の動きを確認しなければなりません。アクチンフィラメントもミオシンフィラメントも多くのタンパク質分子が集まった多分子です。滑り運動の機構をもっと細かく見るためには、1分子単位の動きを確認しなければなりません。

柳田は、蛍光標識を特定のタンパク質につけ、そこに励起光を当てることに成功します。ところが、このときの蛍光はアクチンフィラメントのときに比べて非常に弱く、よく見えませんでした。周囲のノイズ光が観察の障害になっていたのです。柳田らは試料に当てる透過光の範囲を限定した**全反射照明蛍光顕微鏡**（または**エバネッセント蛍光顕微鏡**）を開発しました。これによって背景光を減らし、1分子に標識した蛍光を確認することに成功しました。ついに、1分子生体モーターの動きを顕微鏡下で確認できたのです。2014年のノーベル化学賞の3人の受賞者*の受賞理由は、「超解像度の蛍光顕微鏡の開発」でした。彼らの論文には、柳田の論文が数多く引用されていました。

蛍光顕微鏡

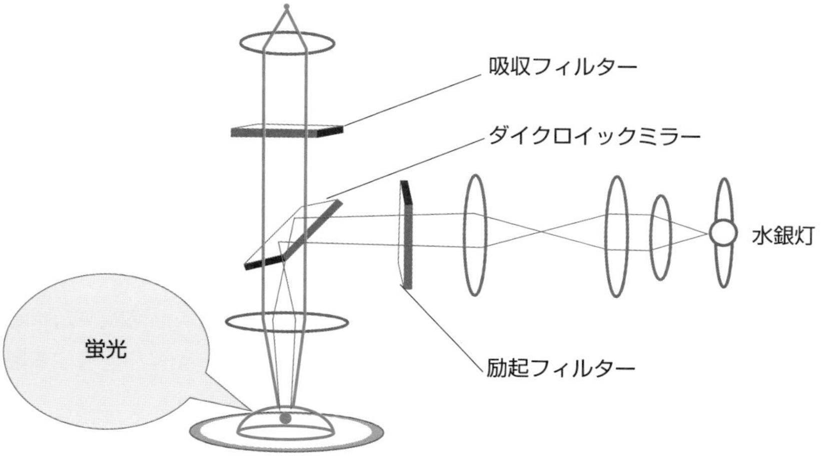

*…**の受賞者**　Eric Betzig（米）、Stefan W. Hell（独）、William E. Moerner（米）の3名。

4-5 1分子イメージングのための工夫

1分子だけを蛍光顕微鏡で見るために、蛍光処理した試料1分子だけに、可視光線よりも波長の短いレーザー光線を励起光として当てます。このためには、多分子の塊を蛍光発光させるときよりもシビアな焦点精度が必要になり、試料は真空中に置かれていました。しかし、これでは顕微鏡下で生体物質の観察はできません。

エバネッセント蛍光顕微鏡

柳田は、ガラス面上の水溶液に浸された特定の分子に蛍光処理を施し、それに励起光を当てて観察できるように蛍光顕微鏡を改良しました。柳田が注目したのは、**エバネッセント光**と呼ばれる特殊な光です。エバネッセント光は、試料の分子を載せたガラスの裏側からの光が全反射したときに、ガラス面と水溶液の境に少しだけ染み出す光のことです。このわずかな励起光は、ガラス表面から数百ナノメートルだけを照射するため、溶液内の対象としない分子が反射する背景光の多くをカットすることができます。このため、わずかに蛍光発光する分子だけを際立たせて観察できるようになるのです。このように改良された蛍光顕微鏡は、**エバネッセント蛍光顕微鏡**（全反射照明蛍光顕微鏡）と呼ばれます。

エバネッセント蛍光顕微鏡は、ガラス基板上付近の分子を観察するのに向いていますが、細胞のようにもう少し厚い試料内の観察には向きません。東京工業大学の徳永万喜洋は、エバネッセント蛍光顕微鏡を改良した**薄層斜光照明法**（シート照明法）を開発しました。さらに、試料の厚みがあったり分子が詰まったりしている場合は、レーザー走査による共焦点蛍光顕微鏡が用いられています。

全反射照明蛍光顕微鏡は、**エバネッセント場**を利用して背景光を抑えて、プローブから発せられた蛍光だけが強調されます。このため、基板表面近くにある1分子観察には広く使用されています。しかし、厚みがある試料の内部を観察したいときには、別の手法が必要になり、**薄層斜光照明法**が開発されました。薄層斜光照明法の分解能は、2～10マイクロメートル程度です。試料内で蛍光物質が何重にも重なるようなときには、さらに分解能を上げなければなりません。

1957年、アメリカのミンスキーが発明した共焦点顕微鏡では、光源からの光もレンズで集光してから試料に照射します。つまり、見たい部分だけを明るく照らします。さらに、試料を"見る"ための検出器の前にスリットを置きます。これによって、焦点からずれているぼやけた像からの光がカットされます。光源からの光による"焦点"、そして試料をはっきり見るための"焦点"という2つの"焦点"を合わせてはっきりとした像を得る仕組みを持った顕微鏡なので、**共焦点顕微鏡**といいます。

光源からの光に、試料を励起させるためのレーザー光を用いた場合は、**共焦点レーザー顕微鏡**といいます。

共焦点レーザー顕微鏡

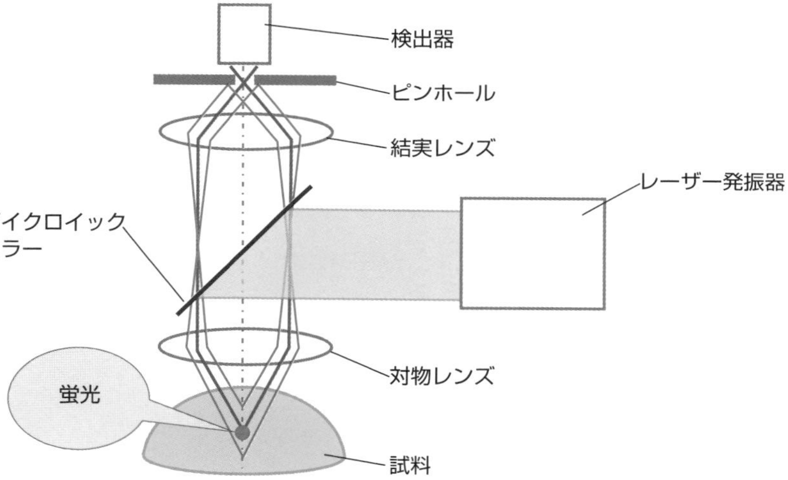

2光子励起蛍光顕微鏡

共焦点レーザー顕微鏡では、試料にレーザー光を照射します。これによって試料中の蛍光物質が蛍光発光します。特定のタンパク質を顕微鏡で見つけるときに、そのタンパク質が自ら光ってくれれば、見つけるのも容易になります。

この原理を顕微鏡に応用したものが、励起蛍光顕微鏡です。蛍光物質を含む試料に対して、蛍光物質を励起させるエネルギーの光を照射し、そこから発せられる蛍光の部分を顕微鏡で観察するものです。共焦点レーザー顕微鏡も励起蛍光顕微鏡の一種です。

共焦点レーザー顕微鏡では、検出器の前にピンホールを置いて、焦点以外からの光をカットしていました。しかし、ここで紹介する**2光子励起蛍光顕微鏡**は、ピンホールを必要としません。

2光子励起とは、1つの蛍光分子に同時に2つの光子を吸収させる励起法です。2光子による励起は、1光子の場合に比べて指数関数的に確率が上がります。つまり、強いエネルギーの励起光を短時間に照射するパルスレーザーを使うと、蛍光発光させやすくなります。2光子で励起させる形式の蛍光顕微鏡が**2光子励起蛍光顕微鏡**です。

実験から、100フェムト秒のパルスレーザーを周波数100MHzで照射する方が、連続発振で照射するより10万倍も励起効率が高まります。また、2光子励起法では、可視光よりも波長の長い近赤外光を使うことができるため、透過性がよくなるというメリットもあります。

2光子励起蛍光顕微鏡

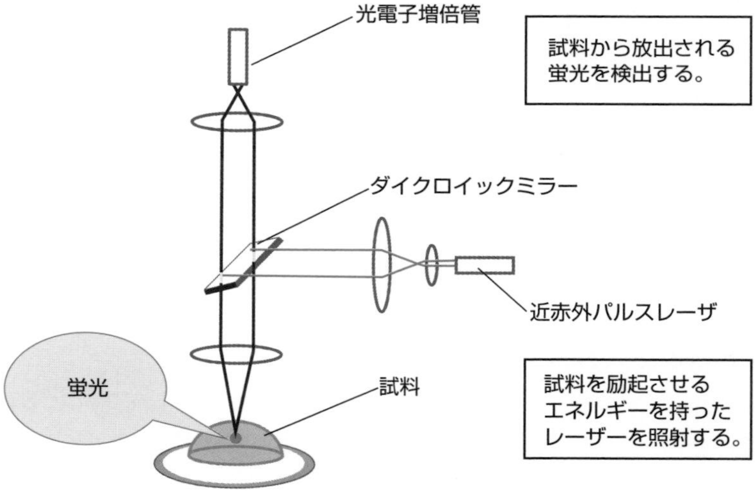
光電子増倍管
試料から放出される
蛍光を検出する。
ダイクロイックミラー
近赤外パルスレーザ
蛍光
試料
試料を励起させる
エネルギーを持った
レーザーを照射する。

4-6 in vitroイメージングとin vivoイメージング

現在の医療現場では、個人に対してPET*（ポジトロン断層法）やSPECT*（単一光子放射断層撮影）、MRI*（核磁気共鳴画像法）などの最新の量子技術を使ったイメージング手法による診断が行われています。これらの診断技術と個体のin vivoイメージング診断を併用すれば、より高度な診療が可能になるでしょう。

イメージング

“体の内部を見る”と聞いて、どんな方法を思い浮かべるでしょう。まずは、外科的な方法があります。江戸時代には、蘭学者の杉田玄白が中心となり、オランダの『ターヘル・アナトミア』の翻訳版、『解体新書』が制作されました。杉田らは、ターヘル・アナトミアに描かれた体内の臓器の正確なスケッチを見て衝撃を受け、翻訳を決意したそうです。病気によっては、外科的に体を開いて患部の様子を見なければならなかった時代、患者には大きな負担がかかっていたことでしょう。

1895年、レントゲンによって生きている人の体内の骨の写真が撮影されました。皮膚を切り開かなくても、体内の様子をはっきりと映し出しました。

レントゲン写真のように、外科的、解剖学的ではなく、体の内部の様子を外側から写真や画像、または映像として見られるようにしたものを「イメージ」と呼び、イメージを描き出す作業（例えば、外科的手段を使わず、放射線診断装置を使って生体内のがん細胞を可視化すること）を**イメージング**といいます。イメージングは、生体内の臓器や骨などの可視化に使われるための技術にとどまりません。いまでは、顕微鏡によって小さな世界のイメージングが行われます。生物学や医学では、1分子単位のイメージングがすでに行われています。

1980年代には大腸菌のべん毛、DNA分子やアクチンフィラメントと呼ばれるタンパク質などが水溶液中でブラウン運動をしている様子を顕微鏡で直接見られるようになりました。顕微鏡の改良や細胞調整法の発達により、2000年ごろには細胞内での1分子イメージング法が確立しました。電子顕微鏡では不可能だった、生きた細胞内の分子の動きを見ることができるようになったのです。

* **PET**　Positron Emission Tomographyの略。
* **SPECT**　Single Photon Emission Computed Tomographyの略。
* **MRI**　Magnetic Resonance Imagingの略。

これらの1分子観察では、対象のタンパク質だけを蛍光発光させて見やすくします。GFPなどの有機蛍光物質の研究が1分子イメージングを可能にし、現在では量子ドットによる蛍光プローブも用いられるようになりました。

このようにして観察できる分子は“試験管の中”にあります。このため、**in vitro（イン・ビトロ）イメージング***と呼ばれることがあります。例えば、がん細胞を実験室内で培養し、その増殖機能を調べたり、創薬や病理追究などの基礎的および臨床的な研究を行ったりするのに、in vitroイメージングが使われます。

ところで、個体内の環境は実験室内で再現するものよりもずっと複雑で、実際にはin vitroな環境とは異なる動きをしたり、別の仕組みが存在したりするかもしれません。このため、**in vivo（イン・ビボ）***での分子イメージングを目指す必要があります。個体に対してのin vivoイメージングのためには、より感度のよい蛍光材料の発見、その蛍光発光をとらえる顕微鏡の開発、雑音の多いデータを適切に解析するデータ解析法など、いくつもの技術的な進歩が必要になります。現在では、ラットなどの実験用動物用のin vivoシステムがいくつかの科学機器メーカーから発売され、研究現場に導入されています。

PerkinElmer社のin vivoシステムを紹介するWebページ

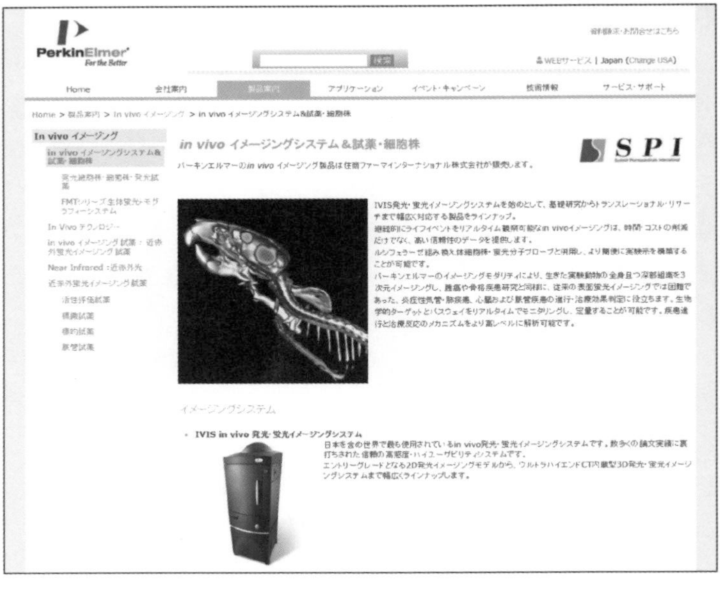

＊**in vitro（イン・ビトロ）イメージング**　「in vitro」の語源はラテン語で「ガラスの中」の意味。
＊**in vivo（イン・ビボ）**　「生体内で」の意味。

4-7 1分子を際立たせるための標識（蛍光プローブ）

背景光をできるだけ弱くするのは、**1分子イメージング**のためには非常に重要なことですが、生体分子を蛍光発光させるために分子につける標識、プローブを明るくする工夫も必要です。できるだけ明るく蛍光発光するプローブを発見する、または開発する研究も進みました。

蛍光プローブ

生物の生命機能を1分子単位で解明する研究は、蛍光顕微鏡の開発と改良によって発展を遂げていきます。

1980年代になると、**蛍光プローブ**の手法の導入によって、生体機能についての多くの発見がありました。1981年にはDNA分子のイメージングが蛍光顕微鏡で観察されました。続いて1984年にはアクチンフィラメントの蛍光顕微鏡観察が行われます。蛍光顕微鏡によって、タンパク質分子の動きが実際に確認されていきました。1995年にはRNAタンパク質がDNA上を動くのが観察され、また同年、エバネッセント蛍光顕微鏡により、溶液中の酵素活性機構が確認されました。

▼蛍光プローブ

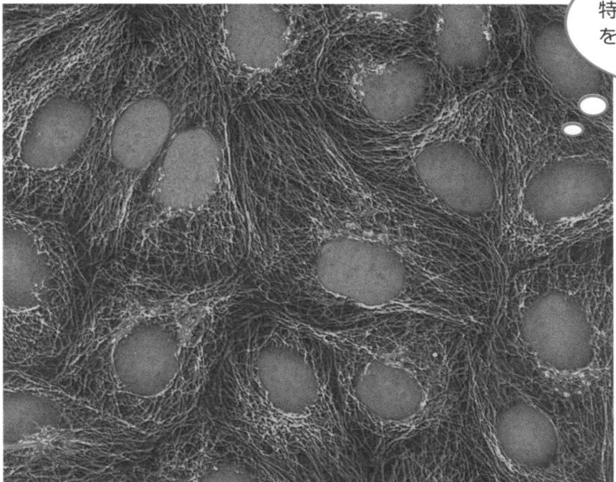

特定のタンパク質を蛍光発光させる

3次元でDNAらせん構造が見られたり、繊維状のタンパク質であるアクチンフィラメントのブラウン運動が観察されたりしました。さらにその後も蛍光顕微鏡が改良されると、急速にタンパク質など大きな分子のリアルタイムの動きや移動を中心とした発見が相次ぎました。

このような、見たいタンパク質の1分子だけを目立たせ、それを顕微鏡で観察する手法の鍵となるのは、見たいタンパク質以外からの光を弱くする、または見たいところだけを強く光らせる技術の開発です。

このような研究に必要だった蛍光顕微鏡の要件の1つは、先に述べた、背景光を弱めるための工夫でした。1分子のタンパク質による蛍光発光は弱く、背景光が暗くなくては観察できなかったのです。

全反射照明蛍光顕微鏡、薄層斜光照明法は、対象とした蛍光プローブだけを効率よく光らせる照明光の当て方を工夫して、周囲をできるだけ暗くするという手法です。1分子のタンパク質による蛍光発光は弱いために、背景光をできるだけ暗くしなくてならないのです。

全反射照明蛍光顕微鏡は、試料の背後から当てる透過光の入射角を調整することで、試料を載せたガラス基盤で透過光を全反射させます。このとき透過光の一部がガラス基盤近傍に現れます。これが非常に薄いエバネッセント場を構成し、ここに存在する蛍光プローブだけが発光します。エバネッセント場を利用した蛍光顕微鏡では、蛍光プローブ以外からの光を効率よくカットできるため、見たい部分だけを際立たせて見ることができます。

全反射照明蛍光顕微鏡と薄層斜光照明顕微鏡の原理

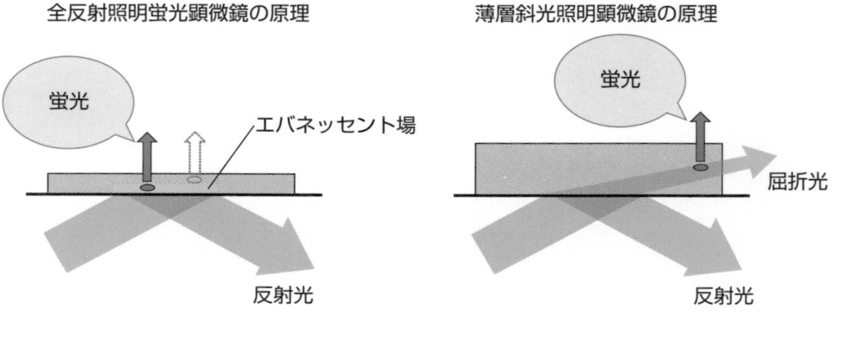

全反射照明蛍光顕微鏡は、エバネッセント場を使うことで弱い蛍光でも観察できるようにした画期的な発明でした。しかし、その原理上、ガラス基盤にごく近い部分の蛍光プローブにしか適用できません。試料が分厚く、観察対象がガラス基盤から離れていると、エバネッセント場が届かず、観察対象が蛍光発光できません。

そこで考え出されたのが、**薄層斜光照明顕微鏡**です。この顕微鏡の原理ですが、透過光の入射角を少し変えてわずかな屈折光を得ます。この非常に薄い屈折光によって限られた薄い領域だけに光を通し、そこにある蛍光プローブだけを蛍光発光させるものです。

蛍光染色法には大きく分けて、観察対象の試料を直接染色する方法と、試料に蛍光物を標識として結合させる方法の２種類があります。

蛍光プローブによる顕微鏡観察における初期には、アクチンフィラメントにキノコ毒素ファロイジンなどの有機蛍光物質が用いられたように、一般には化学的に抽出または合成された有機蛍光剤が使用されます。

１分子イメージングに使うことのできる蛍光色素の条件としては、まずは、明るく蛍光発光しなければなりません。多分子系の蛍光プローブよりも明るく発光するものでないと、背景光に邪魔されてよく見えません。もう１つは、長い時間、蛍光発光することです。蛍光現象はいつまでも続くわけではありません。蛍光物質内の電子が励起されたとき、電子はほかの分子とも化合しやすい活性化された状態にあります。このため、何回も励起されると蛍光発光は次第に褪色（たいしょく）していきます。蛍光物質に励起光を当てても蛍光を観察できなくなるまでが、蛍光物質の寿命です。蛍光プローブとしては、安定して長く蛍光発光するものが用いられます。

化学薬品メーカーからは、用途や利用するレーザーに応じて様々な有機蛍光色素が販売されています。**フルオレセイン（FITC**＊）という蛍光色素は、構造として持っているイソチオシネート基がアミノ基に結合しやすいことから、緑色の蛍光プローブとしてよく利用されます。商品名Texas Redとして販売されることの多いローダミンは、赤色の蛍光発光をするため、FITCと併用されることも多い色素です。ローダミン系の色素は、pH依存性がないためFITCよりも安定しています。シアニン系色素のCy色素は、アメリカのワゴナーによって開発された有機蛍光色素です。構造の違いによっていくつかの波長に対応するものができています。タンパク質の蛍光プローブのほか、DNAチップにも利用されます。

＊**FITC**　Fluorescein Isothiocyanateの略。

一般には、ある波長の励起光によって決まった波長の蛍光を発光するものですが、1つの有機色素に異なる波長を照射すると、それに応じた複数の蛍光色を発光する色素団が開発されています。ドイツのDIOMICS社が開発したMegaStokes Dyeでは、532～635ナノメートルの励起光に対して数種類の蛍光色で発光します。

主な有機蛍光色素

色素名	励起波長 [nm]	蛍光波長 [nm]
Fluorescein : FITC	488	520
Rhodamine	590	615
Cy3	555	570
Cy5	647	662
Cy7	750	788

DIOMICS社のMegaStokes Dyeのページ

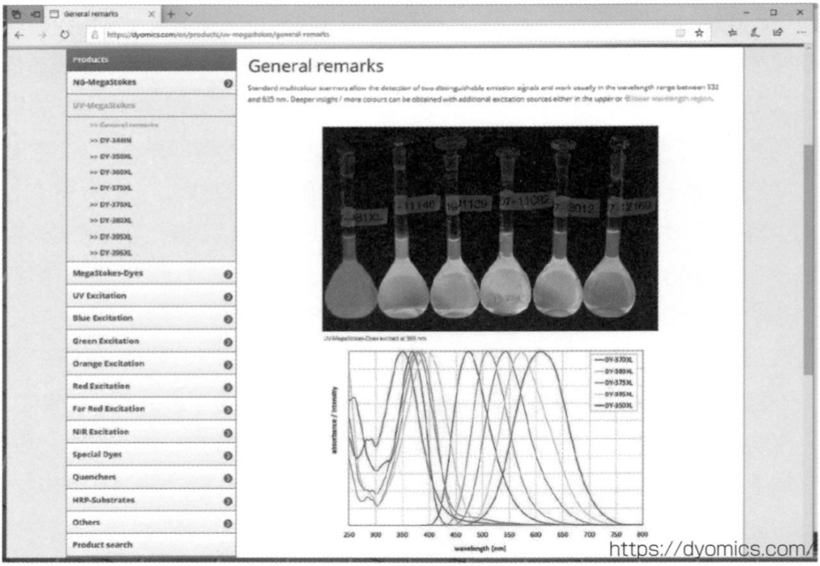

https://dyomics.com/

4-8 人工物質

量子ドットは、外部からの物理刺激（電気、磁気、光など）によって、特有の反応を示すように構成することもできます。このため量子ドットは、**人工原子**と呼ばれることもあります。

量子ドットの利用

量子ドットとは、半導体の性質を持つような原子を組み合わせることによって人工的に作られた結晶体で、量子ドットが球形をしていると仮定した場合の直径の大きさは1～20ナノメートルほどしかありません。

量子ドットを構成する原子の組み合わせとしては、すでに多くのものが試されています。カドミウム（Cd：12属元素）とセレン（Se：16属元素）、鉛（Pb：14属元素）とセレン、亜鉛（Zn：12属元素）と硫黄（S：16属元素）などの組み合わせによる量子ドットは、蛍光発光する材料として使用されています。

１つの量子ドットは、数十個程度の原子で構成されますが、蛍光発光する量子ドットは、原子の数、つまり結晶体の大きさと原子の組み合わせによって違った波長の光を放ちます。

量子ドットは、レーザー光などに対して蛍光発光するものもあります。この性質を利用すれば、量子ドットを蛍光プローブとして使用できます。蛍光発光する性質は、量子ドットレーザーのほか、農業フィルムや量子ドットディスプレイなどにも利用されています。

量子ドットの特性は光に対するものだけではありません。**量子もつれ**を発生させる性質を利用した量子中継のほか、量子コンピューターの**ゲート**（計算装置）として使用する研究も行われています。

本章では、量子ドットの蛍光発光の性質に焦点を当てます。この分野では、すでに量子ドットが製品化されています。製造開発の現場では、量子ドットの改良や応用の段階に進んでいます。

量子ドットの主な使用分野

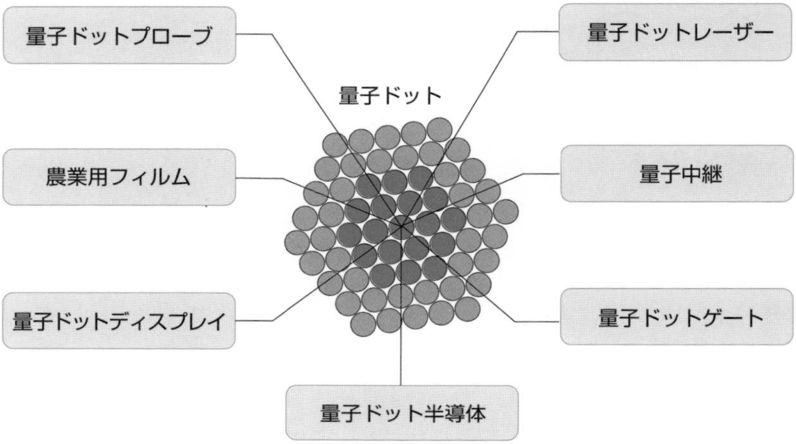

量子ドットの研究が進むと、量子ドットのようなナノスケールの人工物質（ナノ材料）の研究は広がりました。原子サイズに近い人工物質の中には、量子的な性質（量子サイズ効果）を持つ新しい物質もあります。この性質を利用したのが、レーザーやLEDの半導体です。

人工のナノ材料は、どのような原子をどういう構造に組み合わせるのか、どれくらいの大きさにするのか、によっていろいろな性質を持つようになります。ナノ材料を新しく作ったら、そのナノ材料の物理的な性質を調べなければなりません。このためには、ナノ材料に光（光子）を当てて、ナノ物質が示す反応を調べるのが一般的です。このように光子を使ってナノサイズの物質の性質を調べる工学分野は**ナノフォトニクス**と呼ばれます。

量子サイズ効果を利用する工学分野は、光子（フォトン）の振る舞いの解析・制御を求められることが多いため、「〇〇フォトニクス」と呼ばれることがあります。例えば、蛍光物質を用いて分子や細胞をイメージングするのは「バイオフォトニクス」といった具合です。

4-9 量子ドットをイメージングに使う

これまでの有機蛍光標識（染料）に代わって、**量子ドット**による蛍光プローブが使えるようになってきました。その理由としては、量子ドットの蛍光プローブは長時間の励起光照射に対してもほとんど退色しないこと、蛍光強度が高いことがあります。

量子ドットによるイメージング

従来の蛍光染料では、染料ごとに特定の励起波長を照射する必要があったのですが、量子ドットでは励起波長領域が広いため、1つの励起光で多種類の量子ドットを一度に用いることができます。このとき、量子ドットは材料や大きさによって異なる蛍光色を発するため、多色同時解析ができます。

分子イメージングに使用される、蛍光発光する量子ドットの合成には、有毒なカドミウム（Cd）を使用したものがあります。カドミウムは導体の物質です。これに不導体であるセレン（Se）やテルル（Te）を合成することで、半導体の量子ドットのコア部分ができ上がります。

実際に研究などに使われる、蛍光プローブ用の商品は、CdSeなどの量子ドットのコア部分を硫化亜鉛（ZnS）や酸化トリオクチルホスフィンのような異なる量子ドットでコーティングしています。こうすることで、水などの極性溶媒中でも明るく蛍光発光するだけではなく、有機蛍光物質よりもずっと褪色しにくくなります。さらに、コア部分の有害なカドミウムが溶け出さないようにするため、一番外側がポリエチレングリコールなどのポリマーで被膜されています。このような構造の量子ドットは、**コア・シェル型量子ドット**と呼ばれ、ほぼ球形をしています。

特定のタンパク質に量子ドットを標識するには、量子ドットを細胞内に入れてしまうか、細胞表面に結合させるか、2つの方法があります。細胞表面に量子ドットを結合させるためには、細胞の一部に生化学的に共有結合するための**官能基**（アミノ基やカルボキシル基など）をシェルにつける必要があります。このように合成された量子ドットは、表面に同じ長さの毛が生えているピンポン玉に見えるかもしれません。

誘導体付き量子ドット

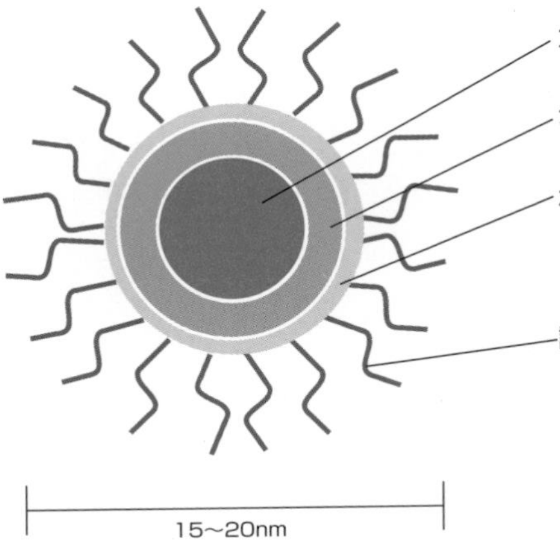

コア・シェル型量子ドットのほかには、**合金型量子ドット**があります。コア・シェル型あるいはコアだけの**コア型量子ドット**は、量子ドットの大きさを変えると蛍光発光の波長などの特性が変わってしまいます。そこで、1組の導体と不導体による量子ドットに、別の組み合わせの導体と不導体を混ぜ合わせて合金化し、全体の特性を調整します。このようにして作られる合金型量子ドットは、2種類の量子ドットの組成を調整することで、同じサイズでも様々な色を発光するようになります。

近年、がん治療技術が飛躍的な進歩を遂げています。これまでに、有機蛍光プローブやX線によるイメージングにより、がん細胞周辺の環境の変化が、がんの増殖や転移を招いていることがわかってきました。しかし、これらの技術ではマイクロメートル単位のイメージングが限界でした。そこで、量子ドットによるがん細胞の1分子イメージングが試みられています。

東北大学大学院の多田寛、権田幸祐らのグループは、マウスを使い、がん1分子をイメージングするシステムを開発して、がんの転移の様子を共焦点顕微鏡で見ることに成功しました。また、このシステムを用いて、がんに関係した特定の分子をターゲットにする標的抗体薬が実際にがん細胞まで運ばれるのを観察するなど、分子レベルのがんメカニズムの解明に役立っています。このとき、がん転移活性化膜タンパク質の標識として結合させたのが量子ドットでした。

名古屋大学大学院の馬場嘉信らのグループは、量子ドットを挿入した幹細胞を生体のマウスに注入し、幹細胞のはたらきを長時間（2週間以上）にわたってイメージングしました。この結果、肝不全のマウスの肝臓を幹細胞が修復するためには、ヘパリンを併用する必要があり、ヘパリンを用いないと肝細胞は肺に集中することが突き止められました。量子ドットによる1分子イメージング技術によって、がんのメカニズムが解明されつつあります。

バンドギャップ

基板上ではない単独の量子ドットのシェルに、タンパク質などの有機分子に特異的に結合する官能基を取り付ければ、この量子ドットはタンパク質の場所を知らせるプローブとしてはたらかせることができるでしょう。

半導体として使用される量子ドットは、100個から1万個ほどの原子から構成されていますが、このため量子ドットの電子状態は、数多くのエネルギー準位が少しずつずれて存在している価電子帯（**価電子バンド**）と伝導帯（**伝導バンド**）に分かれています。

量子ドットのバンドギャップ

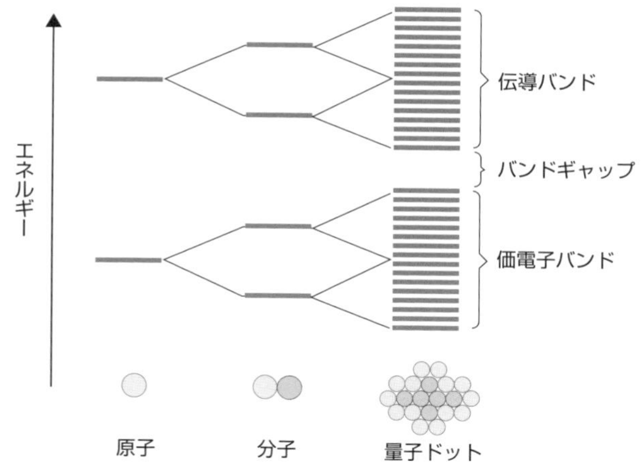

価電子バンドには電子が多く詰まっていますが、伝導バンドには電子はまばらで、このため伝導バンドの電子は自由電子になりやすく、電気を伝える、つまり伝導バンドと呼ばれます。また、これら2つのバンドの間のエネルギー準位が空いているところを**バンドギャップ**と呼びます。バンドギャップは電子の量子的な性質を示しています。

量子ドットでは、量子ドットのサイズによってバンドギャップが小さくなります。これを**量子サイズ効果**と呼び、量子ドットがそのサイズによって、蛍光発光する光の波長が異なる原因です。

なお、量子サイズ効果を期待しないような量子ドットを作成することもできます。**合金型量子ドット**は、1組の導体と不導体による量子ドットに、別の組み合わせの導体と不導体を混ぜ合わせて合金化し、全体の特性を調整したものです。合金型量子ドットは、2種類の組成を調整することで、同じサイズでも様々な色を発光することができます。

球形をした量子ドットは、一般には有機溶媒中で有機金属化合物を熱分解して合成されます。しかし、この方法では量子ドットの表面が疎水性になり、水に溶かすことができません。水に溶けなければ、生体内に入れて蛍光プローブとして使用することができません。そこで、量子ドットの表面を親水性にするための処理を施す必要があります。現在では、蛍光発光の輝度を保ったまま、量子ドットを親水性に変えることができます。量子ドットの改良が進んだ結果、生体分子に量子ドットをつなげることができるようになっています。

有機蛍光剤と同じように、ある波長の励起光を吸収して蛍光発光するという量子ドットの性質を利用したのが、量子ドットプローブです。量子ドットのシェルに官能基を取り付けた量子ドットプローブは、1分子イメージングに活用され、生物機能を解き明かす目印として機能します。

サーモフィッシャーサイエンティフィック（Thermo Fisher Scientific）社が研究用に供給している量子ドット「Qdotナノクリスタル」は、三重構造の量子ドットのシェルに、アミノ基やカルボキシル基の官能基を取り付けたものです。このようなサプライヤーによる量子ドットは、生命探究や医療の現場で使用されています。

量子ドットプローブ

有機蛍光色素は、一般に励起光の範囲が非常に狭いのですが、量子ドットは短波長側（高エネルギー側）に広がっています。このため、広い波長領域内で励起させることが可能です。この特性を利用すれば、官能基を選択的に設置したサイズの異なる量子ドットをプローブにしてタンパク質に結合させ、そこに単一波長の励起光を当てるだけで、色分けされた生体構造が観察されることになります。励起光が広い波長領域に広がっている性質は、励起光と蛍光の波長を分離するためにも有効です。

例えば、分解能が200ナノメートルの光学顕微鏡でタンパク質を観察しようとするとき、分解能の10分の1ほどの大きさしかないタンパク質を区別することができません。そこで、量子ドットを用いて、タンパク質が多色で蛍光発光するようにしました。これによって、タンパク質を区別できるようになりました。

量子ドットプローブ

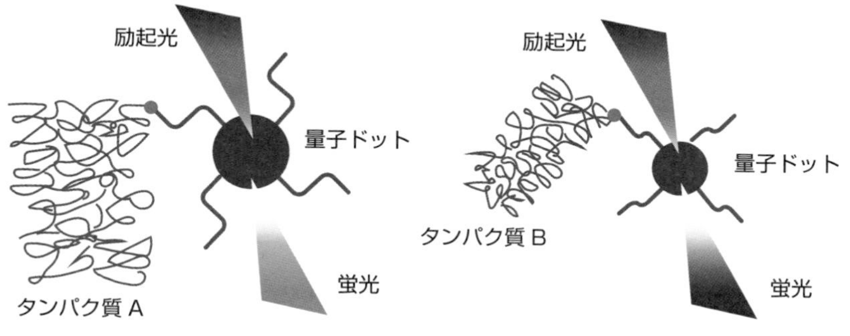

前述のThermo Fisher Scientific社の量子ドット「Qdotナノクリスタル」の商品群の中には量子ドットプローブの種類も豊富で、研究者からの要望に応える品揃えを持っています。中には、量子ドットのサイズによって同じ励起光でも蛍光の色が異なる、という量子ドットの性質を利用した商品もあります。これらを使用すると、マルチカラーでのイメージングも容易にできます。

生命科学分野での利用

近年、**がん治療技術**が飛躍的な進歩を遂げています。これまでに、有機蛍光プローブやX線によるイメージングにより、がん細胞周辺の環境の変化が、がんの増殖や転移を招いていることがわかってきました。しかし、これらの技術ではマイクロメートル単位のイメージングが限界でした。そこで、量子ドットによるがん細胞の1分子イメージングが試みられています。

東北大学大学院の多田寛、権田幸祐らのグループは、マウスを使い、がん1分子をイメージングするシステムを開発して、がんの転移の様子を共焦点顕微鏡で見ることに成功しました。また、このシステムを用いて、がんに関係した特定の分子をターゲットにする標的抗体薬が実際にがん細胞まで運ばれるのを観察するなど、分子レベルのがんメカニズムの解明に役立っています。このとき、がん転移活性化膜タンパク質の標識として結合させたのが量子ドットでした。

名古屋大学大学院の馬場嘉信らのグループは、量子ドットを挿入した幹細胞を生体のマウスに注入し、幹細胞のはたらきを長時間（2週間以上）にわたってイメージングしました。この結果、肝不全のマウスの肝臓を幹細胞が修復するためには、ヘパリンを併用する必要があり、ヘパリンを用いないと肝細胞は肺に集中することが突き止められました。量子ドットによる1分子イメージング技術によって、がんのメカニズムが解明されつつあります。

蛍光プローブによるイメージングは、in vivoでのがんの転移を知る手段となっています。東北大学とコニカミノルタなどの共同研究では、量子ドットによる蛍光プローブを2種類の異なる波長のレーザーを用いて蛍光発光させました。これによって、がんの標的因子の動態を9ナノメートルの精度で観察しました。

人体に有害なカドミウム（Cd）を使っている量子ドットでは、量子ドットの外側をポリマーなど人体への影響が少ないポリマーで覆う処理がなされています。それでも、有害物質を含むことで、環境への影響や患者への印象が懸念されています。そこで、カドミウムなどの有害物質を含まない、カドミウムフリーの量子ドットの開発が進められています。

2018年に富士フイルム和光純薬社が発売を開始したFluclair試薬は、再生医療の研究でのイメージングを想定して開発された量子ドットプローブです。Fluclair試薬は、カドミウムの代わりに毒性の弱いインジウムなどの金属原子を用いています。具体的にこの量子ドットは、インジウム、銀、亜鉛、硫黄から構成されていて、さらにその表面には官能基としてカルボキシル基を導入し、水溶性にしています。

同社の発表によれば、カドミウムを含んだコア・シェル型の量子ドット（CdSe-ZnS）では、低い濃度でも標識した細胞の生存率が低下したのに対し、Fluclair試薬によって標識した細胞では、20倍以上の濃度にしても生存率の低下は見られませんでした。

2018年、大阪大学と名古屋大学による研究グループが開発に成功したカドミウムフリーの量子ドットでは、量子ドットコアにカドミウムを含まない硫化銀インジウムを用い、その周りを硫化ガリウムで覆いました。このカドミウムフリーの量子ドットは、量子ドットは結晶性構造を持つ、という常識を逸脱したものであったため、注目されました。世界的には、カドミウムのような生体や環境に悪影響を与える恐れのある原料を使わない方向に動いています。カドミウムフリーの工業材料への切り替えが急務です。カドミウムを使った量子ドットと同程度の性能を持った、カドミウムフリーの量子ドットの製品化も進んでいます。

量子ドットに限らず蛍光プローブによる手法では、蛍光プローブからの蛍光が生体内で散乱されるため、3次元画像として細胞を観察することができません。

体内の病態を3次元的に診断する手段として、一般的にはMRIやPETが用いられます。これらの手法と量子ドットによる蛍光プローブの手法を合体させたのが、**マルチモーダル量子ドット**です。MRIの造影剤としては鉄やガドリニウムなどが、PETでは放射性核種が使われています。そこでこれらの元素を量子ドットに組む込めばよいことになります。大阪大学の神隆らは、ガドリニウム錯体を量子ドット表面に取り付けることで、マルチモーダル量子ドットを開発しました。この量子ドットは、近赤外線の照射によって体内でも蛍光発光ができ、MRIに対しても造影機能を示すことが確認されています。

4-10
ナノダイヤモンドNVセンター

ダイヤモンドといっても、ここで説明するダイヤモンドNVセンターは、ルーペでも見られないような極小サイズなので、宝石としての価値を見いだすことはできません。しかし、このナノサイズのダイヤモンドは、私たちの未来を大きく変える可能性を秘めています。

量子的な振る舞いをするダイヤモンド

ダイヤモンドと黒鉛は同じ元素でできているのに、性質はまったく異なっています。ダイヤモンドは地球上に自然にある物質の中で最高の硬度を持ちますが、黒鉛は鉛筆の黒い粉のもとですから簡単に壊れます。また、黒鉛は電気をよく通しますが、ダイヤモンドはほとんど通しません。ダイヤモンドと黒鉛のような関係の物質を**同素体**と呼びます。ダイヤモンドと黒鉛の性質の違いは、元素である炭素の結合構造の違いであると説明されます。炭素と炭素は、互いに電子を補い合う**共有結合**をします。炭素の原子には共有結合できる電子の軌道が４つあるため、炭素原子は結合のための腕が４本あるとイメージすることにしましょう。

炭素は、ほかの元素と結合するときに互いの結合の腕を過不足なくつなぎます。ただし、腕を差し出す方向には、ある程度決まった可動域があります。結合する相手の元素や分子にもよりますが、つないだあとの電子の状態が安定するように結合するため、２つの炭素原子が４本ずつの腕をつなぎ合うような無理な結合はできません。それよりも、炭素原子同士の場合には、結合の腕を安定した角度に広げて、次々に結合して結晶構造を作ります。

ダイヤモンドを構成する炭素は、４本の腕をそれぞれ同じ角度に広げています。このため、炭素１原子は結合の腕を正三角錐形に広げ、３次元的に隣の炭素と結合します。このような正四面体構造によって結合しているダイヤモンドは、どの方向から物理的な力を受けても簡単には壊れない強い構造となるのです。これに対して、黒鉛では、平面的な炭素のつながりを持ったまま、はがれるようにして壊れていくことになります。

さて、ダイヤモンドが作られる過程で、ある一部分の炭素原子が窒素原子に置き換わってしまうことが起きたとしましょう。窒素原子と炭素原子は元素周期表の順番でいえば隣同士です。原子の大きさはほぼ同じですが、共有結合の腕の数は窒素では3本です。このため、ダイヤモンドの格子構造の一部、窒素原子が入ってしまった部分に格子欠陥が生じます。これを**ダイヤモンド窒素-空孔中心**（**ダイヤモンドNVセンター**）といいます。ダイヤモンドNVセンターを持つナノダイヤモンドは、量子的な様々な振る舞いをすることがわかっています。

ダイヤモンドNVセンター

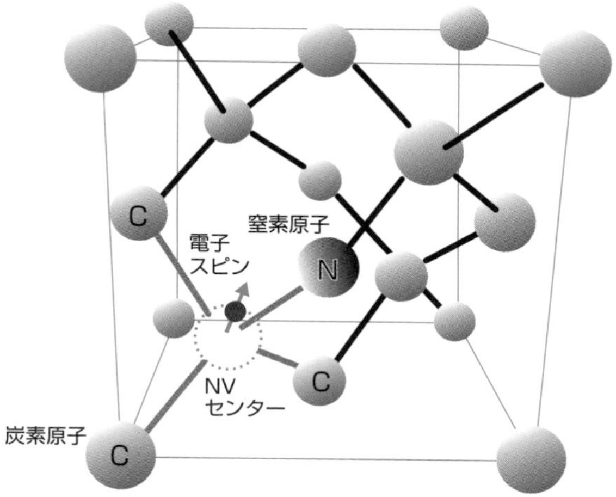

総合科学技術・イノベーション会議と量子科学技術委員会の資料には、ダイヤモンドNVセンターをセンサーなどにどのように活かし、何が作れるのか、何ができるようになるのかを示すロードマップがあります。これを見ると、量子センサーとしてダイヤモンドNVセンターの活用範囲が広いことがわかります。

ダイヤモンドNVセンサーに代表されるような量子センサーでは、量子物質の量子状態が外からの様々な物理的・化学的な刺激で変化しやすい、という性質を主に利用します。量子コンピューターや量子通信では、量子状態が雑音によって変化してしまうことはエラーの大きな原因となるため、これを取り除くことが必要とされますが、量子センサーでは、反対に量子のデリケートな性質を使っているわけです。

将来的に量子ドットの安全性が改善されるか、ダイヤモンドNVセンターの使用技術が高まることを期待すると、活用方法としては生物体内に入れる**生体センサー**が有力です。また、小ささと加工のしやすさを考慮すれば、ウェラブルなスマート機器にも採用されるでしょう。

COLUMN

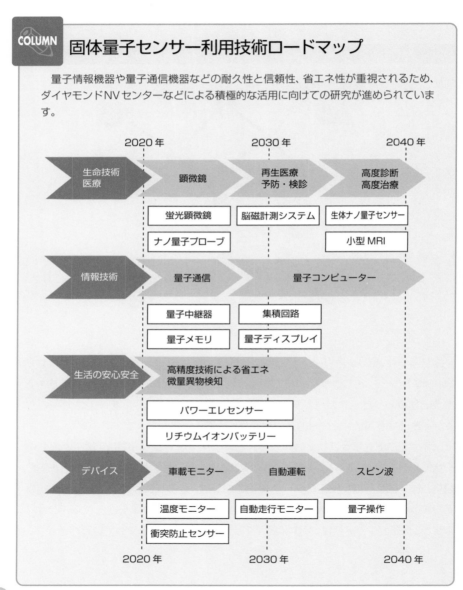

固体量子センサー利用技術ロードマップ

量子情報機器や量子通信機器などの耐久性と信頼性、省エネ性が重視されるため、ダイヤモンドNVセンターなどによる積極的な活用に向けての研究が進められています。

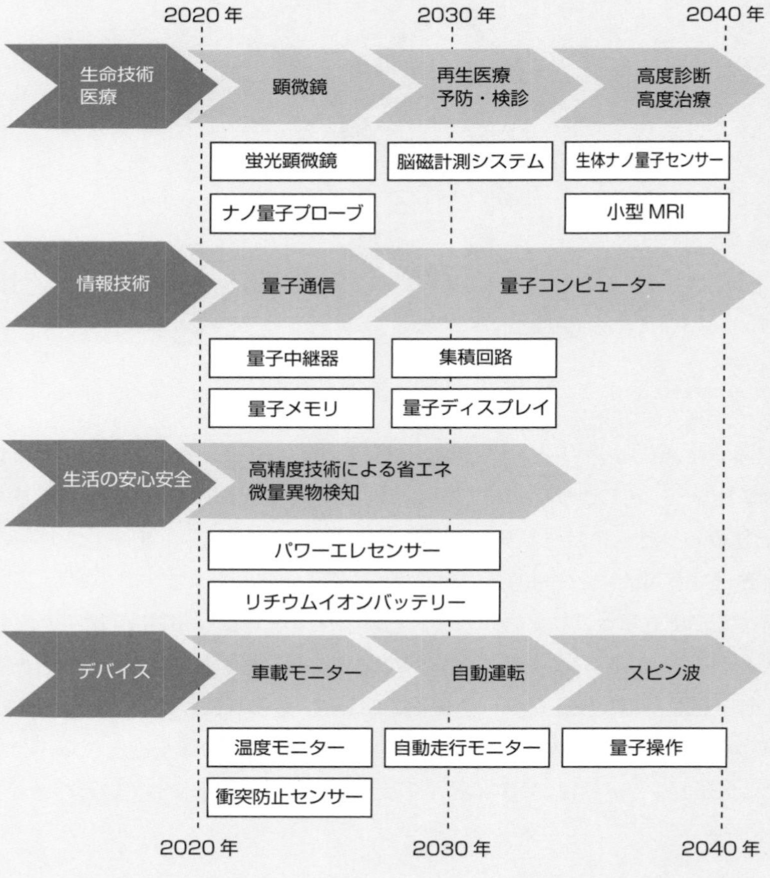

ナノダイヤモンド

蛍光プローブとして用いられる物質には、GFPのような蛍光タンパク質や量子ドットなどがあります。**ナノダイヤモンド**は生体にとって毒性がないため、ダイヤモンドNVセンターも蛍光プローブの候補となります。

蛍光タンパク質はDNA操作によって対象とするタンパク質に組み入れられるため、研究においては蛍光タンパク質と対象とするタンパク質は1対1で対応するというわかりやすさが好まれます。しかし一方、蛍光タンパク質は分子量が大きく、1分子イメージングに向かない場合があります。

ダイヤモンドNVセンターに含まれる窒素原子は、炭素原子よりも電子を1個多く持っています。共有結合に寄与しないこの電子は励起しやすくなり、高エネルギー粒子を照射されると蛍光発光します。さらに、窒素-空孔中心（NVセンター）があることによって、ダイヤモンドNVセンターはマイナスに帯電しやすくなり、この状態のダイヤモンドNVセンターはさらに蛍光発光しやすくなります。

ダイヤモンドNVセンターの光学的特性を調べると、窒素と空孔の種類によって蛍光発光の波長が変わります。例えば、窒素と空孔の対が1対1の場合は500ナノメートル近辺の励起光に反応して、赤色〜近赤外線の蛍光発光を行いますが、窒素-空孔が2対1の場合は緑色になります。なお、発光の強度はNVセンターの数によって決まるため、ナノダイヤモンドの大きさによって発光強度が変わります。

ダイヤモンドNVセンターは、連続した励起光の照射に対して安定して蛍光発光することがわかっています。ただし、ナノダイヤモンドの大きさは数十ナノメートルから百ナノメートルほどあるため、1分子イメージングに使用するにはもっと小さくする必要があります。

蛍光プローブとしてナノダイヤモンドを使用するためには、量子ドットと同じように、表面にカルボキシル基などの官能基をつけます。ダイヤモンドの表面は炭素原子同士の共有結合になっているため、そこに官能基をつけるのは困難なように感じられますが、実際には作成過程でカルボニルや水酸基などの酸素を含んだ官能基が含まれています。意図した官能基を表面につける方法も種々開発されています。化学的方法、光学的方法、酵素学的方法、レーザーを用いる方法などを用いても、窒素-空孔中心はナノダイヤモンドの内部にあるため、ほとんど浸食されません。

4-11 ダイヤモンド量子センサー

ナノサイズの量子ドットやNVセンターを持つナノダイヤモンドは、細胞内の小器官の内部や分子の近くに置くことが可能です。そこに選択的に電磁波や磁力を与えれば、量子的な情報が得られます。

量子による観測

「量子」という現実世界の常識では理解できない特異な性質を、現実のたとえで説明するのは、意味があるのでしょうか。量子物理学を説明する有名なたとえ話に**シュレディンガーの猫**があります。

これは、量子力学に否定的だったシュレディンガーによる思考実験です。ある仕掛けによって1時間後に殺される確率が50%ある鋼鉄製の箱内に捕らわれた猫の1時間後の生死は、箱を開けるまでわからず、それは「生きている状態」と「死んでいる状態」が50%ずつの、言ってみれば“「生きている状態」と「死んでいる状態」が重ね合わされている状態”となる、というものでした。

このたとえ話の「生きている状態」と「死んでいる状態」というのは、電子のスピン状態(電子の角運動量)に置き換えることができます。ところで、パウリの排他原理から、電子は同じ量子状態を占めることができません。そのため、電子はスピン状態の「上」か「下」かいずれかであり、そられはシュレディンガーが指摘したように、観察されるまでは重ね合わさっています。

では、どうやって電子のスピンの向きを知るのでしょう。マイナスの電荷を持つ電子が角運動量を伴う運動をしているわけですから、ここには電場と磁場が生じています。それを観測すればよいでしょう。私たちが身の回りのモノを観察するときには、そのモノに光(電磁波)を当てて、反射してきた光(電磁波)を見ています。同じように、電子のスピンの状態を知るには、電子に電磁波を照射して、電子からの情報を解析するのです。

例えば、脳の活動状態を高い精度で読み取ったり、細胞老化のメカニズムを解明したり、iPS細胞のはたらきをモニタリングしたりすることができるようになるでしょう。

ダイヤモンドNVセンターのスピン共鳴

電子のスピンは、電子の特有の分子量で、量子数1/2を持っています。原子の電子軌道には、スピン角運動量の量子数が同じで符号が互いに反対の1対の電子、つまり1/2と−1/2の電子が入ります。電荷のある電子は、このような角運動量を持って回転しているため、磁場を発生させています。スピン状態の量子として見た電子は、たとえるならば非常に小さな棒磁石といったイメージです。自然界にあるほとんどの物質は、電子のスピンの量子が互いに反対向きに対になっているため、原子内にある棒磁石の向きが相殺し合って、磁石の性質（磁性）は現れません。

ダイヤモンドNVセンターの電子の中には、ダイヤモンドの格子内の空孔により、対を作れないものがあります。ダイヤモンドNVセンサーには、このような孤立している電子のスピンによる磁性が現れます。なお、量子の性質を持った粒子は、電子に限らず同じ性質を示します。食品や生化学など多方面の分子解析装置として使用されている核磁気共鳴装置（NMR）は、原子核の核スピンの磁性の様子から得られる情報を解析しています。

このような**電子スピン**による磁性は、周囲に磁場がなければ好き勝手な方向に向いています。ナノダイヤモンド内の1個1個のNVセンターの磁性を測定するのは困難ですが、ナノダイヤモンドを磁場中に置くことで、NVセンターによるスピンの向きを揃えることができます。このとき、与えた磁場に対して安定なエネルギー準位と不安定なエネルギー準位の2つに分裂します（**ゼーマン効果**）。これらの中で安定しているエネルギー準位の電子は、外から高周波のラジオ波が照射されると、不安定なエネルギー準位に励起します。これを**スピン共鳴**といいます。

ダイヤモンドNVセンターは、周囲の温度や磁場、電場に影響によって、スピン共鳴が変化します。つまり、このスピン共鳴を測定することで、ダイヤモンドNVセンターが温度や磁場、電場の測定器（センサー）となるのです。このように、量子技術を応用すると、非常に高感度のナノサイズのセンサー（量子センサー）を作ることができます。この微小な量子センサーは、生きている細胞内に置くことができるのはもちろんのこと、細胞内の小器官や特定のタンパク質の近くに置いて、そこから様々なデータを得るようになることが期待されています。わずか数ナノメートル程度のナノダイヤモンドのセンサーなら、小さなタンパク質やDNAの計測も可能です。

ダイヤモンドNVセンサーの量子センサーは、特定のタンパク質の生体内での活動とその周囲の環境との関係、タンパク質が生体内で変性していく過程の研究、細胞のがん（癌）化や老化のメカニズムの解明などが期待されています。

ナノダイヤモンドセンサー

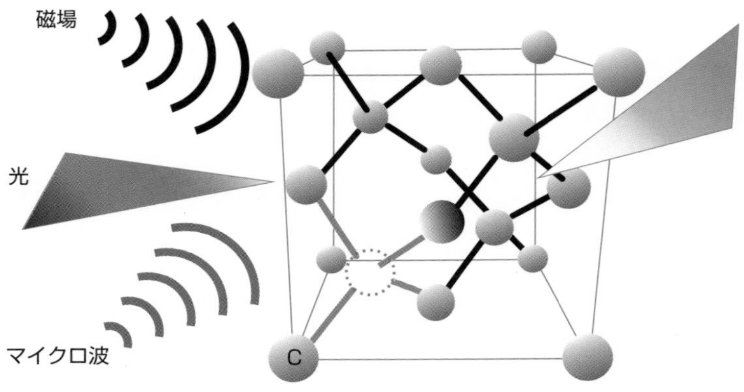

ダイヤモンドNVセンターを応用したNMR

原子核には電子と同じ量子の性質があるため、核のスピンによる共鳴現象を観測できます。**NMR（核磁気共鳴）**は、この原子核の量子の性質を利用しています。つまり、NMRとは、組成を知りたい試料を強磁気中に置いて核スピンの向きを揃えたところで、試料にラジオ波を照射して核磁気共鳴を発生させます。その後、試料の分子が元の安定した状態に戻るときの信号を検知します。

1945年ごろ、アメリカの**エドワード・ミルズ・パーセル**やスイス生まれの**フェリックス・ブロッホ**がNMR装置を開発し、彼らはこの功績によってノーベル物理学賞を受賞しています。こののち、NMRによる化合物の分子構造の解明が進みました。

このNMRで試料の化学組成を解析するには、大量の試料を準備しなければなりません。現在、ダイヤモンドNVセンターを利用すれば、このNMRの弱点を解決できるのではないかと思われています。

2019年、筑波大学の磯谷らのグループは、3テスラもの高磁場に置いたダイヤモンドNVセンターの窒素の核スピンから、これまでのNMRによる組成分析よりも

エタノールのNMR結果

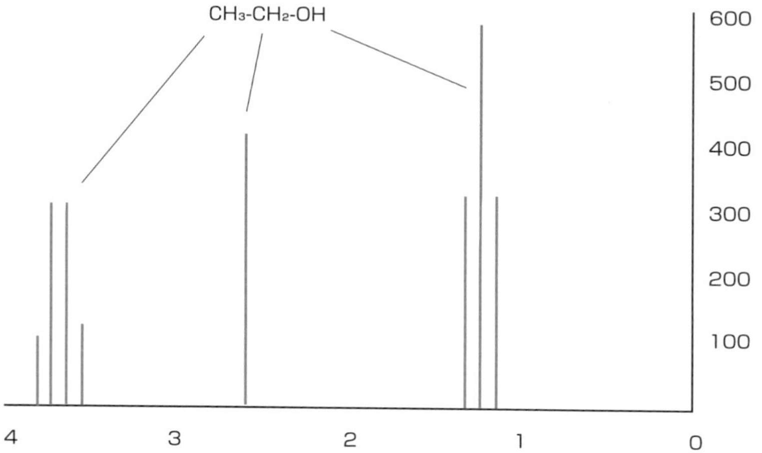

非常に高い分解能を得ることができ、わずかな試料の化学組成を解析することに成功しました。

現在、微小な物質の磁性測定にはよくSQUID素子を使った測定機器が使われています。アメリカのカンタム・デザイン（Quantum Design）社は、この型の測定器で世界的なシェアを誇ります。SQUIDは非常に高い感度での測定が可能ですが、1.8Kという極低温での使用が前提です。もちろん、生きた細胞や生物内で使用することはできません。

ホール効果＊を利用したホール素子を使った測定器が使われることもあります。室温で、SQUIDでは測定できないような弱い磁気を測ることもできます。半導体で有名なグローバル企業のテキサス・インスツルメンツ（Texas Instruments）社などが測定器を販売しています。

ダイヤモンドNVセンターを使った量子センサーは、量子のもつれ状態を利用することでさらに高い測定精度が達成できると予想されています。これらの量子技術の発展による新しいナノスケールの電子デバイス開発や細胞レベルでのMRIへの応用などが期待されます。

＊**ホール効果**　電流の向きに対して垂直に磁界をかけると、これらの両方に垂直な方向に起電力が発生する現象。

4-12 ナノセンサー

生命科学の分野では、生きた個体の温度や電気などのデータをリアルタイムに観測するという観測手法が一般的です。同じ観測手法を特定の細胞や細胞内の小器官に限定しても使いたいところですが、そのための極小な観測機器が最近までありませんでした。ナノサイズの量子センサーの開発競争は世界各地で進んでいます。

pHナノセンサー

有力なナノデバイスとして開発が進んでいるのが、ダイヤモンドNVセンターを応用したセンサーです。温度、磁気、電場の測定をする量子センサーについては、いくつかの研究開発に目処がつきつつあります。

2019年、量子科学技術研究開発機構は、京都大学と共同でダイヤモンドNVセンターを使った**ナノサイズのpHセンサー**の開発に世界で初めて成功しました。このナノ量子pHセンサー開発は、これまでのダイヤモンドNVセンターの研究の積み重ねによるひとつの成果です。

pHの性質が水素イオンによる電荷の移動と関係していることを踏まえ、外部の水素イオン濃度によって、ナノダイヤモンドの表面が変化するような処理を施しています。また、ナノダイヤモンドの表面の電荷が変化すると、ダイヤモンドNVセンターによる蛍光色が変化する時間に差が出ることを見いだしたのです。つまり、ナノダイヤモンドの周囲の水素イオンの状態（pHの値）が蛍光顕微鏡で観察できるということになります。

量子科学技術開発機構によって作成された**ナノ量子pHセンサー**は、100ナノメートル程度の大きさですが、改良することで数ナノメートル程度にまで小さくすることができるといいます。さらに、このpHセンサーは、同時に温度や磁場のセンサーを兼ねることもできます。生命体内のナノサイズの領域で起きている現象を理解するためには、生きている細胞が活動している状態で、温度やpHなどのデータがどうしても必要です。この技術をさらに進めれば、水素イオン以外の検出も可能になります。例えば、細胞内の酵素反応に利用されている金属イオン、神経伝達に関係しているカリウムやカルシウムなどのイオン、また細胞にとっては有害な重金属イオンなどを選択的に検出したり、それらのイオンの移動や利用のメカニズムを追ったりすることもできるようになるでしょう。

細胞内の分子レベルでの温度、pHなどの分布や変化をリアルタイムに観察できるようになることで、細胞の分裂や老化、がん化の詳しいメカニズム、ウイルスなどに対する体の防御反応と温度との関係などが解明されたり、投与された薬剤の効果を細胞レベルで確認したり、神経変性疾患の要因の特定などが可能になるかもしれません。そうなれば、これまでは個体や器官、組織の変化として見ていた異常化を、細胞レベルで直接、見て診断できるようになるでしょう。

量子もつれ光センサー

眼科で用いられる網膜の診断技術の1つに**光干渉断層撮影**（**光コヒーレンストモグラフィ：OCT**）があります。この診断では、目に赤外線を当て、網膜からの反射を解析することで網膜の断層構造を知ることができます。加齢黄斑変性症、糖尿病網膜症、緑内障などの診断や病気の進行具合の確認ができます。

OCTは、肺や消化管の表面組織の断層撮影にも利用されますが、このようにより深さ分解能を必要とする場合には、さらに広帯域の光源を用いる必要がありました。しかし、帯域を広げると分解能が落ちてしまうことが課題でした。2015年、京都大学と名古屋大学などによる研究グループは、「量子もつれ光」を使うことで、分解能を従来よりも向上させることに成功しました。

量子もつれとは、一対の量子が互いに影響を及ぼし合う状態のことをいいます。光子による量子もつれは、量子暗号通信にも利用さる量子技術です。

量子もつれ光を利用した量子光干渉断層計は、水分を通しても分解能が劣化しないため、人体の様々な表面から少し深いところまでを非侵襲的に診断する技術として注目されています。

さらに、この技術を応用して、悪天候や逆光でも影響を受けない量子レーダーカメラなどの開発も行われています。このセンサーを自動車に搭載すると、ほかの各種センサーと組み合わせて、これまで以上に正確な物体把握が可能になるでしょう。自動運転技術の1つとしても注目されています。

2015年に東北大学と大阪大学の共同研究グループは、光子の量子もつれを、半導体を使って発生させることに成功しました。さらに、ここから派生した技術を使って、検出器で赤外線から遠赤外線までの計測ができる**量子赤外吸収計測**なども研究されています。

量子慣性センサー

現在、地上の位置を把握するには、スマホにもついているGPS機能を使うことができます。最初は軍事目的で研究されていたものが、民間でも使えるようになったのです。潜水艦が海中に潜ってしまうと、GPSが使用できないため、イギリスでは、磁場や重力による量子コンパスを開発しています。

現在位置の把握、姿勢の制御などの目的では、ジャイロが利用されます。量子技術で精度の高いジャイロセンサーを開発しようという研究があります。2018年、インペリアル・カレッジ・ロンドンとMスクエアのチームは量子コンパスを完成しました。

これまでも、GPSを搭載した自動車がトンネルに入ってGPS衛星からの信号を受けられなくなると、自動車の加速度計がトンネル内の位置を知らせてくれました。ただし、ナビゲーターの加速度計の精度は決して高いものではありませんでした。

電気通信大学の中川賢一らのグループは、原子干渉計を用いた慣性センサー（**量子慣性センサー**）を開発しています。原子をレーザー冷却などの方法で極低温に冷却すると、原子は粒子としての性質が弱まり、波としての性質が目立つようになりまます。このため、原子に光と同じような性質が現れることになり、干渉を起こすようになります。この干渉の具合を測定すると、原子の加速度や角加速度を高精度で知ることができます。

原子干渉計は、原子1個の挙動を使って測定するため、非常に高い精度での観測ができます。これを利用して、重力を計測できます。光格子時計を使って、相対性理論から重力の影響を見る取り組みもありますが、量子干渉計を使った量子重力計を使えば、直接、重力を測れます。このことは、光格子時計の場合と同じように、地下資源やマグマだまりの様子などを地上から推測するデータとなります。

アメリカや中国では、このような地下資源に関係した利用法だけではなく、宇宙空間にあると考えられるダークマターの検出などに応用する研究も進んでいます。

4-13 光格子時計

量子技術を使って時計の精度を高める研究が進んでいます。中でも世界的に注目されているのは、香取秀俊の**光格子時計**です。光格子時計の精度は、10^{-18}秒、ずれは300億年に1秒程度になります。

時間を決める

1967年の第13回国際度量衡総会で、1秒の定義について「セシウム133原子が9,192,631,770回振動する時間を1秒間とする」と決定されました。

セシウム（Cs）は、原子番号55の元素です。常温で液体（融点28.4℃）のアルカリ金属で、モース硬度は元素中で最小です。セシウムの同位体の中でセシウム133だけが放射能がなく、自然界で最も安定しています。このため、定義されたころのセシウム133原子時計で誤差は300年に1秒程度でした。現在では、セシウム原子を絶対零度付近まで冷やすなどして精度を上げ、3000万年経っても狂いは1秒以下になっています。これは、10^{-15}秒の精度です。

光格子

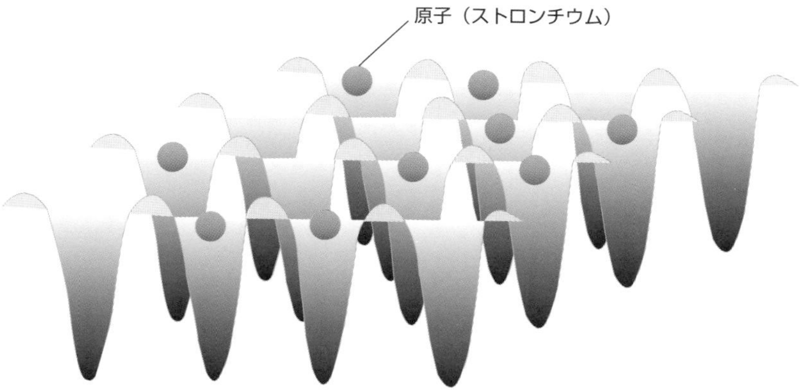

セシウム時計よりも精度のよい原子時計としては、**イオントラップ**と呼ばれる方式が有力視されていました。香取の発明した光格子時計は、いくつかのレーザー光を干渉させて光の格子を作り、その格子にストロンチウム原子（Sr）を閉じ込めます。100万個の原子を使い、これらを別のレーザーを使って同時に測定します。このため、イオントラップ法よりも圧倒的に高い精度が得られるのです。

光格子時計が完成すると、当たり前ですが、わずかな時間の差でも測定できるようになります。相対性理論によれば、重力の大きさによって時間の進み方が異なります。地球上のほんのわずかな重力の差でも、光格子時計によって測れるようになるでしょう。地球上の重力に差を生じさせる原因は、いくつも考えられます。標高がわずか10m違うだけでも重力に差が生じるため、時間の進み方にも差が出ます。重力に変化を生じさせる物質や構造が地下にあれば、それによって生じる時間差を見つけ出せるかもしれません。

香取は、光格子時計を応用した**重力ポテンシャル計**の活用を考えています。これは、光格子時計をある種のセンサーとして利用しようというものです。火山の噴火予測、津波の到達時間の推定、地震予知、鉱物鉱脈の探索などが、地上での時間を測定するだけで行える日が来るかもしれません。

第5章

光利用技術・スピントロニクス

ディスプレイや太陽電池などへの利用が待望される人工物質、量子ドットやダイヤモンドNVセンターは、産業への大きな波及効果が期待されます。また、量子技術はスピントロニクスというまったく新しい科学技術を生み出しつつあります。

5-1 量子ドットのエネルギー

量子ドットは、その性質を活かして、"光"に関係した利用法がいくつも研究されています。ナノサイズであることや蛍光を発することを利用したものに**量子ドットプローブ**があります。

電子の閉じ込め効果

固体物理学によると、ある構造が3次元方向に周期的に繰り返されるような結晶では、電子エネルギー準位も周期的に繰り返され、この結晶がエネルギーバンドとエネルギーギャップを生じます。これは、ごく小さな結晶内の電子が励起されたり、放出されて蛍光を発したりすることを意味します。

量子ドットは、2種類以上の原子によって数ナノメートルサイズの構造に組み立てられた人工結晶です。このように非常に小さなサイズであるため、量子ドットに励起光を当てると、蛍光発光するものがあります。

電子をごく小さな領域に閉じ込めたナノサイズの物理学とは、まさに量子技術がはたらく世界で意味を持つ物理体系です。このような世界では、電子や光子は粒としての性質と波としての性質の両方を持ちます。このような粒子のエネルギーや位置を表すには、**波動方程式**（**シュレディンガー方程式**）が用いられます。

波動方程式の1次元の簡単な場合を考えてみます。時間と共に変化しない電子のエネルギー状態（定常状態）をとる電子が、最大a（$0 < x < a$）というごく小さな空間に閉じ込められていると仮定します。波動関数の解は、0とaで無限大となり、エネルギーは$0 < x < a$の範囲でエネルギー=0、これ以外ではエネルギー=∞とした**井戸型のポテンシャルエネルギー**をとります。

井戸型ポテンシャルの壁が無限に深くない場合、井戸型というよりも山型と表現した方がよさそうです。このポテンシャルの山に電子が飛んできても、ポテンシャルエネルギーよりも低い電子は、通常はこれを越えることができません。電子は跳ね返され、回れ右して、来た方向に戻っていきます。

しかし、中にはこのポテンシャルを越えられる電子が、ある一定の確率で存在します。これが**トンネル効果**です。トンネル効果は、量子の性質から説明される物理現象で、半導体やダイオードに応用されています。1973年、**江崎玲於奈**にノーベル物理学賞が贈られたのは、このトンネル効果の実証、そして**トンネルダイオード**の発明が理由でした。

井戸型ポテンシャル

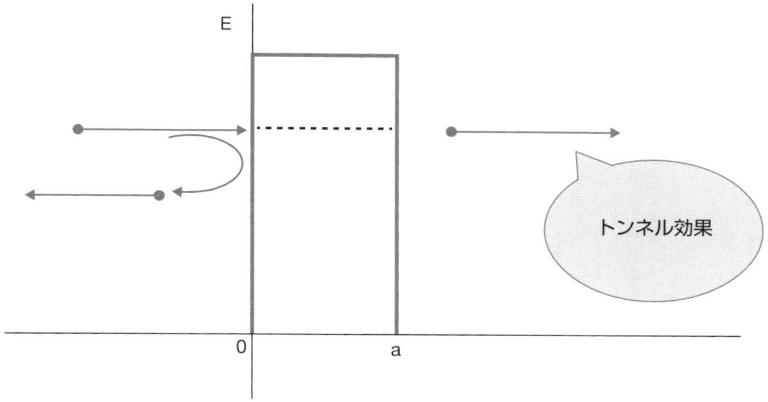

このようなポテンシャルの山、またはこの上下をひっくり返したようなポテンシャルの箱では、内部の電子は障壁を飛び越えることができない限り、この中に存在し続けます。これを**電子の閉じ込め効果**と呼びます。また、このポテンシャルの箱が小さくなるほど（aが小さいほど）、閉じ込められた電子の運動エネルギーは大きくなることがわかっています。

つまり、量子ドットのような狭い領域に閉じ込められた電子は、量子ドットのサイズによって異なる運動エネルギーを持つのです。そしてこのことが、量子ドットのサイズによって、価電子帯と伝導体の間のバンドギャップが異なる値をとる理由です。量子ドットのサイズが大きくなると、バンドギャップが広がり、このため蛍光の波長が紫側に広がります。

量子ドットのサイズ効果

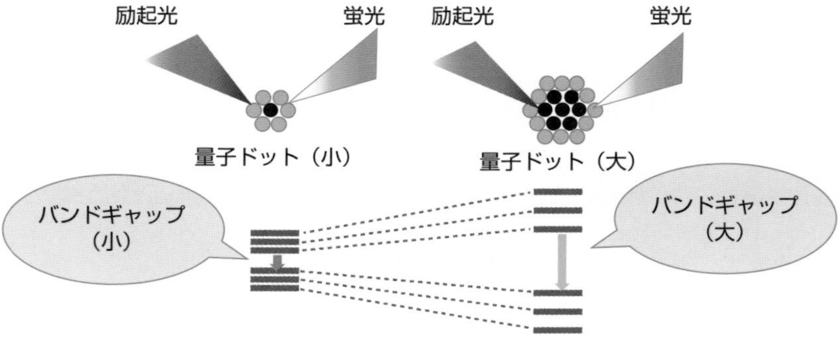

量子ドットプローブは、特定のタンパク質に結合させて、励起光を当てることで蛍光発光させ、タンパク質の位置や動きを観察するのに使われます。医療分野や生命科学の分野で生体イメージングに利用されています。

量子ドットは、有機物の蛍光色素に比べて褪色が少なく、また長時間にわたり安定して蛍光発光を行うことができます。このような量子ドットのメリットを利用した次世代ディスプレイの開発競争が行われています。また、LEDや光センサーなどへの応用も具体化されています。

量子ドットの電気特性を利用すると、量子ドットをトランジスタやスイッチや論理ゲートとしても利用でき、エレクトロニクスの新しい素材として研究が進んでいます。もちろん、コンピューターへの応用も期待されています。

世界的にクリーンエネルギーが推奨されている中、量子ドットを次世代の太陽光発電用モジュールに使用するための研究も進められています。量子ドットは、サイズによって吸収する励起光の波長が異なります。このため、太陽光の中の広い波長の光を利用することができると考えられ、高いエネルギー効率を実現できるといわれています。最終的には、量子ドット太陽電池は70%程度の変換効率を達成できると考えられ、次世代型太陽電池の有力候補として期待が高まっています。

5-2 量子ドットの作成法

量子ドットの作成方法はいくつかあります。溶液中のコロイドとして半導体の結晶を成長させて作成する方法、およびガラスやポリマー中にイオンとして存在させた材料を凝縮させて作成する方法では、球形または棒状の量子ドットが作成されます。

量子ドットの作り方

結晶基板上に層状に結晶を成長させて作成する方法では、ピラミッド型あるいは角錐台形など、多様な形態の量子ドットを作ることができます。基板上に結晶化核を形成させ、あとは望みの大きさになるまで結晶を成長させていくことになります。このような作成法は、所定の大きさの量子ドットを自己組織的に組み立てる、いわば**ボトムアップ方式**と呼ばれます。

ボトムアップ方式の1つで、1990年に**金属材料技術研究所***で成功したのが、**エピタキシー成長法**です。材料はガリウムとヒ素、これらによってGaAs量子ドットを作成します。まず、高温の基板上にナノサイズのガリウム原子（Ga）の液滴を置きます。この溶けているガリウムは、テフロンフライパンに垂らした水が表面張力によってまとまるように、半球状になります。温度を調節しながら、ここにヒ素（As）を加えることで面密度の高いGaAs量子ドットが作成できます。

このような量子ドットの作成法は、半導体の薄膜生成方法として知られている3つのモード*の中の**ストランスキークラスノフ成長モード（SKモード）**によるものです。SKモードは、結晶基板上に、結晶基板の原子間距離とは大きく異なる薄膜を作成しようとするときに、薄膜の結晶が島状に成長するものです。

＊**金属材料技術研究所**　現在のNIMS（物質・材料研究機構）。
＊**3つのモード**　SKモードのほかには、FvdMモードとVMモードがある。

SKモード

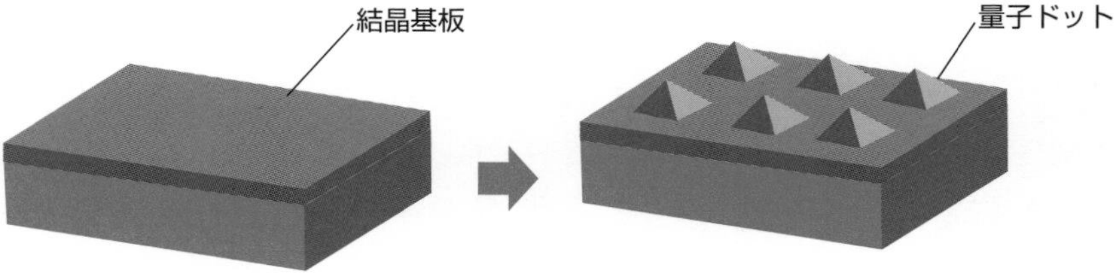

リソグラフィ技術を応用して量子ドットを作成する方式は、ボトムアップ方式に対して**トップダウン方式**と呼ばれます。トップダウン方式は、従来から半導体業界で行われてきた方式を応用しています。ボトムアップ方式が、原子をブロックのように積み上げていくのに対して、トップダウン方式ではバルク材料*を切削して小さくします。トップダウン方式の方が量子ドットのサイズや形を制御するのが容易です。

量子ドットのボトムアップ方式の作成法には、先に説明した、結晶基板上の格子のひずみを使って自己形成させる**エピタキシー成長法**のほかにも、いくつかの方法があります。溶媒中で化学反応を利用して量子ドットを成長させる方法では、溶液の濃度と温度を適切に管理することによって、2つの溶質間の化学反応によって結晶化し、量子ドットの核を形成します。形成された核に溶質がぶつかることで、量子ドットが成長します。このときの成長速度は、溶液の温度管理によって調節できます。

このようにして作成される量子ドットは、一般には球形をしています。ただし、化学反応により結晶が成長する速度が構造上均一でないときには、量子ドットは棒状などの形状になることもあります。いずれにしても、ボトムアップ方式は大量の量子ドットを作成するのに向いています。

単純な半導体ドットとしての半導体コアだけのコア量子ドットや、コア・シェル量子ドットの表面は疎水性なので、そのままでは水に溶けず、生体内で量子ドットプローブとして用いることができません。そこで、量子ドットに結合する側が疎水

＊**バルク材料**　まとまっている原材料。

性で反対側が親水性になっている分子を、量子ドットの表面にくっつけてやります。

例えば、ZnSのシェルにメルカプト酢酸をくっつけます。このような量子ドットは、周りが親水性のカルボキシル基に覆われるため、親水性となって水に溶けるようになります。なお、このカルボキシル基はタンパク質とも結合できます。つまり、タンパク質の1分子蛍光プローブとしての特性も獲得できたことになります。

イギリスのナノコテクノロジーズ（Nanoco Technologies）社が作成した量子ドットは、コア・シェル量子ドットのシェルで使われていた半導体（広いバンドギャップの半導体）と同じ材質を、量子ドットの核として使用しています。その外側をコア・シェル量子ドットのコアの半導体（狭いバンドギャップの半導体）が覆い、さらに外側を核と同じ半導体材料（広いバンドギャップの半導体）が覆います。つまり、コア・シェル量子ドットよりもさらに1層多い半導体の3層構造になります。これを**コア・マルチシェル量子ドット**と呼びます。コア・マルチシェル量子ドットは、それまでの量子ドットに比べて蛍光効率が高く、安定した性能を発揮します。

5-3 グラフェン量子ドット

カーボンによる分子構造をナノサイズで実現すると、量子的な性質が現れるため、10ナノメートルから1000ナノメートル程度のカーボンナノファイバーをはじめ、さらに小さなカーボンナノチューブ、フラーレン、グラフェンなどでは、バッテリー電池、半導体、太陽電池、各種センサー、生体イメージングプローブへの応用を目指した研究が進められています。

炭素で作る量子ドット

炭素（カーボン）によって構成される分子構造は、すでに**カーボンファイバー**のような繊維状のカーボン材料に応用されています。航空機の構造材として使用されるカーボンファイバーは、鉄の10倍の強度を持つのに、重さは鉄の4分の1程度という軽さです。また、金属のように錆びることがありません。

グラフェンは、炭素がハチの巣状に結合した、厚さ0.3ナノメートル程度の平面構造をしています。この、シート状に広がるグラフェンを小さく分割すると、量子効果を示す**グラフェン量子ドット**ができます。このようなトップダウン方式には、グラフェンシートの一部をレーザーなどで物理的に切断したり、電気化学的酸化法という方法で化学処理したりする方法があります。トップダウン方式で作成されるグラフェン量子ドットのサイズは30～50ナノメートル程度ですが、希望するサイズのみを均等に切り出すのが難しいというデメリットがあります。このため、蛍光性能は均一ではなく良好とはいえません。グラフェン自体の価格が高く、商用生産には適していないと思われます。

これに対して、有機化合物を原料としてグラフェン量子ドットを合成する、ボトムアップ方式の作成方法の開発が進められています。材料としては、安価なクエン酸、尿素、さらに石炭などが選ばれています。これらの材料は非常に安価であるうえに安定して供給されるため、作成方法が確立されれば、無機物を使った量子ドットに代わって広く使われる可能性があります。炭素が主成分であるグラフェン由来の量子ドットは、カドミウムなどの無機物を使う量子ドットに比べて環境にやさしく、この意味でも一般家庭用製品への採用も進むでしょう。

グラフェン量子ドット

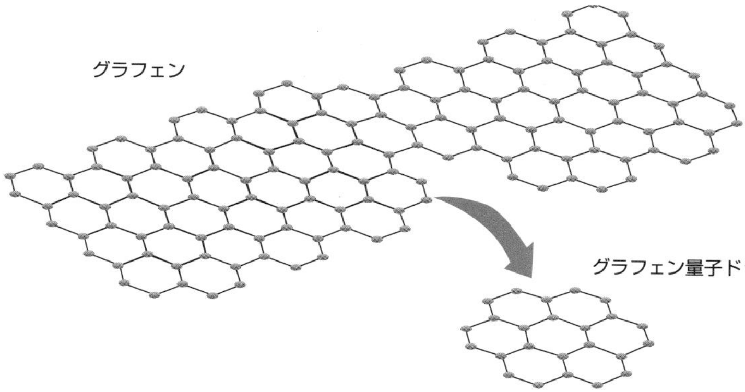

グラフェン量子ドットは、無機物から作成されるCdSe-ZnS量子ドットと同じように、励起光によって蛍光発光します。また、サイズ（直径）によって蛍光発光の波長が異なるのも同じです。冨士色素社グループのGSアライアンス社では、グラフェン量子ドットに無機材料を複合化させて、蛍光性能を向上させることに成功しています。

単層でなく重層であっても、厚さはわずか数ナノメートル程度と小さく、生体や環境への影響が少なく、原料が容易に手に入る炭素由来のグラフェン量子ドットは、構造上、透明でフレキシブル、そして電気伝導性が高い素材となるため、電気的およびスピン的な量子の性質を使った、これまでにない製品が開発される可能性を持っています。

5-4 量子ドットを使った製品

もし実用化されれば非常に大きな需要が見込まれるのが、**量子ドットディスプレイ**です。液晶ディスプレイから有機ELディスプレイへ移ってきた高画質化、薄型化、大型化の流れをさらに進める技術として、量子ドットが注目されています。すでに市場には量子ドットを使ったディスプレイも登場しています。

量子ファイル

蛍光プローブなど生命科学の研究分野への量子ドットの活用は進んでいます。量子ドットは、有機蛍光剤に比べて輝度が高いうえに時間が経っても褪色が少ないなどメリットが多く、研究分野での少量の使用にはよく利用されています。

金属を材料とした現在の量子ドットは、非常に高価なうえ、金属の有害性が懸念材料となるなどのため、大量生産される工業製品に使用されるまでにはなかなか至っていないのが現状です。

ディスプレイに量子ドットが使用されるのと並行して、吸収した光の波長を別の波長の光に変えるという機能を持つ製品の開発も行われています。

その1つは、アメリカのニューメキシコ州に拠点を置くUbiQD社やイギリスのNanoco Technologies社などが製造している、量子ドットを利用した**温室用フィルム**です。このフィルムは、温室の天井などの一部に貼ることで、太陽光線を植物の生長により有用な赤色寄りの波長にシフトさせることができます。

UbiQD社の開発したUbiGroフィルムを使用した温室では、野菜の乾燥重量が13%、葉面積が8%増加しました。従来は同程度の収量アップをするためには、補助的な照明機器が必要でした。すでにUbiGroフィルムは、アメリカ環境保護庁(EPA)の承認を得ているほか、いくつかの国でも使われていて、トマトやキュウリなど野菜の生産を促進しています。

また、UbiQD社は2019年末からアメリカ航空宇宙局(NASA)から資金提供を受け、宇宙ミッションにおける植物栽培に最適化したスペクトル光線を得るための量子ドットフィルムの開発を始めています。

5-5 量子ドット以前のディスプレイ方式

量子ドットを利用した次世代のディスプレイは、省エネルギーで超薄型なうえ、非常に鮮明な色が再生できるため、世界中で開発が進められています。ここでは、量子ドットディスプレイ以前の各方式を概観します。

ディスプレイの歴史

1990年代はシャープを筆頭に、液晶ディスプレイやプラズマディスプレイなどの薄型パネル生産で、日本企業が世界シェアの80%を占めていました。しかし、その後の液晶パネルの生産・開発拠点は海外、特に韓国や台湾、中国に移り、シャープも2016年に台湾のホンハイ精密工業の傘下に入りました。パナソニックも液晶パネル製造事業から2021年に撤退することを決めています。

薄型パネルは、液晶から有機ELディスプレイへと進化が進んでいます。現在、世界の薄型パネル業界をリードしているのは韓国のサムスンとLGですが、両社も中国企業による増産で液晶パネル分野の採算が悪化してきたため、次世代のディスプレイ開発に資源を集中し始めています。

液晶ディスプレイ

液晶ディスプレイは、封入されている「液晶」によって光の透過性を変化させて像の濃淡を表現します。

1888年、オーストリアのフリードリッヒ・ライニッツァーによって、液晶の特異な性質が発見されました。ライニッツァーが植物から単離した有機物は、温度によって白濁したり透明になったりする性質を持っていたのです。

その後、この有機物が葉巻型の分子構造を持っていて、融解状態（液体）では、分子の方向性が揃っていると、液体であるにもかかわらず、結晶化した物質が持っているような物理的な性質を示すことがわかりました。

液晶ディスプレイは、このような液晶の性質を利用して、バックライトの光の透過を制御することができます。

液晶ディスプレイに封入されている液晶層では、電圧をかけないとき、液晶は配向膜の影響で配向膜に沿って並びます。このため、偏光フィルターを通過して位相の整えられた光は液晶層内で位相変換され、その先にある偏光フィルターと同位相に整えられてフィルターを通過できます。

しかし、液晶層に電圧がかかると、液晶の分子が一定の向きに整列します。このため、液晶内で位相変換が行われず、その先の偏光フィルターを通過できません。

液晶ディスプレイの原理

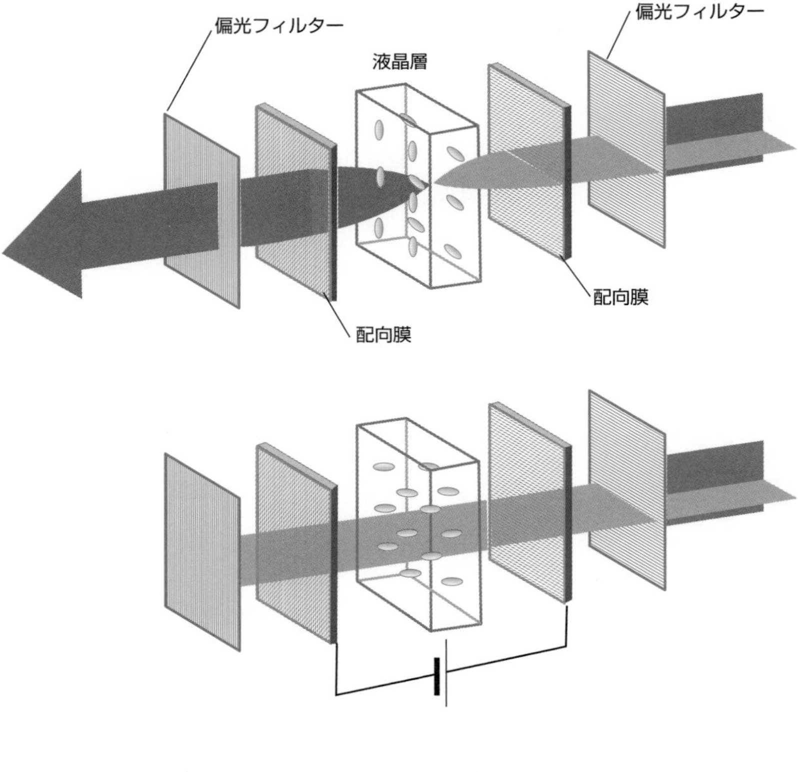

TFT液晶ディスプレイ

TFT *液晶は、画素ごとに微細で薄い半導体を規則正しく並べたもので、このTFTがスイッチの役目をして画素を点灯します。液晶の部分の仕組みの基本は液晶ディスプレイの場合と同じです。

液晶にかかる電圧の変化によって、バックライトからの光が透過したり遮断されたりします。透過した光は、画素ごとに配置されているカラーフィルターによって色付けされます。

TFT液晶ディスプレイの原理

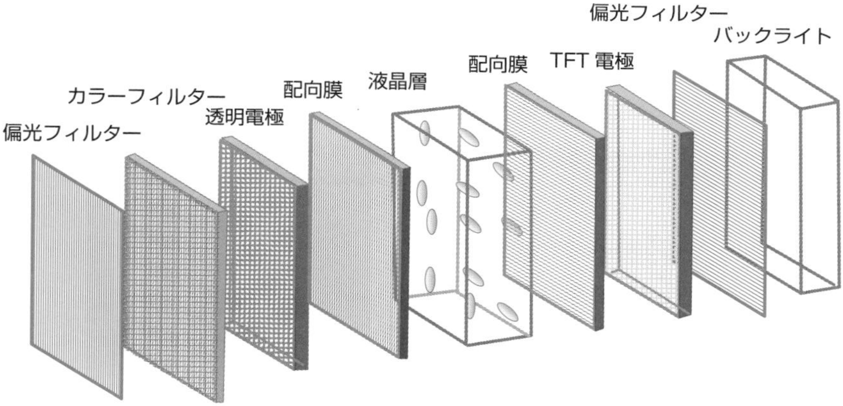

有機ELディスプレイ

OLED *は**有機LED**とも呼ばれます。液晶タイプのディスプレイがバックライトによる光を液晶によって透過/遮断して画像を作り出していたのに対して、**有機ELディスプレイ**では、画素単位に並んだ有機化合物半導体（OLED）を発光させます。この仕組みにより、液晶タイプのディスプレイよりも高いコントラストが得られます。

* **TFT**　Thin Film Transistorの略。
* **OLED**　Organic LEDの略。

有機ELディスプレイは黒の表現に特徴があります。液晶タイプのディスプレイがバックライトを完全にシャットアウトするのに苦労するのに対して、有機ELディスプレイでは画素ごとに発光するかしないかを制御するため、“光のない”こと、つまり“真の闇”を表現できます。

有機ELディスプレイは構造上、薄くできるメリットがあります。また、バックライトのいらない構造は、省電力にもつながっています。このため、現在では多くのスマートフォン向けのディスプレイに採用されています。

ディスプレイメーカーとしてはLGが、OLEDを使った大型テレビの開発に積極的に取り組んでいます。LGの方式では、OLEDが白色発光を行い、その光を前面のカラーフィルターでRGBに変換します。LGの方式に対して、サムスンは自らが**マイクロLED**と呼ぶ有機EL方式をとっています。この方式では、OLEDがそれぞれR、G、Bの光を発します。

有機ELディスプレイの原理

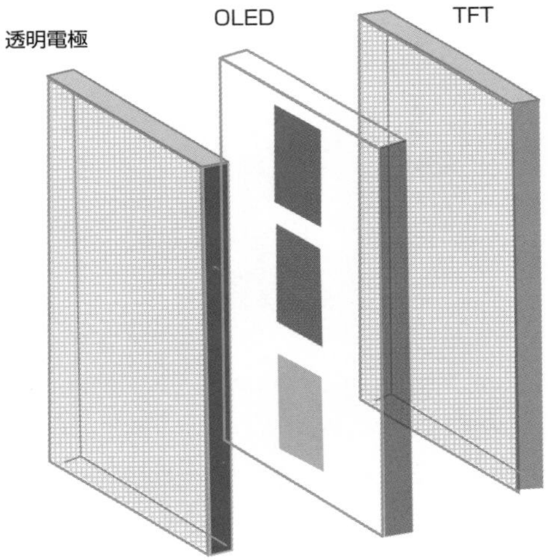

5-6 量子ドットディスプレイ方式

ディスプレイ用に量子ドットを使用した関連技術は、すでにいくつも提案されています。これらを総称して、本書では**量子ドットディスプレイ**と呼ぶことにします。量子ドットディスプレイは、液晶タイプのディスプレイに代わる次世代のディスプレイ技術として本命視され、非常な注目を集めています。

量子ドットディスプレイ

サムスン電子の量子ドットディスプレイQLEDは、名前からQuantum Dot + LED方式だろうと想像できるディスプレイシリーズです。シート状にした量子ドット*に青色のバックライトを当て、量子ドットと透過光を合わせてRGBの3原色を表現していますが、基本的な構造は液晶ディスプレイです。このため、既存の組み立て工場のラインを少し変更するだけで製造できるというメリットがあります。

量子ドットをシート状にする場合、ディスプレイサイズを大きくするためには、使用する量子ドットの量が面積に比例して多くなります。これに対して、ディスプレイの縁に量子ドットを封入したガラス管を配置するリール方式では、ディスプレイサイズの拡大に対してはガラス管を長くすることで対応でき、シート方式に比べて使用する量子ドットの量を大きく減らすことが可能です。

本書では、サムスンのQLEDシリーズで採用されている量子ドットを使ったディスプレイ方式を**QLED*方式**としています。**QLED**はサムスン電子が商標化して占有できるものではありません。ほかのディスプレイメーカーが同じようにQLEDを使ったディスプレイを発表する可能性もあります。例えば中国の**TCL集団**は、QLED方式の量子ディスプレイを出しています。TCLに限らず、QLEDと名前がついていてもサムスン電子と同じQLED方式なのかはわかりません。さらに、それが量子ドットを本当に使用しているという保証もありません。

***シート状にした量子ドット**　アメリカのナノシス（Nanosys）社は、赤色と緑色に発光する量子ドットを透明なシート状に配置したQDEF（Quantum Dot Enhancement Film）を供給している。

***QLED**　Quantum dot LEDの略。

量子ドットディスプレイ（QLED方式）の原理

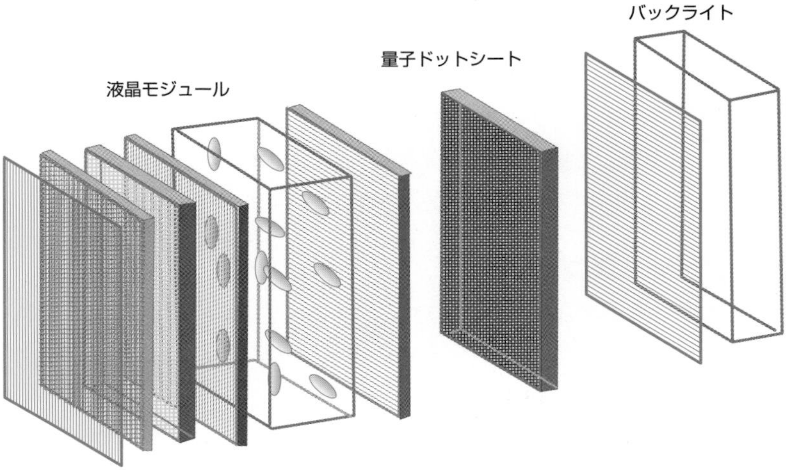

QLED方式に対して、**QD-OLED*****方式**と呼ばれるものは、QLED方式のバックライトに代えて青色発色のOLED（有機EL）シートを用いる方式です。OLEDの手前には緑と赤の量子ドットのカラーフィルターを配置します。QLED方式は液晶によって赤緑青の光の強さを調節することで多色を再現しますが、QD-OLED方式は自ら発光するため、色の再現性が高いといわれています。

さらに別の量子ドット方式として、直接発光の有機ELディスプレイの有機LEDを量子ドットに置き換えると「量子ドットディスプレイ」と呼べるディスプレイができます。有機LED（OLED）を量子ドットLED（QLED）に置き換えた方式です。

量子ドットディスプレイは、量子ドットを電気的に励起して蛍光発光させるため、バックライトや液晶モジュールが不要です。このため構造は、非常に薄く、フレキシブルに曲がるディスプレイにすることも可能です。

* **QD-OLED**　Quantum Dot Organic LEDの略。

OLEDをQLEDに置き換えた方式

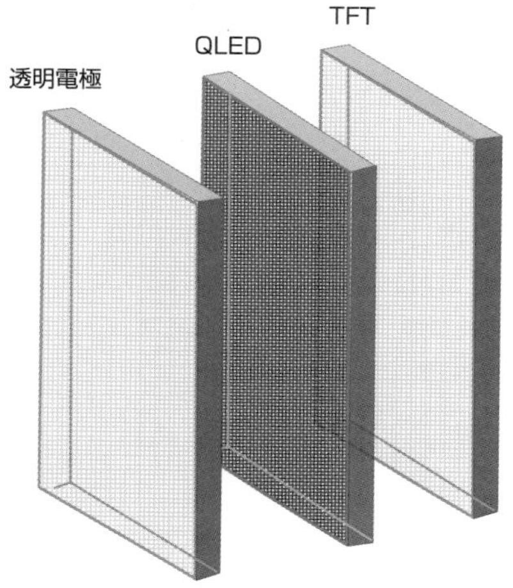

QD-LED方式

量子ドットディスプレイは、既存のディスプレイを持っているユーザーの買い替え意欲を刺激する要素をいくつか持っています。中でも、量子ドットディスプレイによる、より鮮明な色の再生能力と、有機ELディスプレイよりも広い色域が挙げられます。

量子ドットは、サイズによって蛍光発光する色を調整できるため、バックライトや液晶ディスプレイフィルターが不要です。量子ドットによって直接、RGBの3原色をそれぞれ発光する方式の量子ドットLED（**QD-LED***）では、色性能が従来の方式に比べて非常に優れています。有機ELディスプレイで、これと同程度の色性能を出すには、カラーフィルターが必要になることを考えると、構造も単純にできるうえ、低電圧でも動作するというメリットがあります。

QDビジョン社のQD-LEDでは、1層の量子ドット層の両側から電圧をかけると、電子輸送層からは電子が、正孔輸送層からは正孔が量子ドット層に送り込まれて量子ドットを励起させ、蛍光発光が起こります。このときの光は量子ドットのサイズによって決まります。

＊ **QD-LED**　Quantum Dot LEDの略。

QD-LED

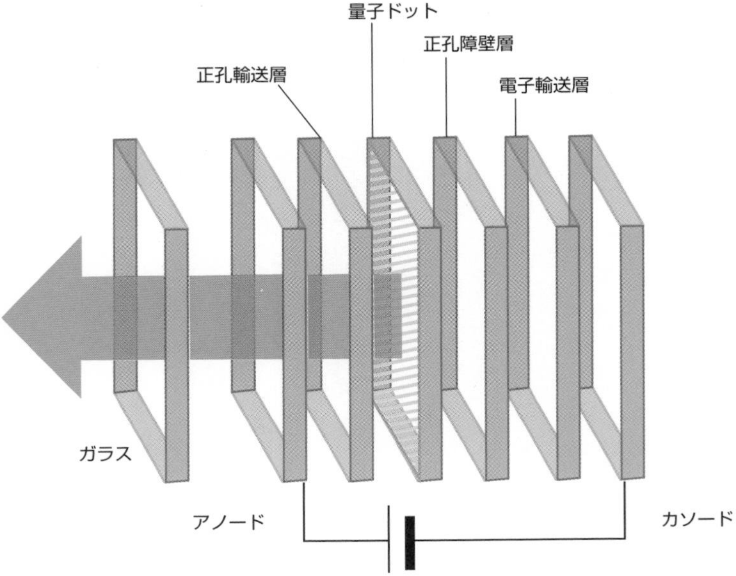

量子ドットTV

by Karlis Dambrans

サムスンやLGなどに量子ドットを提供しているナノシス社は、メーカーが商業利用しやすいような供給形態を目指しています。

日本では、かつてソニーが自社ブランドのTriluminosに量子ドットを利用しようとしました。しかし、量子ドットには環境にとって有害なカドミウムが含まれることから、同社は製品化を断念しています。

カドミウムフリーの量子ドットの開発競争が世界中で行われています。日本の昭栄化学工業は、インジウムとリンによる量子ドットの製造法を確立しています。執筆時点では、量子ドットディスプレイの出荷台数は世界で数百万台程度ですが、有害物質を使わなくても発色数、輝度を確保できるようになり、量産化されれば、価格も下がることになるでしょう。

量子ドットディスプレイ市場

ディスプレイは、電機メーカーにとって莫大な利益を生む市場です。テレビはもちろんのこと、PC用モニター、モバイル機器のモニターとしても、現在、唯一の画像・映像の出力デバイスといえるため、ICT機器市場の成長と共にディスプレイ市場も成長してきました。日本のディスプレイ市場は、テレビ用のディスプレイでは世界一の性能と供給量を誇りましたが、日本国内でのモバイルデバイスが、ガラケーからスマホにスムーズに移行することができず、企業トップの決断が遅れている隙に、海外のメーカーにシェアを奪われてしまいました。

日本製ディスプレイの凋落(ちょうらく)の原因としては、国内のデバイス需要の低迷のほか、バブル崩壊後のディスプレイメーカーの資金体質の脆弱(ぜいじゃく)性や企業戦略の失敗などがありました。また、韓国や台湾、中国などのメーカーの台頭によって、現在の国内のディスプレイメーカーは、ほぼ壊滅状態といえます。

国内の電機メーカーが発売するテレビは、現在の主流である液晶技術をもとにしたディスプレイが依然として多いのですが、4Kおよび8K放送の開始に合わせて、高画質を実現できる有機ELディスプレイや量子ドットディスプレイがラインナップに登場してきました。

ディスプレイの世界シェア争いは、2大企業のサムスンとLGを、TCLなどの中国勢が猛烈に追い上げている状態です。サムスンは、スマホ用の有機ELディスプレイでも世界トップのシェアを持っています。自社のGalaxyはもちろんのこと、ライバルのApple社製のiPhoneにも供給しています。

一方、大型テレビ用の有機ELディスプレイのトップはLGです。サムスン製の有機ELディスプレイはRGBのサブピクセルを使用しているのに対して、LG製はカラーフィルターを使用しているところが両者の違いです。同じ有機ELディスプレイといっても、2社では製造工程に違いがあり、サムスンの方式は大型ディスプレイの製造に向きませんでした。

サムスンの方式は、量子ドットフィルムを液晶ディスプレイに導入したもので、**QLED方式**と名付けています。2019年に本格的に日本への進出を果たした中国のTCLも、QLEDシリーズを発売しています。

日本を含め、次世代のディスプレイ技術としては、現在のところ、量子ドットディスプレイが有望と見られています。しかし、2013年にソニーが量子ドット搭載のBRAVIA（ブラビア）を発売したものの、量子ドットにカドミウムが使われていたことなどの理由から、その後は開発を中断していることからわかるように、量子ドットディスプレイの開発は簡単にはいきません。カドミウムフリーでも性能が高く、安価な量子ドットが安定して供給されることが最重要だと思われます。

そのための量子ドットの開発競争が世界中で繰り広げられています。現在では、主にアメリカにある化学メーカーが、量子ドットの開発と供給を担っています。アメリカのナノシス社はカドミウムフリーの量子ドット製造技術を持っています。日本でも日立化成が量子ドット事業を本格的に立ち上げています。

5-7 金ナノ粒子

金ナノクラスターは、光を吸収してエネルギーに変換する非常に優れた能力（光増感能力）が認められています。また、金ナノクラスターは生体にとって毒性が少なく安定であることから、分子蛍光プローブに用いられることもあります。さらに、この光物性を利用した新しい太陽電池の開発も進んでいます。

金ナノクラスター

量子ドットと同じで、主に金属原子を人工的に構成してクラスター化すると、蛍光発光することがわかっています。クラスターとしてよく知られているのが、複数の**金原子**と**チオール基***が結合している、$Au_{25}SR_{18}$などの金クラスターです。金原子を用いたこのようなナノ構造体（金ナノクラスター）では、金原子の数とチオール基の種類を意図的に変えることで、様々な工学的性質を付与することが可能です。

金属原子をナノサイズの構造物に構成すると、光を制御するはたらきがあることがわかっています。その1つが**プラズモン共鳴**と呼ばれる現象です。金属は特有の色と光沢を示し、その粒子は鮮やかな色を呈します。欧米の教会にあるステンドグラスや日本の薩摩切子（さつまきりこ）の鮮やかな色は、このプラズモン共鳴を利用したものです。

プラズモン共鳴

ナノテクノロジーによる鮮やかな色

＊**チオール基**　チオールは硫黄と水素を末端に持つ有機化合物。R-SH。-SHの部分をチオール基と呼ぶ。

プラズモン共鳴とは、ガラスに入射した光の振動によって、微量に含まれる金属粒子の表面の自由電子が集団で振動する現象です。この現象を利用すると、量子ドットによる蛍光発光を増強させたり、消光させたりできます。

2013年に京都大学の村井俊介が国際的なグループといっしょに発表した研究結果では、プラズモン共鳴を使った**ナノアンテナ**の構造や改良結果が紹介されました。ナノアンテナとは、金属ナノ粒子の周期的な構造であり、そこで生じるプラズモン共鳴効果を通じて、集光したり特定の方向に放射したりすることができます。

村井らが作成した改良型のナノアンテナは、リソグラフィを用い、従来の方法によるナノアンテナよりも広い面積に周期構造を作成しました。また、ナノアンテナには高価な金ではなく安価なアルミニウムが用いられています。実験によると、青色レーザーによる励起光はガラス基板上に配置されたナノアンテナを通ると増強され、従来よりも厚い色素ポリマー内から明るい蛍光を発しました。試料面に垂直な方向で測定したところ、発光強度は最大で60倍になりました。さらに、ナノアンテナを規則正しく配置したことで、指向性の強い蛍光にすることが可能になりました。

プラズモン共鳴を利用したナノアンテナは、省エネルギーで高性能な照明の開発のほか、太陽光発電などへの応用も考えられています。また、信号の増幅機能を活かして、従来は検知不可能だった極微量の信号をキャッチするようなセンサーの開発が期待されています。

ナノアンテナ

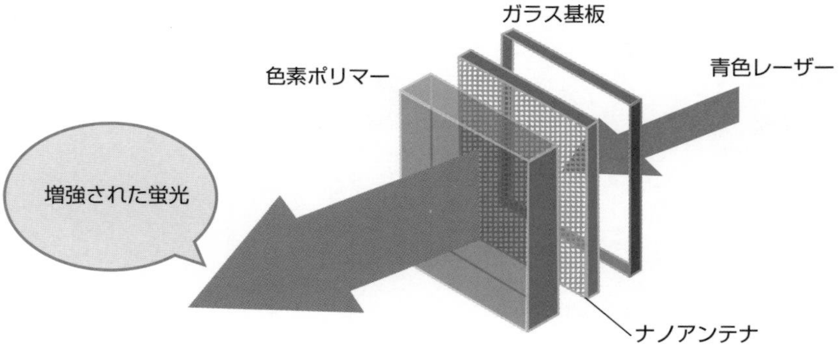

5-8 太陽電池

太陽電池は、**光起電力効果**を利用した発電方法で、1954年にベル研究所で発明されました。このとき開発された太陽電池は、p型とn型という性質の異なる2つのシリコン化合物を接合させたもので、**pn接合型シリコン太陽電池**と呼ばれます。

太陽電池の原理

n型のシリコン半導体は、シリコン（Si）結晶中にわずかにリン（P）を混合したもので、シリコンとリンが共有結合するとき、リンの最外殻の電子が１つ余るようになります。このため、n型半導体では結合に関与しない電子が生じます。この余っている電子は、熱や光などのエネルギーによって比較的簡単に、電気を伝える自由電子になることができます。

p型のシリコン半導体は、シリコン結晶中にホウ素（B）を混合します。すると、n型の逆でホウ素の最外殻は、電子が１つ足りない状態になります。これが正孔となります。n型半導体とp型半導体を接合させると、接合面付近ではn型半導体からp型半導体への電子の移動が生じます。n型半導体の自由電子が、p型半導体の正孔を埋めるため、n型からp型に移動するわけです。

n型およびp型半導体

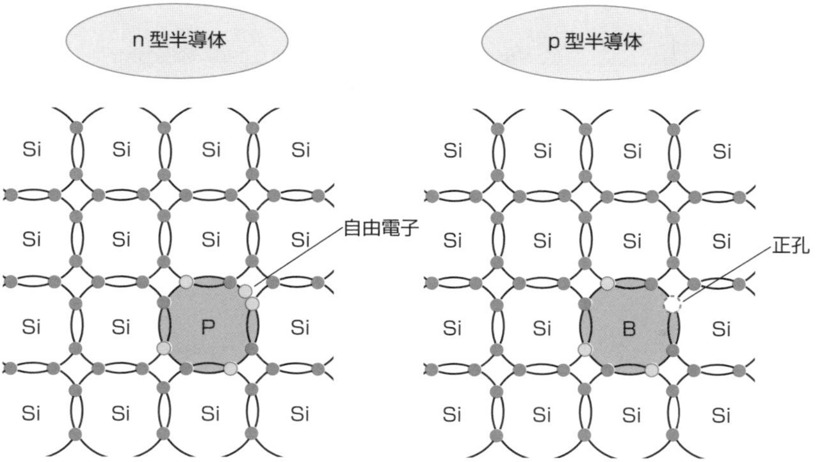

このような電子のやりとりが接合面付近から両側へしばらく続きます。このとき、接合面付近のn型半導体は自由電子がp型半導体に奪われるためにプラスに帯電し、反対に、p型半導体は正孔が電子によって埋まるのでマイナスに帯電するため、接合面付近には電界が生じます。この電界によって、n型半導体からp型半導体へ移動しようとする電子の移動は食い止められます。この領域は**空乏層**と呼ばれます。

空乏層ができると電子の移動はそれ以上、行われなくなり、電流は流れなくなります。これは、n型半導体とp型半導体による自由電子と正孔の電荷のやりとりが、空乏層の電界と釣り合っている状態といえます。

このように安定しているpn型シリコン半導体の接合面に光を当てると起こるのが**光起電力効果**です。接合面に光を当てると自由電子と正孔が生じます。自由電子は空乏層の電界によってn型へ、正孔はp型へと移動します。この自由電子と正孔の動きは電流の流れを示しています。これが、シリコン型の太陽電池に光が当たると電流が流れることの原理です。なお、光起電力効果によって発生する電圧を測定すれば、光センサーになります。この型の光センサーの基本原理は、pn接合型シリコン太陽電池と同じです。

pn接合型シリコン太陽電池

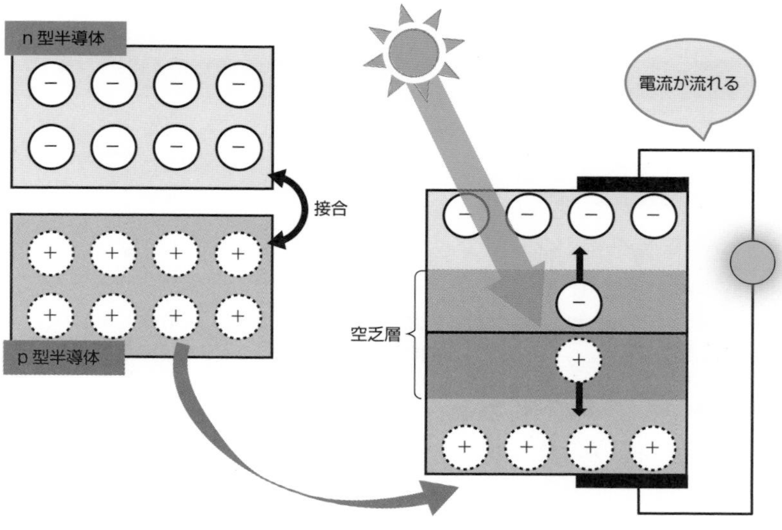

5-9 無機太陽電池

シリコン系太陽電池は、エネルギー変換効率がよく、現在でも太陽電池の主流です。中でも単結晶シリコン太陽電池は、実用化されている太陽電池の中で最高の変換効率（20%程度）を持っています。単結晶シリコン太陽電池は、高温で溶解したシリコンを結晶化してインゴットと呼ばれる塊とし、それをスライスしたシリコンウェハを並べて作られます。

変換効率の高さ

現在、一般的に使われているシリコン系の半導体は、電子の移動する速度が速くて性能もよいのですが、材料自体が重く、また製造過程の中に高温過程が必要とされたりしていて、工程の簡略化が望まれています。

シリコン系太陽電池には、すでに多くの知見が集積していて、エネルギー効率の向上と生産コストの軽減を両立させる研究が多くあります。その中の1つ、単結晶シリコン層をアモルファスシリコン層で挟んだ構造の**ヘテロ接合型太陽電池（HIT太陽電池）**は、単結晶シリコン太陽電池を改良したものとして、優れた特徴を多く持っています。このHITは、現在はパナソニックに吸収合併された三洋電機による発明です。夏の暑い日でもあまり効率を落とさずに発電するため、日本だけでなく海外の住宅にも採用されています。

カドミウム（Cd）の化合物とテルル（Te）の半導体を、それぞれn型半導体、p型半導体にした**薄膜のCdTe太陽電池**は、成膜工程に高温処理が不要なため、低コストで製造できます。しかし、カドミウムの毒性から、日本など多くの国では環境への影響が懸念されています。このためか、現在、製造している会社はほとんどありません。

銅（Cu）、インジウム（In）、ガリウム（Ga）、セレン（Se）を化合した半導体を用いたのが**CIGS系太陽電池**です。この太陽電池も厚さ数マイクロメートル程度で、フレキシブルにすることができます。

HIT太陽電池の製品情報ページ

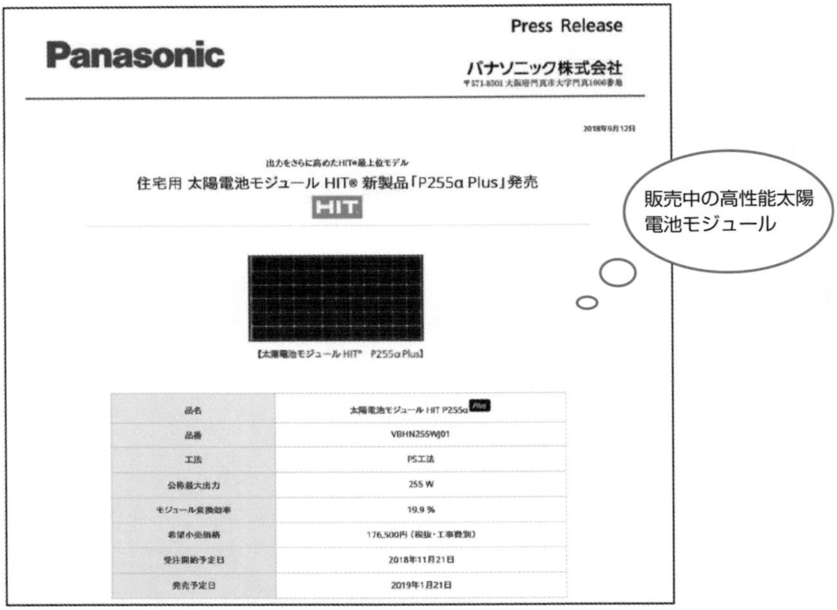

Press Release

Panasonic

パナソニック株式会社

〒571-8501 大阪府門真市大字門真1006番地

2018年9月12日

出力をさらに高めたHIT®最上位モデル

住宅用 太陽電池モジュール HIT® 新製品「P255α Plus」発売

HIT

【太陽電池モジュール HIT® P255α Plus】

品名	太陽電池モジュール HIT P255α Plus
品番	VBHN255WJ01
工法	PS工法
公称最大出力	255 W
モジュール変換効率	19.9 %
希望小売価格	176,500円（税抜・工事費別）
受注開始予定日	2018年11月21日
発売予定日	2019年1月21日

高い変換効率があるガリウム（Ga）とヒ素（As）の太陽電池は、Ⅲ-Ⅴ族系太陽電池の代表格です。GaとAsの組み合わせのほかにもⅢ-Ⅴ族の元素による半導体を多層に組み合わせることによって、太陽光のできるだけ多くの波長を電気に変換できるようにしたもの（Ⅲ-Ⅴ族系３接合型太陽電池）が開発されています。

2012年に当時の世界最高値を記録したシャープの太陽電池も、Ⅲ-Ⅴ族系３接合型太陽電池でした。この太陽電池は、InGaP層、GaAs層、InGaAs層を重ねた構造をしています。それぞれの層は、太陽光エネルギーのそれぞれ異なる領域を利用して発電しています。

多層型の太陽電池

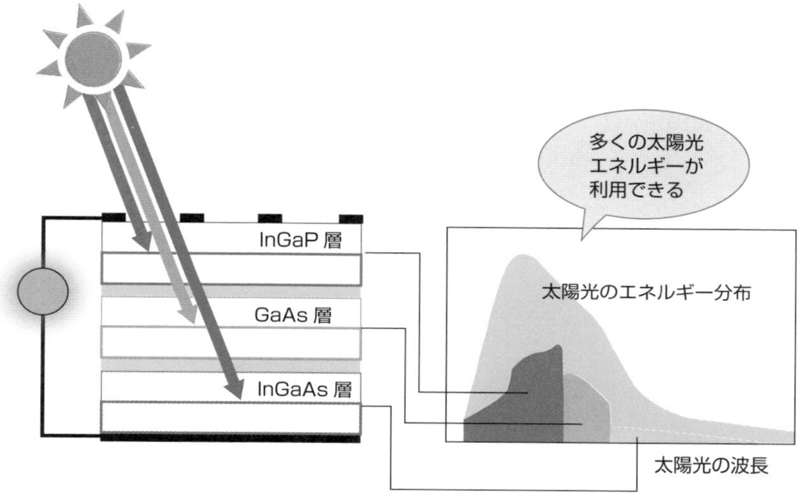

無機物を主原料にしたこれらの太陽電池（**無機太陽電池**）には、30%以上の高い変換効率を持つものがあります。一方、カドミウムやヒ素など有毒な元素を使用する太陽電池は、環境への悪影響が心配される場面も多く生じます。このような有毒性のある元素を使用した太陽電池は、一般家庭の屋根などに取り付けられるソーラーパネルには使いづらく、宇宙船や人工衛星、ソーラーカーレースなど、性能が第一に要求される場合に限定的に採用されているようです。

5-10 新型太陽電池

有機半導体系の太陽電池と共に、次世代型の太陽電池として期待されているのが**色素増感太陽電池**です。この形式の太陽電池は、スイスのローザンヌ大学のグレッツェルの研究によって実用レベルに近付き、その後、研究が進められている太陽電池です。

色素増感太陽電池

色素増感太陽電池は、ガラス基板に透明伝導膜および色素を吸着した多孔質酸化チタンが成膜されていて、もう一方の電極との間に電解質を挟んだ構造になっています。

多孔質酸化チタンは、表面積が1000倍以上に拡大されているため、非常に多くの色素を吸着することができます。さらに、グレッツェルの色素増感太陽電池では、酸化チタン膜内で光の散乱を増加させる工夫などが施され、変換効率をアップさせています。

太陽光が色素に当たると、色素は光エネルギーを吸収します。このときのエネルギーは電子として酸化チタンに放出されます。現在、様々な色素が開発されていますが、グレッツェルは、N719色素や**ブラックダイ**と呼ばれる化合物を用いました。

色素増感太陽電池の原理

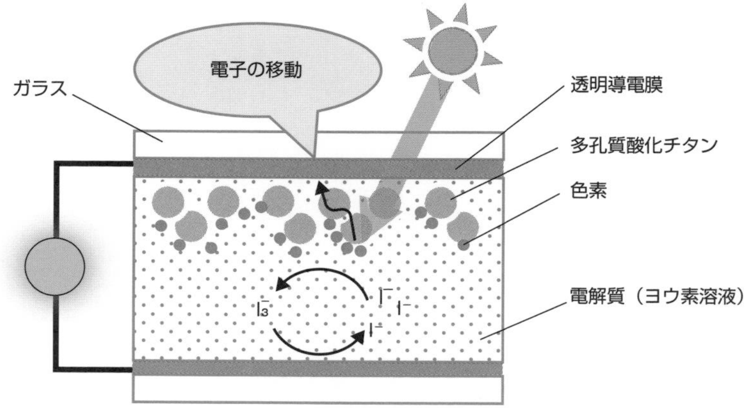

このようにして電子を取り出すのが、色素増感系太陽電池です。なお、植物が行う光合成では、クロロフィルが光を集める色素と作用し、細胞膜によって電気エネルギーへの変換を行っています。これは、色素増感太陽電池が光を電気エネルギーに変換する過程とよく似ています。

ほかの太陽電池に比べて製造方法が簡単、材料が安い、などの理由から普及用太陽電池の有望な候補と考えられています。エネルギー効率の理論値は30%以上といわれていますが、現在、まだ10%程度です。将来的には、複数の色素を組み合わせるなどの方法で、効率を上げられる可能性があります。また、電解質の劣化、液漏れなど改善すべき点も挙がっています。

東京理科大学の荒川裕則らは、色素増感太陽電池の改良に取り組んでいます。色素増感太陽電池の色素開発では、ルテニウム（Ru）を用いていた従来の色素に対して、有機色素を使用して、従来並みのエネルギー変換効率を達成しています。さらに、日本では日立製作所やアイシン精機なども色素増感太陽電池についての研究・開発を行っています。

有機太陽電池

カドミウムなどの有害元素、ガリウムやインジウムなどのレアメタルを使用する無機太陽電池に対して、比較的安全な有機材料を用いた太陽電池の開発が進んでいます。シリコンを使わない**有機太陽電池**は、製造工程での高温度処理の必要もないため、コストを削減できる可能性も持っています。さらに、無機材料に比べて、一般的に軽く、フレキシブルな色や形にすることが可能です。

有機太陽電池は、p型半導体、n型半導体を有機物の材料で作ったものです。一般には、有機系p型半導体には導電性ポリマーが使用されています。かつては、自由電子を持たない有機材料のプラスチック（ポリマー）は電気がほとんど流れないとされていましたが、1970年代に白川英樹らが電気の流れる高分子を開発して以来、導電性ポリマーが発展してきました。高分子系のp型半導体の材料として、**PBTTT-R***などの高分子が開発され、高い性能が報告されています。なお、ポリマー構造を持たない、低分子系の有機系p型半導体材料の開発も行われています。

＊**PBTTT-R**　poly(2,5-bis(3-alkylthiophene-2-yl)thieno-[3,2-b]thiophene)のこと。

一方、n型半導体には一般的に[60]PCBMが使われます。[60]PCBMは、炭素原子がサッカーボールのように結合したフラーレンの誘導体で、同じような構造をしたn型半導体材料となる化合物も数多く合成されています。

導電性ポリマー

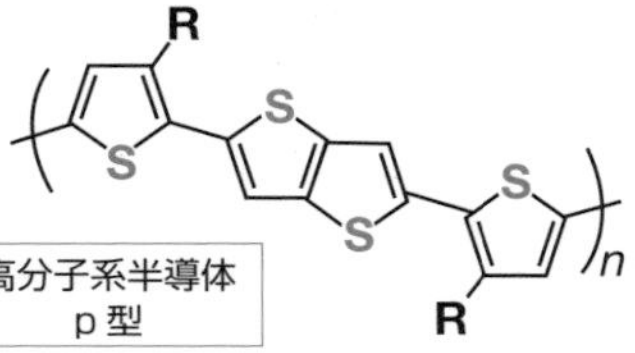

高分子系半導体
p型

PBTTT–R
(R = *n*–C_nH_{2n+1})

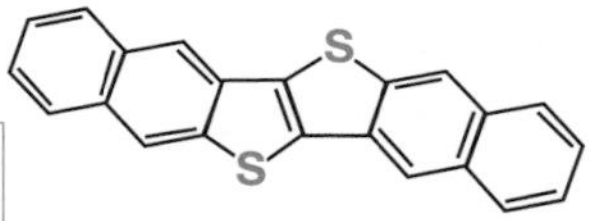

低分子系半導体
p型

dinaphtho[2,3-b:2',3'-f]thieno
[3,2-b]thiophene (**DNTT**)
(2007)

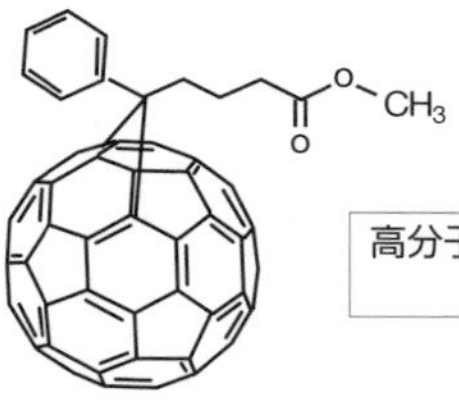

高分子系半導体
n型

[60]PCBM

有機太陽電池の特徴として、有機系p型有機半導体と有機系n型半導体を混ぜた溶液を基盤に塗布することができるという簡単な製造方法を挙げることができます。電子を供給するドナー性の高分子（p型有機半導体）と電子を受け取りやすい高分子（n型有機半導体）を混合した層（バルクヘテロジャンクション層）では、ナノレベルでの接合が達成できるので、接合の表面積が増加します。

ロール・ツー・ロール方式は、切り離された基板を順次送りながら加工するのではなく、回路はロール状のプラスチック基板に印刷されていて、基板を連続的に加工しながらもう一方でロール状に巻き取ります。これによって、搬送の手間と時間を短縮することができます。

また、ロール・ツー・ロール方式では、印刷技術を活用することで、さらに製造コストを下げています。有機太陽電池はロール・ツー・ロール方式で製造することができます。p型有機半導体とn型有機半導体をあらかじめ混合した溶液をインクジェット印刷のようにして基板に塗布することで、バルクヘテロジャンクション層を簡単に形成できるのです。

バルクヘテロジャンクション層を使用した有機太陽電池は、低コストで製造できるというメリットがありますが、一方、p型半導体高分子とn型半導体高分子を混合して、発生する電子と正孔を途切れずに移送するルート作りが困難でした。

分子科学研究所の平本昌宏らのグループは、バルクヘテロジャンクション接合の弱点を克服する研究を続けていました。そして、2019年、有機半導体層を水平に配置した**水平交互多層接合型**の有機太陽電池を製造することに成功しました。この有機太陽電池は、設計に基づいた製造が可能になります。また、横から太陽光を取り込むので太陽電池を厚くでき、大きな電流を取り出せる可能性があります。

次世代の有機太陽電池候補

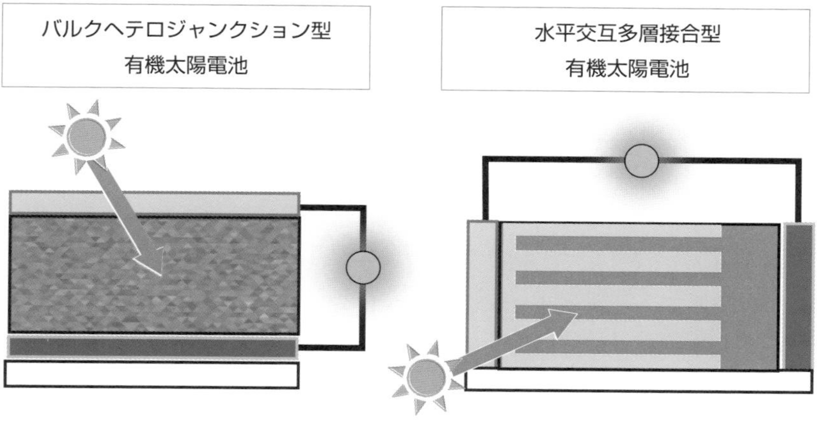

5-11 ペロブスカイト太陽電池

ペロブスカイトは、光の波長が短いほどよく吸収して光に変換できます。このため、紫外線などの可視光以外の光を効率よく電気に変換することができます。エネルギー効率は20%を超え、さらに様々な材料を試して効率30%を目指しています。また、環境に配慮して鉛（Pb）を使わないタイプのペロブスカイトの開発も進められています。

有望株の次世代太陽電池

色素増感太陽電池の色素の代わりに有機無機ハイブリッド構造のペロブスカイト結晶を用いたものを**ペロブスカイト太陽電池**と呼びます。桐蔭横浜大学の宮坂力は、2009年に初めて$NH_3CH_3PbI_3$の化学組成を持つペロブスカイト結晶を太陽電池に応用し、高い変換効率を達成しています。

ペロブスカイト太陽電池

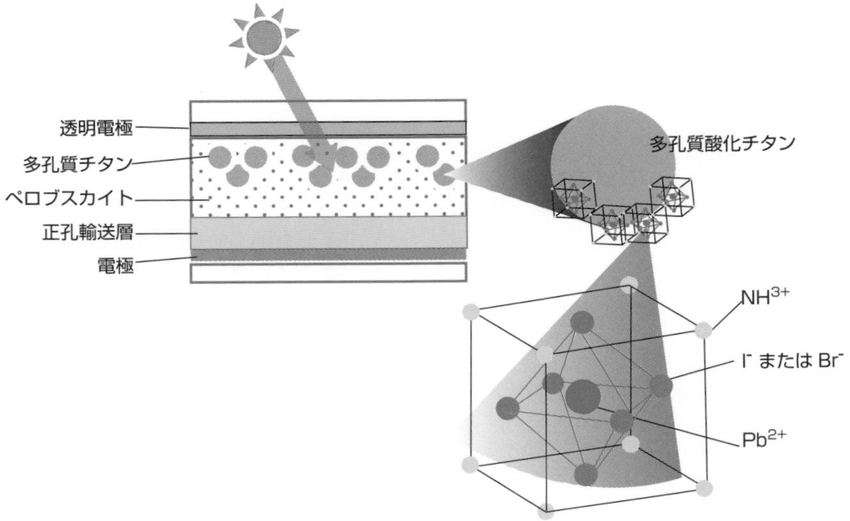

基本的な構造は、色素増感太陽電池と同じですが、ヨウ素溶液の代わりにSpiro-OMeTADやPATTなどの有機材料が使われています。ただし、これらの有機物質単独では、伝導性があまり高くなりません。そこで、コバルト錯体やリチウム錯体などの無機材料が添加されています。

ペロブスカイト太陽電池や色素増感太陽電池は、有機半導体溶液を基板上に塗布するといった、比較的簡単な製造方法で作成できることも大きなメリットです。塗布する溶液の厚さも非常に薄く、プラスチックに製膜すればフレキシブルでカラフルな太陽電池が製造できます。

このような有機薄膜太陽電池、つまり非常に薄く曲げることもできる太陽電池の実用化が現実味を増したのです。例えば、オートバイのヘルメット全体を太陽電池にすることもできるでしょう。デザイン性の高い建物の曲面にも太陽光パネルとして設置できるようになります。

これらの有機系太陽電池では、エネルギー変換効率やコスト面がクリアされつつあります。多孔質チタンのほかにもスズ（Sn）の酸化物なども試されています。製造コストを下げるには、ロール・ツー・ロール方式が有効ですが、これらの有機系太陽電池ではそれが可能です。

有機溶液の耐久性にはまだ問題が残っていますが、現在、有機系太陽電池、特にペロブスカイト太陽電池は、次世代太陽電池の有望な方式とされています。

5-12 変換効率アップと透明性

アメリカのジュン・ヤンらが2011年に開発した有機系太陽電池は、金ナノ粒子のプラズモニック効果によってエネルギー変換効率を20%に向上させると発表されました。これを機に世界中で、金などの無機ナノ粒子を利用して太陽電池の効率を上げる研究が行われるようになりました。

ハイブリッド型太陽電池

ナノアンテナなど、金属原子を使って人工的に作成するナノサイズの構造は**無機ナノ粒子**と呼ばれます。無機ナノ粒子は、組成を意図的に調整して、ナノ粒子の大きさや形状（構造）を変えることができるため、光や熱、磁気への有用な特性を持った材料の開発へ期待が寄せられています。

北海道大学の三澤弘明らのグループは、金属ナノ粒子による光アンテナを用いて太陽電池の効率アップに成功しました。従来、p型半導体に酸化ニッケル、n型半導体に酸化チタンを用いた太陽電池では利用できなかった可視領域の光を、光アンテナによって発電に利用できるようにしたのです。

三澤らの研究は、赤外線や紫外線といった可視光以外の太陽光を選択的に利用する太陽光発電への可能性を示しています。これを利用すると、窓ガラスなどに透明な太陽電池を設置することができます。また、ペロブスカイトと金属ナノ粒子を組み合わせて可視光以外の光による電気エネルギー変換効率を上げた、半透明な太陽電池の開発も進んでいます。この半透明太陽電池も窓ガラスのほか、サンルームやカーポートの屋根、自動車のサンルーフなどにも設置できるようになると期待されています。

ドイツのヘリアテック社が販売しているヘリア・ソル（HeliaSol）は、ビルの窓に貼り付けるタイプの太陽電池で、透明度は40%、変換効率7%程度です。

HeliaSol

ビルの窓に貼る
太陽電池

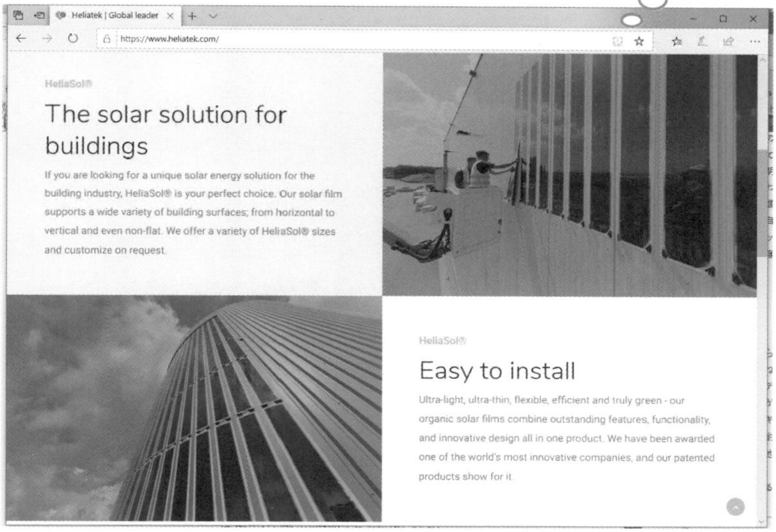

ヘリアテック社のホームページ：https://www.heliatek.com/

現在、開発が進められている太陽電池には、無機系太陽電池と有機系太陽電池、それに光アンテナを積み重ねたタンデム型のものも多くあります。この**タンデム型太陽電池**は、それぞれのタイプのデメリットを補うように用いられます。

それぞれのタイプには利用できる太陽光の波長域が決まっています。カバーできる領域の異なるタイプの太陽電池を重ねることで、エネルギー効率を上げることができます。また、有機系太陽電池では、液漏れなどが懸念され、耐久性に問題があるとされています。実用化されて以来、すでに長年の実績のあるシリコン系太陽電池を組み合わせることで、耐久性の向上が期待できます。

プラズモン共鳴は、無機系太陽電池に限らず有機系太陽電池にも有効ですが、半導体系の太陽電池に使用するよりは、有機系の色素増感太陽電池に適用した方が効果があるといわれています。

5-13 量子ドット太陽電池

従来の無機系、有機系の太陽電池に加え、新しく量子ドットを使用した太陽電池の開発が進められています。量子ドットは、金属原子を規則的に構成したナノサイズの粒子です。

量子ドットを太陽電池に使う

量子ドットは、サイズに応じて吸収する光の波長が異なるため、太陽光の幅広い領域の波長を太陽電池に利用できます。この性質を利用したのが、タンデム型の量子ドット太陽電池です。このタイプの太陽電池は、サイズの異なる量子ドットを層状に積み重ねていて、それぞれのサイズに応じた波長の太陽光を効率よく利用できます。東京大学の荒川泰彦とシャープの共同研究では、**量子ドット太陽電池**による変換効率の理論値を75%と計算しています。

従来の太陽電池に比べて非常に高い効率を想定している量子ドット太陽電池の秘密は、光の波長によって決まっている基底エネルギーと励起エネルギーの差の間に、**中間バンド**を設けることができる点です。量子ドットのサイズや材料を変えることで、従来のバンドギャップに踏み台を設けることができます。これによって、従来は励起できなかった波長の光も電気に変換できる可能性が増加し、変換効率がアップします。

量子ドット太陽電池が実現すると、屋根材としての利用が大きく推進される可能性があります。もちろん、エネルギー効率の向上に向けた研究開発は必要ですが、これ以外にも量子ドット太陽電池が実用化されるまでには、いくつものハードルがあります。カドミウムなどの有害元素が使用されている量子ドットは、これらの元素を環境にとって安全性の高いものに変える必要があります。

量子ドットは高価な材料です。量子ドット太陽電池が普及するには、全体のコストを下げなければなりません。しかし、まだ研究段階にあるため、実際にどのようにして大量生産するかの研究が進んでいません。実用化に向けての作業はこれからです。

量子ドット太陽電池（タンデム方式）

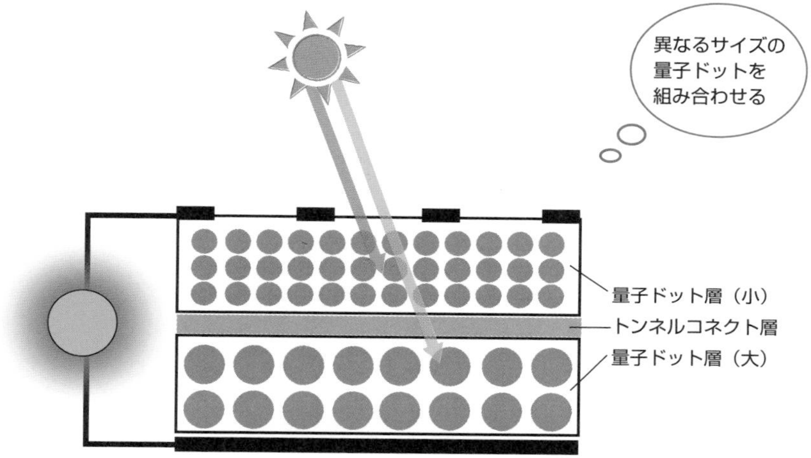

量子ドット太陽電池（中間バンド方式）

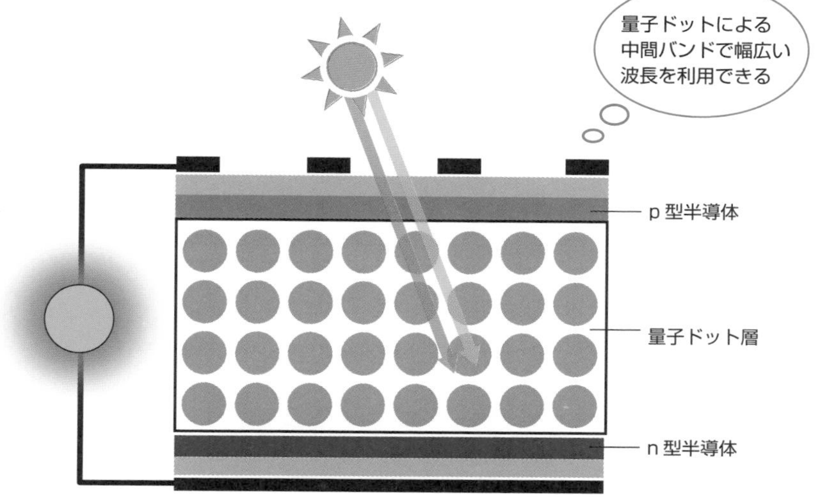

5-14 太陽光発電

太陽光発電をするためには、太陽の光エネルギーを通常使用されている電力に変換するためのいくつかの機器などが必要で、家庭や商店、工場で使用するために用意されている**太陽光発電システム**を導入するのが一般的です。

太陽光発電システム

再生可能エネルギーの普及および発展は、化石燃料など、エネルギー資源の多くを海外に依存している日本では、1970年代のオイルショック後から取り組まれている重要な課題です。2014年の4月に閣議決定された新たなエネルギー基本計画では、「エネルギーの安定供給」「最小の経済負担」「環境への適合」が目標に掲げられたことから、これらに合致する新エネルギーとして太陽光発電への期待が高まりました。また、長期エネルギー需給見通しでは、2030年までに太陽光での発電量を53GWにするという目標も策定されています。

太陽光発電システム

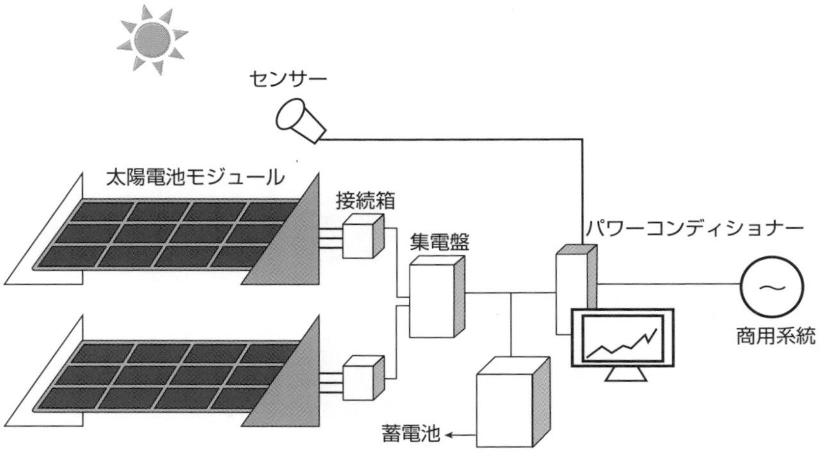

太陽光発電システムの中心になる技術は、もちろん**太陽電池**であり、システムコストの大きな割合を占めています。太陽光発電システムの優劣を比較することのできる**発電コスト**は、主に太陽電池製造コストの低下に従い、近年、低下しています。2017年には、国内の住宅用太陽電池発電システムの価格が1kW当たり平均で36万円ほどになっています。1MW以上を出力するメガソーラーでも、平均すると同程度の設備コストがかかっています。

世界で比較すると、アメリカでは住宅用が20万円程度、メガソーラーが15万円程度。ヨーロッパでも、幅はあるものの日本よりはコストが10万円程度低くなっています。世界的に見ると、日本の太陽光発電の発電コストは高いといわざるを得ません。設置工事にかかるコストが諸外国に比べて高いのが一因と考えられます。

日本での発電コストは、住宅用系統連系太陽光発電システムで30円/kWh程度、メガソーラーで40円/kWh程度です。欧米では住宅用で18円～35円/kWh、メガソーラー用で15円～30円/kWh程度です。国内の発電コストが諸外国に比べて高いのは、システム価格が高いことや、日照時間が世界に比べて短いことも原因の1つとして挙げられます。

同年の太陽電池国内出荷量では、7割が海外生産品で、国内生産量は年々減っています。全世界での太陽電池モジュール生産量のシェアでは、中国が7割以上を占めていて、日本はわずか2%です。

太陽光発電のシステム価格の推移（国内）

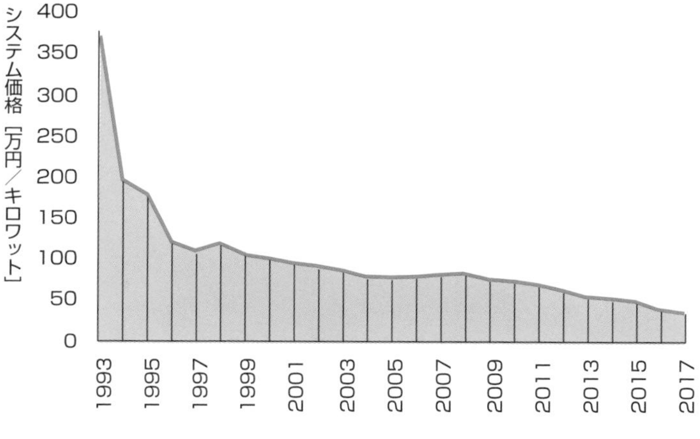

建物の屋根や外壁以外の利用

太陽光発電を推進するためには、現行の太陽光発電システムの発電効率の低さを克服するのが最大の課題です。変換効率が低いために、特に土地の値段の高い日本ではメガソーラー施設などを設置するコストがかさみ、これが発電コストに影響を与えています。限られた土地面積でできるだけ多くの発電量を得るためには、発電効率を50〜60%以上に上げることが求められています。

現在、太陽光発電などのクリーンエネルギーを包括的に使用した街づくりが注目されています。トヨタ自動車が静岡県裾野市での開発を計画している人口2000人ほどのスマートシティでは、屋根や外壁に太陽光発電パネルを設置した建物が想定されています。

シリコンによる従来の無機系太陽電池に比べると軽くで、フレキシブルなデザインへの利用が可能な**有機系太陽電池**は、曲線の屋根や外壁に使用されるかもしれません。さらに、半透明性、透明性の高い薄膜の有機系太陽電池を外壁や窓に使用することで、電力を生み出すだけではなく、太陽による温度上昇を抑えることもできます。

さらに、垂直な壁に太陽光パネルを設定できれば、朝日や夕日も効率よく利用できます。高変換効率ならば、北面に設置した太陽光パネルによる発電も可能になるでしょう。

▼太陽光発電

事業としての
太陽光発電

室内では、バッテリー駆動のモバイル機器や家電も太陽光パネル付きとなり、室内に入る日光で充電したり、夜の照明によって充電したりすることもできます。街灯や、歩道に埋め込まれた案内板の照明にも、独立型の太陽電池が昼間のうちに蓄えた電力を使用できます。

このように、太陽電池に付加価値を与えるような研究が進み、商品として市場に出ているものもあります。有機系太陽電池の中には、透明でカラフルな色を持った商品も出回っています。アイデア次第で玩具や文房具、携帯品のほか、鞄や衣服、傘などへと広がりを見せています。

日立造船の開発した**色素増感太陽電池**は、半透明な太陽電池で、農業用ハウスの屋根や建物のサンシェードとして設置でき、両面からの光によって発電可能です。フジクラの開発した色素増感太陽電池は、低照度環境下でも高い発電効率を持っています。このため、屋内の照明でも発電可能です。また、北向きで日陰の壁面に設置したり、水面や雪面の反射を利用して発電したりできます。同社のホームページには、橋梁（きょうりょう）センサーの電源として屋外に設置されている太陽電池の様子も紹介されています。

シャープは2017年から、移動式の太陽光発電と充電器を組み合わせた**ソーラー充電スタンド**の販売を開始しました。観光スポットや防災拠点での使用を想定しているもので、太陽光によって発電した電力を充電器に蓄え、その電力をスマホなどの充電用に使うことを想定しています。

移動可能型ソーラー充電スタンドのHP

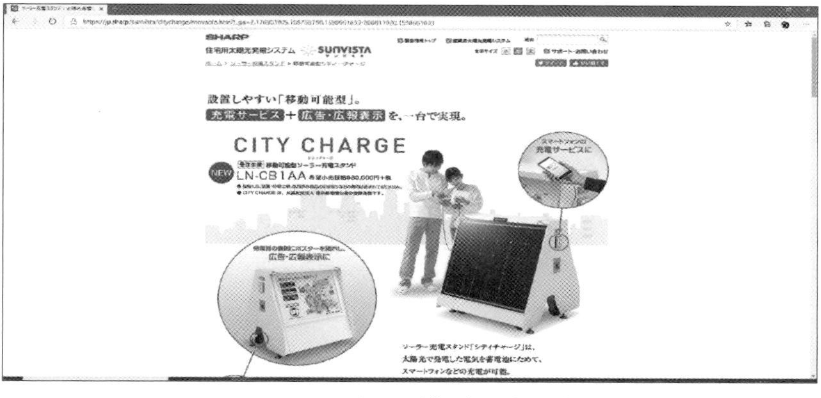

https://jp.sharp/sunvista/citycharge/movable.html

5-15 太陽光発電の技術開発

将来の太陽電池として最も期待されているのは、カドミウムフリーであっても高変換効率であり、しかも価格を抑えた量子ドット太陽電池です。理論値ながら、量子ドット太陽電池のエネルギー変換効率は70%になるといわれています。

太陽光発電のロードマップ

日本におけるエネルギー政策の基本計画では、「安全性」「安定供給」「最小の経済負担」「環境への適合」が柱となっています。これらに照らせば、再生可能エネルギーの中でもとりわけ太陽光発電を国が推進する理由がわかります。

日本は2008年の福田ビジョンにおいて「2020年までに現在（2008年）の10倍、2030年までに40倍」の太陽光発電導入目標が立てられ、翌年には当時の麻生総理によって「2020年までに現在の20倍」とさらに高い目標が設定されました。この2009年の長期エネルギー供給見通しにおいては、2030年に太陽光発電を53GWにまで増強するという具体的な目標が掲げられています。

これらの目標の達成を後押しするため1973年のオイルショック後に設立された**新エネルギー・産業技術総合開発機構**（**NEDO***）は、太陽光発電に関するロードマップの作成や技術支援、さらに新技術の開発研究なども行っています。

2004年に策定された太陽光発電に関するロードマップ「PV2030」では、2030年に向けての太陽光発電に関する技術開発指針が示されました。その後、世界情勢などの変化によりエネルギー開発をめぐる諸問題が変化したため、2009年、ロードマップを**PV2030+**に変更しました。

PV2030+では、ロードマップの目標を2050年ごろまで延長すると共に、太陽光発電をグローバルな環境問題を解決する主要な技術と位置付け、世界的な脱炭素化社会の実現に向けた高付加価値産業を国内に育てることを目指しています。

* **NEDO**　New Energy and Industrial Technology Development Organizationの略。

太陽光発電のロードマップ

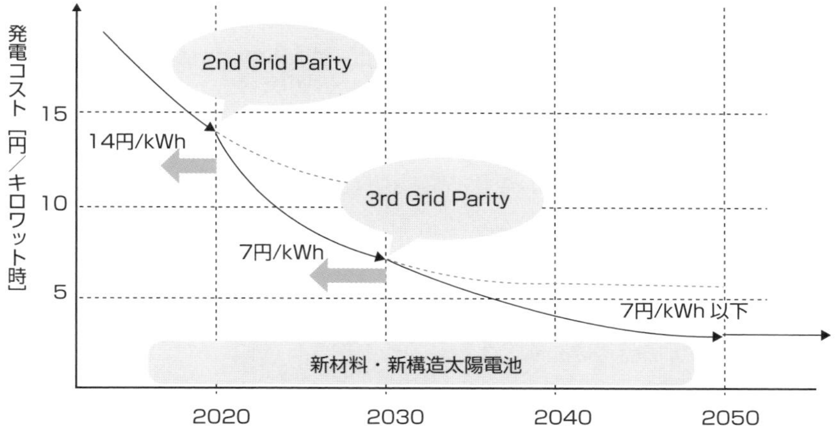

実現時期	2010～2020年 1st Grid Parity	2020年 2nd Grid Parity	2030年 3rd Grid Parity	2050年
発電コスト	家庭用電力並み（23円/kWh）	業務用電力並み（14円/kWh）	事務用電力並み（7円/kWh）	汎用電源として利用（7円/kWh以下）
モジュール変換効率（研究レベル）	実用モジュール16%（研究セル20%）	実用モジュール20%（研究セル25%）	実用モジュール25%（研究セル30%）	超高効率モジュール40%
国内向け生産量（GW/年）	0.5～1	2～3	6～12	25～35
海外市場向け生産量（GW/年）	～1	～3	3～35	～300
主な用途	戸建住宅、公共施設	住宅（戸建、集合）、公共施設、事務所など	住宅（戸建、集合）、公共施設、民生営業用、電気自動車などの充電	民生用途全般、産業用、運輸用、農業地、独立電源

NEDOがPV2030+で描く太陽光発電のロードマップを、NEDOの資料から以下に転載します。これによれば、2050年の一次エネルギーの5〜10%を太陽光発電で賄うことを目標としています。ロードマップの算定に当たっては**Grid Parity**の考え方が導入されています。Grid Parityとは、算定時の電力量の価格と発電コストが等しくなる点のことです。

ロードマップの策定時、電力会社の電気の価格は業務用発電料金で14円/kWhです。この価格をGrid Parity（2nd Grid Parity）として、この目標値まで発電コストを下げることが目標です。このためには、研究用の太陽電池セルで25%、実用モジュールで20%のエネルギー変換効率の達成をクリアするとしています。なお、2nd Grid Parityの目標達成期限は2020〜2030年です。

ロードマップでは真の実力をもってすれば、太陽光発電の発電コストはさらに下がると見ています。2030〜2050年、現在の事業用発電並みの7円/kWhにするためには、実用モジュールで25%のエネルギー変換効率が求められます。この値は、現在の研究レベルの値をしのぐ高い数値目標です。しかし、従来の無機太陽電池と有機系太陽電池モジュールを組み合わせたハイブリッド型の太陽電池、異なる波長を効率よく吸収できる多層型太陽電池などが20%を超える変換効率を達成しています。

近い将来、様々な技術革新を経ることで高エネルギー変換効率を達成した太陽光発電は、化石燃料を使った発電に比べても十分な競争力を持つことになるでしょう。もともと、クリーンエネルギーとしての存在感だけがもてはやされていたイメージの太陽光発電ですが、街中のビルの屋上や外壁、窓などにも簡単に設置できる太陽電池が一般的になることで、配電コストも下げられます。街で使う電気は、街で作り出すことが当たり前になるでしょう。

5-16 電気エネルギーと熱エネルギーの交換

ペルチェ素子では、電気エネルギーが熱エネルギーへと変換されます。このエネルギー変換は可逆的です。つまり、熱エネルギーが移動することで、電力を生み出すことができます。この現象は、ペルチェ効果以前にイギリスのゼーベックによって発見されていたもので、**ゼーベック効果**といわれます。

電気と熱の変換

ホテルの客室などに置かれている冷蔵庫と家庭用の冷蔵庫とでは冷却の仕方が異なります。ホテルの冷蔵庫は小型で、しかも静かです。家庭用冷蔵庫がときどき出すモーター音がしません。

圧縮式冷蔵庫と呼ばれるタイプの家庭用冷蔵庫は、圧縮した冷媒を蒸発させるときに生じる気化熱を使って冷蔵庫内を冷やします。これはエアコンと同じ方式です。冷媒の圧縮はコンプレッサー（モーター）によって行われるため、冷蔵庫の裏からときどき、モーター音が聞こえてくることになります。また、このとき出た熱を空気中に逃がすために、冷蔵庫の背面には放熱器が設置されています。冷蔵庫の背面を壁から数センチ以上離さなければならないのはこのためです。

これに対して、静音が求められる場所の冷蔵庫では、圧縮式は敬遠されます。ホテルの客室などにある小型の冷蔵庫の多くは、家庭でよく使用されている方式ではなく、**ペルチェ素子**によるものです。

ペルチェ素子は、1834年にフランスのペルチェが発見したペルチェ効果を利用した半導体素子です。実際に使われるペルチェ素子は、n型半導体とp型半導体が銅電極によってπ形につながれています。これに電圧をかけると、電子はp型半導体からn型半導体へという向きに、正孔は逆向きに流れます。このとき、電子の流れのp型半導体→n型半導体の接合部では吸熱が起こります。その部分が冷やされます。

電気と熱の間の変換は、このようにペルチェ素子として結実しています。日常生活では、ペルチェ素子を使った冷蔵庫やコンピューターのCPUの冷却装置としても利用されています。

産業技術総合研究所が開発した熱電発電装置は、ゼーベック効果を利用し、特別な冷却装置を使わなくても200～800℃の熱でいつでも発電できるものです。焼却炉から出る熱を利用した電源や災害時の緊急電源としても期待されています。

ペルチェ効果

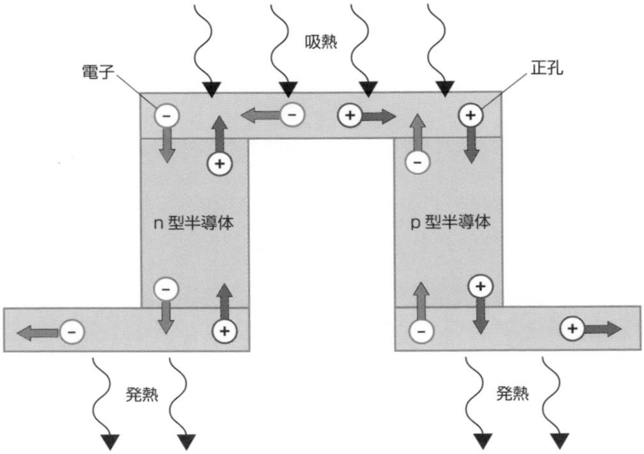

ペルチェ素子

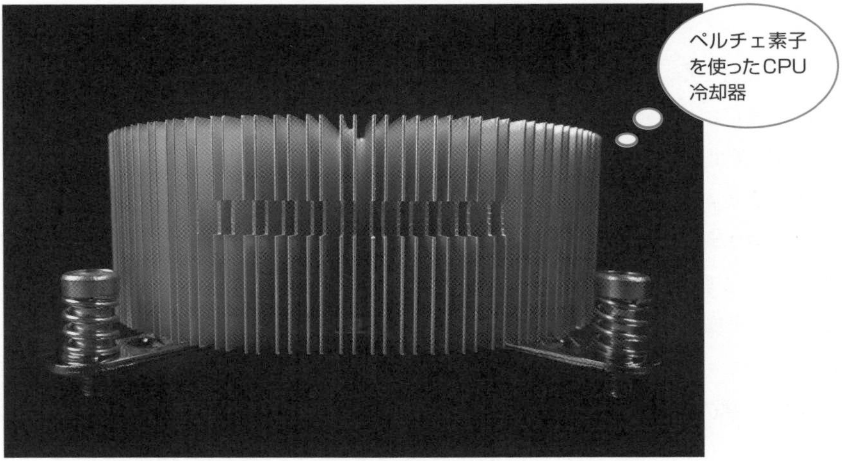

スピン

19世紀前半に発見されていたゼーベック効果やペルチェ効果は、どちらも電子の電荷の移動と熱エネルギーとの関係でした。それから200年近くが経ち、現在、注目されているのは、電子が電荷と併せて持つ**スピン**についての物理です。

スピンは、電子などの小さな粒子の持つ磁気的性質です。電子や原子核などの小さな粒子の世界がいかに奇妙かは、「第１章　未来社会の基盤を作る技術」で述べました。そして、その奇妙な世界の最小単位である「量子」が本書で扱う技術の主役です。これからスピンについての科学技術を見ていくにあたって、もう少しだけ、このスピンの奇妙な性質を知ってもらいたいと思います。

1920年代にスイスのパウリらによって、電子には電荷のほかに1/2の量子数を持つ磁気的性質があることが示され、これは「スピン」と名付けられました。電子に限らず小さな粒子が持つスピンという性質は、粒子の回転の一種と考えられます。

フィギュアスケート選手の氷上でのスピンをイメージしてください。軸足で回転しますが、羽生弓弦選手は上から見たときに反時計回りに回転しています。右利きのフィギュアスケート選手はほとんどが反時計回りでスピンをするそうです。左利きの選手は時計回りです。スピンには右回りと左回りという２種類があり、同時には１種類しかできません。

粒子のスピンも２つの値のいずれか１種類のスピン量しか持つことができません。この２種類は、通常、**上向きスピン**、**下向きスピン**と呼ばれます。

つまり、粒子のスピンは量子化されているわけです。このことは、粒子のスピンが観察されていないときには、上向きスピンと下向きスピンの両方のスピン状態を持てることを意味しています。フィギュアスケートの選手など、人間世界で目にするスピンとは異なります。

さて、特に電子のスピン（**電子スピン**）は、物質の磁性に関係しています。電子は電荷を持っているため、電子が動くと磁場が発生します。原子の中の電子は、電子軌道に沿った軌道運動のほかに、スピン運動をしています。この２種類の運動によって、原子１個を考えたときには、何らかの磁場が発生しています。

　原子内で電子はバラバラに存在するのはなく、決まった電子軌道（電子の存在する広がりを確率的に示した空間）があり、電子はエネルギーの低い電子軌道から順に充填されていきますが、同じ軌道エネルギーが複数ある場合、基本的に電子は最初、それらに1つずつ入ります。そして、電子は最大で2つまで入ることができます。これが原子内で電子が配置されるときの原理です。

　ところで、スピンには上向きスピンと下向きスピンの2種類があるのでした。電子軌道に2つの電子が入るとき、2種類のスピンは互いに異なるスピンになります。これを**パウリの排他原理**といいます。

　軌道に入った電子が対を作らないとき、つまり、2つまで入ることのできる電子軌道に、1つしか入っていないとき、電子のスピンによる磁場が発生しています。スピンを持った電子は、とても小さな棒磁石をイメージするとよいでしょう。互いに反対向きのスピンを持つ電子によって、電子軌道の定員2つが埋まっている場合には、磁場は打ち消し合って、その部分では磁場はなくなっています。

　実際の原子では、電子スピンの磁場による磁気モーメントのほかに、電子の軌道運動によっても磁気モーメントが生じます。原子の種類によって電子配置が異なるために、発生する磁場も異なり、強い磁場の原子、弱い磁場の原子ができます。しかし、原子1個では比較的強い磁場を持っていても、結晶構造を作らない物質では、原子同士の磁場が打ち消し合い、物質としては磁場がなくなります。ほとんどの物質は、このタイプです。

スピン

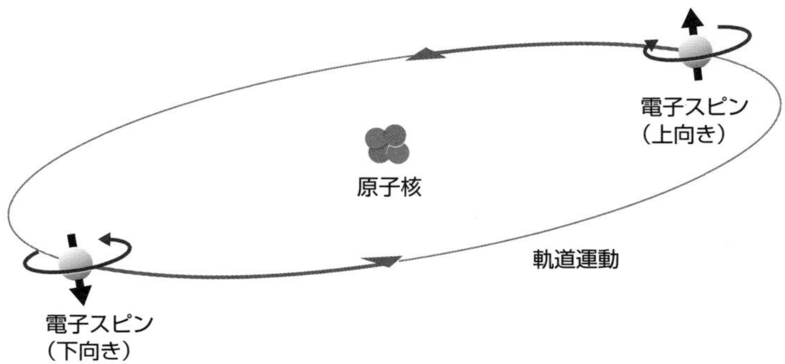

5-17 スピントロニクス

スピントロニクスの研究は、世界中で盛んに行われています。日本の大学では、東北大学や東京大学などを中心に新しい発見や発明が相次いで報告されています。産業技術総合研究所では、このスピントロニクスを「未来型エレクトロニクス」と呼び、新しい産業の柱と位置付けています。

スピンを使った新技術

量子力学の発展と共にスピンの理論的な特性は次第に明らかにされてきましたが、電荷（電気）のようにスピンが日常的に利用されることはほとんどありませんでした。電荷（電気）の場合は、作り出したり貯めたりする方法が簡単に見つかっていたのに対し、スピン（磁気）の場合、そのような方法が未解決または未発達であったためです。また、ナノスケールでの実験・観察や開発のための環境が整っていなかったのも理由の1つです。

電荷を利用するエレクトロニクスは、エジソンが発明した電球や蓄音機からラジオやテレビ、コンピューターまで、現代文明を象徴する技術に成長しました。しかし、電子の持っているもう1つの性質であるスピンについては、これまでほとんど利用されてきませんでした。

20世紀後半、量子力学を理論的支柱として、ナノスケールでの現象を人工的に作り出したり観測したりする工学が発展してきました。電気を主に扱うエレクトロニクス（電子工学）に対して、磁気を扱う磁気工学という分野もありますが、ナノレベルで、電子の持つ2つの性質、電荷とスピンをいっしょに扱うことで、新しい技術開発につなげようという研究分野が開けてきました。これを、スピンとエレクトロニクスを合体させて**スピントロニクス**と呼びます。

スピントロニクスの歴史は非常に浅く、まだ始まったばかりで、**巨大磁気抵抗効果**（**GMR**）を使った製品が世に出たのは1998年のことです。この年、IBM社はGMRヘッドを搭載したSCSI*ハードディスクドライブを発売しています。

＊**SCSI**　Small Computer System Interfaceの略。

その後もスピントロニクスの分野に大きな発見・発明が続きます。**トンネル磁気抵抗効果**の発見により、ハードディスクの大容量化が進みました。

次世代のメモリとして注目されている**MRAM**＊（磁気抵抗メモリ）も、スピントロニクスによって生み出された製品です。さらに、電界効果スピントランジスタ（スピンFET）まで実用化の視野に入っています。

スピンデバイスがこれまでのエレクトロニクス製品との比較で特に期待されている性質としては、スピントロニクスの低消費エネルギーです。基本的に電荷の移動を伴わないスピントロニクスは、発熱によるエネルギー損失がほとんどありません。

情報通信の利用が進めば進むほど、一方では低環境負荷や省資源が求められます。このため、多くの電力を消費するエレクトロニクスに代わって、磁気制御によるスピン流によって情報を伝えることができたり、スピンを介して磁気と電気との変換をしたり、磁気によって大量の情報を低エネルギーで保存したりできるスピントロニクスへの期待は高まっています。

また、省エネルギーというだけではなく、スマート社会の実現に向けてのウエアラブルデバイスの開発や生体への応用に寄与できるナノスケールデバイスの開発には、スピントロニクスの技術が欠かせません。

エレクトロニクスとスピントロニクス

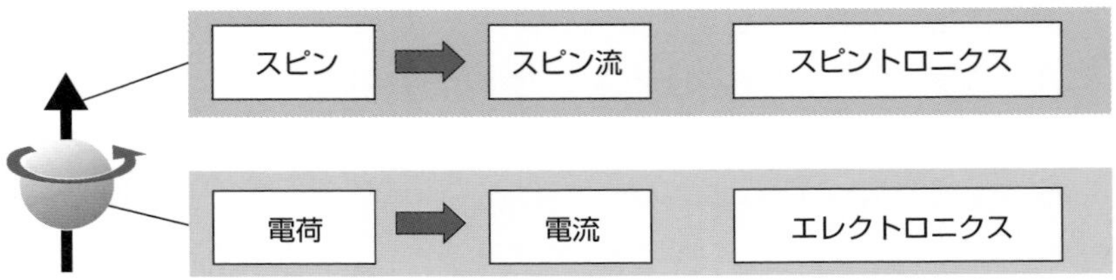

＊**MARM**　Magnetoresistive Random Access Memoryの略。
＊**NMR**　Nuclear Magnetic Resonanceの略。

医学・生物学の分野でのスピントロニクスの応用の研究としては、**NMR**＊（**核磁気共鳴**）**装置**での利用が考えられます。**核磁気共鳴**とは、強磁気下で物質内の核スピンの向きを揃え、そこにラジオ波を照射して核磁気共鳴を行い、磁気を取り去るときに物質から発せられる信号を解析して、構造を知る手法です。医療分野ではMRIとして画像診断に広く用いられています。このNMRによるイメージングの機能を高めることなどに寄与する研究もなされています。

これまでのスピントロニクス

イギリスのウィリアム・トムソンは、鉄片の電気抵抗が外部の磁場によって変化することに気付きました。1856年のことです。のちに**磁気抵抗効果**（**MR**）と呼ばれることになるこの発見は、その後100年以上もの間、エレクトロニクスの発展から取り残されていました。

しかし、コンピューター関連のエレクトロニクスが発展すると共に、その記憶装置として**異方性磁気抵抗効果**（**AMR**）の原理が用いられることになります。そして1987年、ドイツのペーター・グリューンベルクとフランスのアルベール・フェールによって発見された室温での**巨大磁気抵抗効果**（**GMR**＊）は、現在のハードディスク用ヘッドにも使われていますが、スピントロニクスにとって重要な発見となりました。ちなみに、2人はこの功績によって2007年、ノーベル物理学賞を受賞しています。

MRでは磁気効果はMR比が数%だったのに比べ、GMRでは数十%程度まで電気抵抗が大きくなりました。このことは、小さな磁場変化によって大きな電気抵抗を生じさせることができることを意味しています。

GMRによる電気抵抗の変化は、電子のスピンを使って次のように説明することができます。まず、強磁性体の金属（コバルトや鉄）の層と非磁性体の金属（銅など）の層を交互に積み重ねたものを考えます。

このとき、強磁性体の2層では磁界の向きが互いに反対になっているとします。外部からの磁力がはたらかないときに、これに電流を流すと、非磁性体内の電子のスピンの向きと強磁性体による磁界の向きとの相互作用によって、特に磁性体と非磁性体の接合面では抵抗が大きくなるものが現れます。

＊**GMR**　Giant Magneto Resistive effectの略。

巨大磁気抵抗効果（GMR）

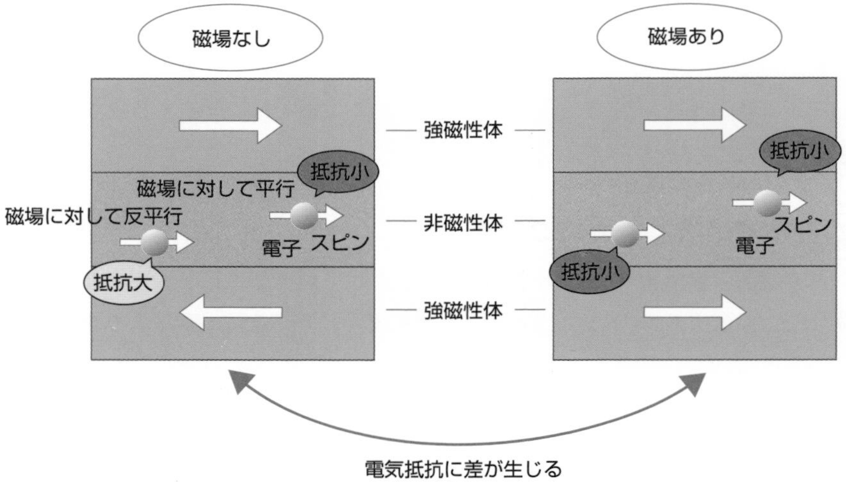

しかし、外部に磁場があり強磁性体の磁界の向きが上下2層で揃っているときには、電子のスピンとの間の相互作用（抵抗）は小さくなります。これによって、外部磁場があるときとないときとで、電子の抵抗、つまり電気抵抗に大きな差が生まれることになります。

さらに、1995年に東北大学の宮崎照宣とMITのムーデラが発見した**トンネル磁気抵抗効果**（**TMR**＊）では、磁場による電気抵抗変化の効率がGMR効果よりもいっそう上がりました。

これらの20世紀のスピントロニクスの技術は、主にハードディスクヘッドの高密度化に貢献してきました。産業技術総合研究所とキヤノンアネルバ社が共同で開発したハードディスク用素子は、当時、世界最高水準のMR比を達成し、その技術は世界中のハードディスクヘッドに採用されました。

＊**TMR**　Tunnel Magneto Resistance Effectの略。

5-18 MRAM

MRAMは、TMR素子を使ったメモリで、電源を入れなくても10年以上データを保持できます。MRAMはDRAMやフラッシュメモリの次の座を担うとされていますが、いまだに廉価で性能のよいMRAMが市場に出ていません。

次世代メモリ

DRAMは、読み書きの速度などはほかのタイプの記憶デバイスに比べて非常に高速で、コンピューターのメモリに使われています。ただし、DRAMは揮発性メモリです。つまり、電源を切るとせっかく蓄えたデータを簡単に失います。

コンピューターの持ち運びできる記憶デバイスとしてよく利用されているのがUSBメモリでしょう。USBメモリ内のメモリデバイスは**フラッシュメモリ**です。フラッシュメモリは、1980年、東芝の研究所にいた舛岡(ますおか)富士雄によって発明された記憶素子によるメモリです。いったん記憶すれば数年間はデータが保持されるとされています。

DRAMやフラッシュメモリなどの電気を使ったメモリに対して、**MRAM**は**トンネル磁気抵抗効果**（**TMR**）を利用したTMR素子でできています。TMR素子は、絶縁体を2つの強磁性体でサンドイッチした構造をしています。絶縁体層の下の強磁性体層のスピンの向きは一定としますが、上の強磁性体層のスピンの向きは外部から変えられるとします（実際にはスピンの注入によって反転させます）。絶縁体層を挟んだ強磁性体層のスピンの向きが異なっている状態（反平行）では、抵抗が大きくなり素子を貫く電流は小さくなります。反対に、絶縁体層を挟んだ強磁性体層のスピンの向きが同じ状態（平行）では、抵抗が小さくなって素子を貫く電流は大きくなります。

つまり、TMR素子は、素子内のスピンの向きが同じ向きに揃っているか、反対向きに揃っているかによって電気抵抗が異なるという性質があります。これを使うと、TMR素子の電気抵抗を測ることで、素子内のスピンの状態を知ることができます。抵抗の大きい場合を「1」、小さい場合を「0」とすれば、デジタル記憶デバイスとして使えることになります。

DRAMの微細化が限界に迫っている一方、MRAMの微細化にはいまだ可能性があります。サムスンやIntelなどが研究・開発を進めていますが、スピントロニクスはまだ新しい技術なので、新技術等によるブレークスルーが期待されます。もしそうなれば、MRAMのシェアが大きく伸びる可能性もあります。

MRAM

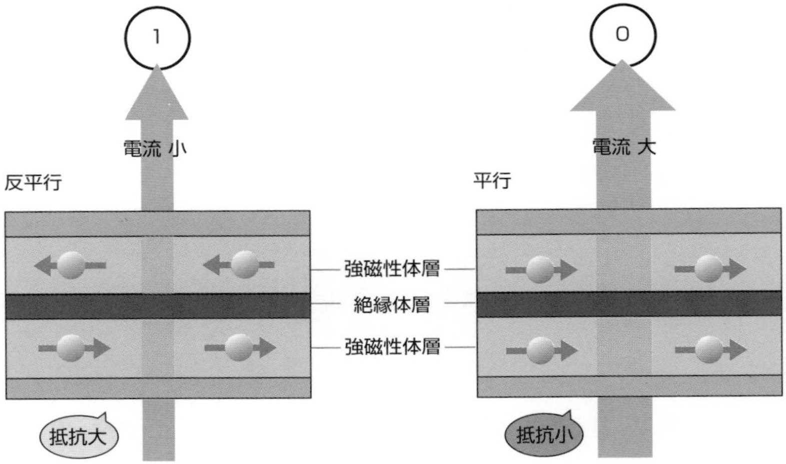

5-19 量子スピントロニクスの基礎

GMRやTMRの発見、そしてそれらのハードディスクなどへの応用は、スピントロニクスの研究・開発に勢いを与えました。20世紀に行われた磁場による電流制御技術の進歩は、21世紀になると、電流で磁場を制御するという研究へと移っていきました。

スピントロニクス

スピントロニクスは、電子の電荷とスピンの両方を同時に扱う物理学あるいは電子工学です。スピントロニクスを知るには、エレクトロニクスと対比させるのがわかりやすいでしょう。「電流」に対するスピントロニクスの概念は**スピン流**です。電流が電荷の移動量に関する値であるのに対して、スピン流はスピンの流れと考えます。電子の流れが電流を生み出しますが、非磁性体では上向きスピンと下向きのスピンの電子の数は同数なので、電子が移動しても全体としては上向き、下向きどちらかが多く移動したということはなく、このためスピンは流れたとはいえません。つまり、スピン流はない、という状態です。しかし、もともと上向きスピンと下向きスピンの流れる数（流れる速さ）に違いがある、例えば強磁性体のような導体に電圧をかけたとき、電子の移動に伴って数の多いスピン（移動速度の速いスピン）だけが移動したように見えます。これがスピン流です。もう1つ、電子は移動しなくても、スピンだけが流れる場合があります。つまり、スピン流だけがある場合です。それは、上向きスピンと下向きスピンが互いに逆向きに流れている場合、ほぼ半分の数の電子が互いに逆向きに移動するため、全体としては電荷の移動はゼロ、つまり電流は流れません。しかし、スピン流はあります。これらのように、電流とスピン流の2つをうまく組み合わせるのが**スピントロニクス**です。スピントロニクスによって、これまでになかった物性を持った新しいデバイスの登場が期待されています。

さて、このようなスピントロニクスはまだまだ新しい分野です。そこで、スピン流を生成したり、検出して測定したりする基礎的な技術の構築から行っていく必要があります。非磁性体の中の電子のスピンの角運動量は、てんでばらばらです。このような状態の電子は、1マイクロメートルほど進むだけで、スピンが持つ磁気や電気、光などの情報を失ってしまいます。これを**スピンの緩和**または**スピンの拡散**と呼んでいます。スピンが持つ情報がなくなった電子は、電荷の情報だけになります。エレクトロニクスが先に発展した理由はここにあります。ナノテクノロジーの進歩によって、ようやくスピンを使った物理学に光が当たってきたというわけです。

スピン流

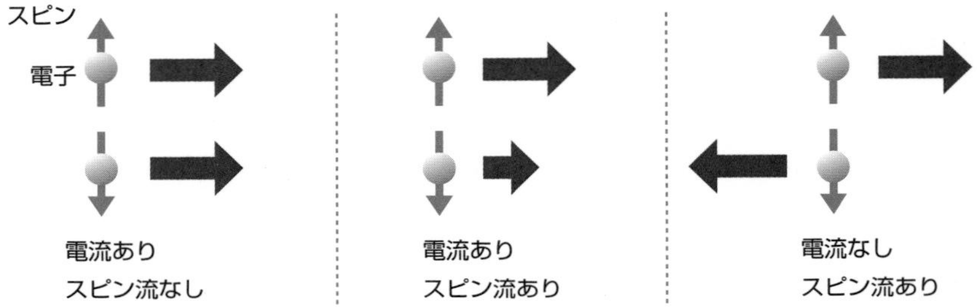

COLUMN

スピンゼーベック効果

エレクトロニクスの世界では、異なる材質の物質を接合し、それらに温度差を与えると電流が生じる現象があります。これをゼーベック効果といいました。ということは、電流の部分をスピン流に置き換えたスピンゼーベック効果が予想できます。

実際に、金属磁石に温度勾配を設定すると、スピンゼーベック効果と呼ばれる現象が観察されます。つまり、磁石の一部分を加熱すると、スピン流が発生するのです。

ゼーベック効果とスピンゼーベック効果

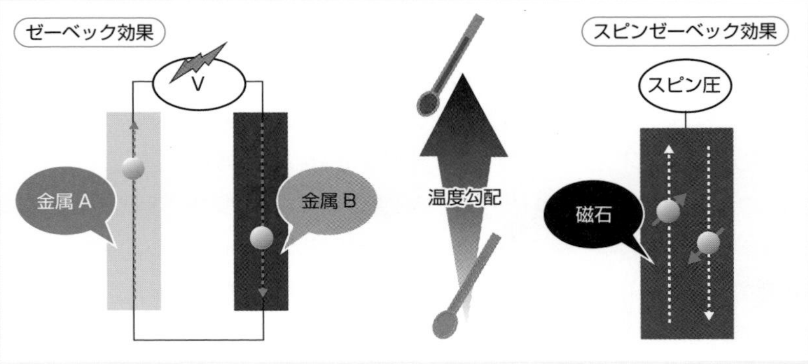

5-20 電子の移動を伴うスピン流を作る

スピン流の生成技術は、スピントロニクスの基幹をなすものです。このため、世界中でスピン流関連の研究・開発が非常に活発に行われています。日本からも多くの新しい知見が次々に発表されています。

スピン流の生成

スピン流を発生させる比較的簡単な方法は、強磁性体と非磁性体を接合して、それらに電流を流す方法です。強磁性体では、スピンの向きが揃っています。この電子を非磁性体に移動させるのです。なお、この方法では強磁性体と非磁性体の接合部分を過ぎたあたりから、スピンは散乱し始め、スピンを保ったまま長い距離を移動することができません。この距離のことを**スピン拡散長**といいます。スピン拡散長は、数百ナノメートル程度しかありません。

スピンホール効果という現象を利用してスピン流を発生させる方法もあります。この現象は、1971年にロシアのミカエル・ディアコノフとウラジミール・ペレルによって、相対論的な量子効果として予測されていましたが、実験によって確認されたのは、21世紀になってからです。

非磁性体に電流を流したとき、非磁性体中の上向きスピンと下向きスピンは、それぞれ反対側に向かって移動し、両側にそれぞれ異なるスピンが蓄積されます。また、このスピンの移動によって、電流と垂直な方向では、スピン流が発生します。これがスピンホール効果です。なお、この現象は半導体でも確認されています。スピンホール効果は、磁場を使わなくても電気的にスピンを制御できる可能性を示しています。スピンホール効果によって偏在化したスピンは、接合した金属などに移動させることができます。これを**スピン注入**といい、スピン注入を使うことで、電流を通していない金属（非磁性体）や半導体にスピン流を発生させることもできます。

2019年、東京大学と理化学研究所らのグループは、非磁性金属の試料にスピンホール効果が出ている状態で、試料に外部から磁場を与えると、スピンの蓄積の偏極が反転することを発見しました。新しく発見された**磁気スピンホール効果**は、電流-スピン流の相互変換デバイスの高効率化に寄与することが期待されています。

電流を伴うスピン流

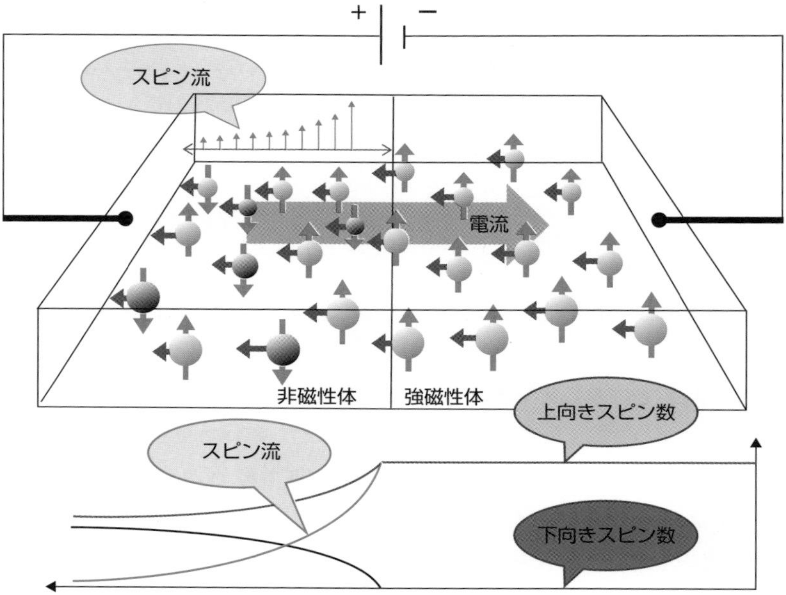

スピンホール効果

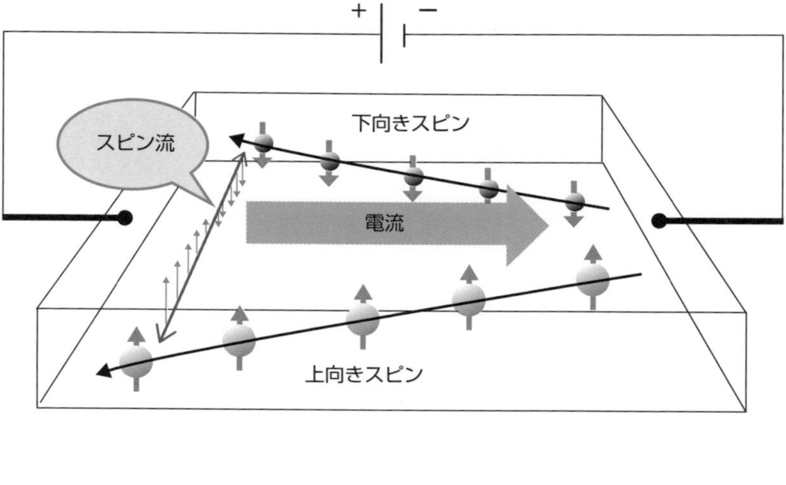

電流を伴わないスピン流

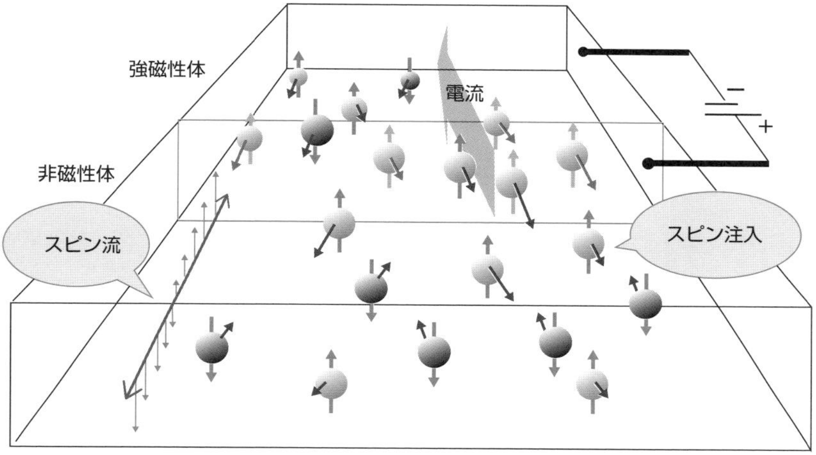

スピン流から電流を作る

　非磁性体に電流を流すと、電流と垂直な方向にスピン流が発生します。これが、**スピンホール効果**です。スピンホール効果は、スピン流を発生させる有力なメカニズムとして世界中で盛んに研究が行われています。また、スピンホール効果についての研究と同様に新しい発見が相次いでいるのが、スピン流から電流を発生させるという研究です。つまり、スピンホール効果の反対の現象を起こす研究です。このメカニズムとしての単純な発想は、スピンホール効果の反対の操作を行うことです。これを**逆スピンホール効果**といいます。

　スピンホールが相対論的な量子効果で説明されるように、逆スピンホールのメカニズムも同様に説明されます。簡単に説明すると、逆スピンホール効果とは、反対のスピンを持っている電子が、スピン流によって同じ方向に移動して電荷に偏りができるために起きる現象といえます。

　斎藤英治らは、**スピンポンピング法**を使い、白金にスピンを注入すると電気が流れることを確認しました。まさに、逆スピンホール効果の実証です。また、2020年には、非常に細い石英ガラス管に水銀を流すことで、水銀の流れからスピン流を発生させ、それによる電圧を測定しました。

このように、液体金属のスピン流から電気を取り出せる可能性があります。現在のように固体金属を通して電気を送るのではなく、液体金属を流すことで電気を取り出しつつ、電気回路から出る熱を吸収してさらに電気を取り出す、といった使い方も考えられています。

スピン流によって電気が発生するなら、熱や光、音からでも発電が可能ということになります。固体中を伝わる音は振動で、これはスピン流と相互作用を行います。音の振動がスピン流を発生させられることは実験で確認されています。

スピン流によって作り出される電流は、まだ非常に弱いものですが、その電流を検知すれば、センサーとして利用できます。

スピンホール効果と逆スピンホール効果

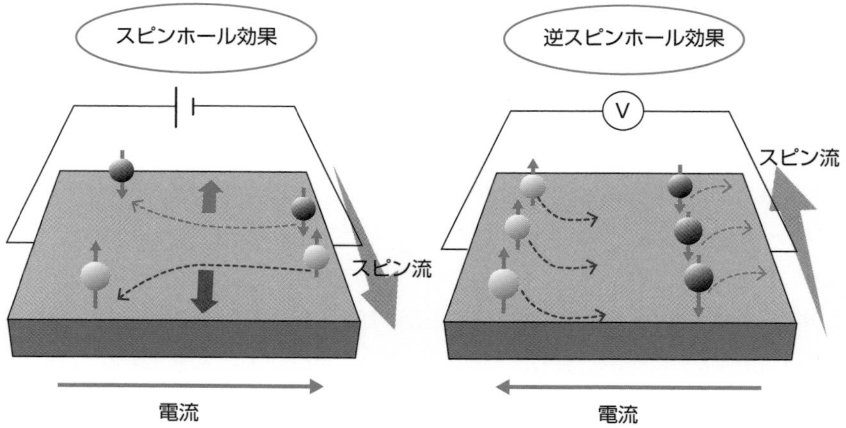

5-21 スピン流

マグノンスピン流は、スピンホール効果などのスピン流とは異なり電子の移動を伴いません。このため、マグノンスピン流のことを「**純粋なスピン流**」と呼ぶこともあります。

マグノンスピン流

ある物質のスピンの向きがすべて揃っている状態を基底状態とするとき、その中の1つだけが反対向きのスピン状態になるにはエネルギーが必要です。ところが、すべてのスピンの角運動量を少しずつずらして傾けることで、1つのスピンだけを反転させるのと同じエネルギー状態にすることができます。これを**スピン波モード**と呼んでいます。

スピン波モードは、ZOO（カバー：EXILE）の「Choo Choo TRAIN」の振り付けのように、スピンが時間差で同じ歳差運動を行います。この動きを全体として見ると、波のように見えます。つまり、スピン波です。このようにして作られるスピン波を**マグノンスピン流**といいます。

マグノンスピン流が電荷の移動を伴わないということは、絶縁体中でもスピン流によってスピンの持つ情報を伝達する可能性があることを示しています。スピン流が到達した先では、逆スピンホール効果を使ってスピン流を電気に変えて利用することができるでしょう。マグノンスピン流はジュール熱をほとんど発生させることがないので、エネルギー効率の非常によい伝播（でんぱ）手段です。

このように、電子の電荷を運べなかった物質を使って、これまでにはないスピントロニクスによる新しいデバイスが開発できるでしょう。

東北大学の塩見らは、2018年に核スピンによるスピン流の検出に成功しました。物質内には電子のスピン以外にも核の自転によるスピンが存在します。体内の断層画像を撮影するのに使用されるMRIは、この核磁気を使った医療機器です。MRI診断を受けたことがあればわかると思いますが、MRIには強力な磁場発生装置が必要なため、装置全体は一部屋を占有するほど大型なものです。しかし、核スピンは電子スピンに比べてスピン情報を維持しやすいため、これをスピントロニクスに利用しようとする研究が進められています。塩見らの研究では、非常に強いスピン軌道相互作用を持った炭酸マンガンを使っています。

電子スピンだけではない、もう1つのスピン（核スピン）を利用したスピントロニクスへ、さらに地平が開けたようです。

マグノン

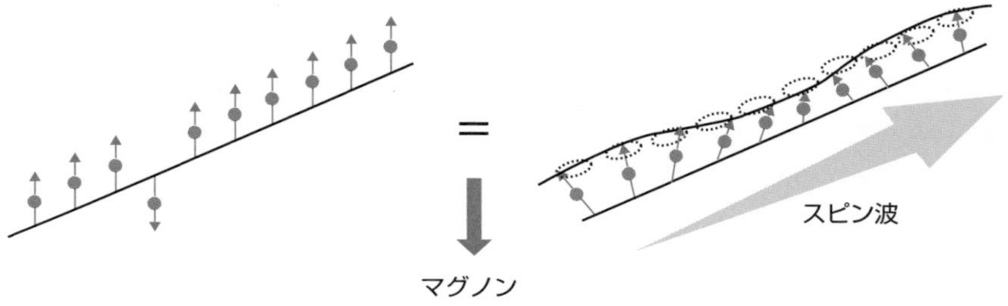

新しいスピン発生メカニズム

多くのスピン流生成の原理は**スピン軌道相互作用**に基づいています。スピン軌道相互作用とは、原子核の周囲を回っている電子とその原子核との間の磁気的な相互作用のことで、原子核の正電荷が大きいほど、また、電子が原子核に近く引き寄せられているほど、相互作用は大きくなります。そのため、原子番号の大きな物質ほどスピン軌道相互作用が大きくなる傾向を示していて、原子番号78、元素記号Ptで表されるプラチナなどの希少金属が、スピン流を作りやすいとされています。

ただし、スピン軌道相互作用が強いと、スピン流は短距離で消えてしまいます。つまり、プラチナに代表されるようなスピン流の発生に向いている物質では、スピン流を発生させることは容易でも、そのスピン流が長く続かないのです。

早稲田大学の中惇（なかまこと）らのグループは、2019年、有機化合物のBEDT-TTFによるスピン流の発生を確認しました。この有機物は、炭素や硫黄、水素などのありふれた元素からなる結晶構造をしています。

中らが使用した有機物の結晶では、板状の構造をした分子塊が2つずつ向きを揃えてペアを作っています。このペアが互いに直交するようにして結晶を作っています。

　この特徴的な結晶構造を持つ有機物に、電場あるいは温度勾配を与えると、結晶構造の偏りによる磁性がスピンの向きによって電子を振り分けています。これによるスピン流が発生します。このメカニズムには、スピン軌道相互作用は関与しません。コンピューターシミュレーションを使用した量子力学的な理論計算では、プラチナと同じスピン流への変換効率を示しています。

　この新しいスピン流の生成過程は、新しいスピン発生メカニズムの可能性を示しています。有機化合物の結晶を常温で使用しても、スピン軌道相互作用と同程度以上のスピン流の発生が確認できるか、また、もっと効率のよい有機化合物を見つけられるかなど、これからの発見や開発が待たれる分野です。

有機物によるスピン流

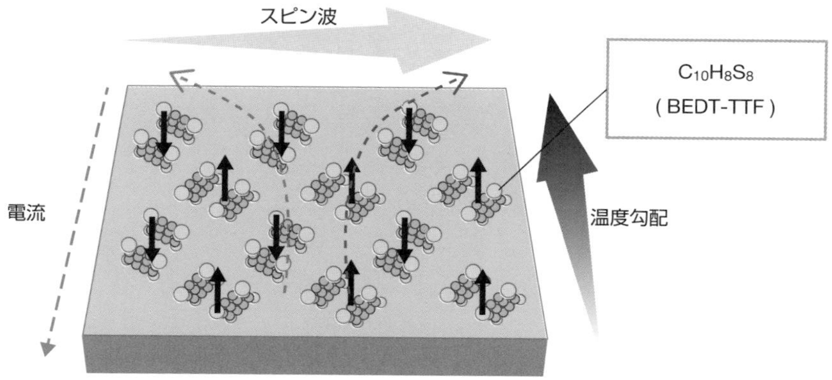

5-22 まだあるスピントロニクスの可能性

現在のスピントロニクスは、基礎研究段階にある領域も多く、世界を変えるほどの製品はまだ登場していません。しかし、エレクトロニクスが私たちの日常を大きく変えたように、スピントロニクスの未来は大きな可能性を秘めています。

スピントロニクスによる未来

現在、磁気工学関連や半導体などの量子デバイス、物性など幅広い領域から多くの研究者が参加していて、高い関心を集めています。特に日本は伝統的に“磁石”に関する研究が盛んで実績もあり、スピントロニクスに関する研究者も大勢いて、新しい発見も相次いでいます。

スピンの向きを渦巻き状にしたものが**スキルミオン**＊で、次世代高性能メモリ素子の候補として期待されるスピン現象です。スキルミオンの渦はまとまったスピンの集合体で、その意味では1つの粒子と見ることもできます。

典型的なスキルミオンでは、渦巻きの中心部と周辺部でスピンの向きが反対になります。また、このようなスキルミオンを同方向に何層も重ねた立体構造をスキルミオン弦と呼びます。スキルミオンには、高い安定性を持った構造を持つものもあり、これを利用してスキルミオン自体に情報を保存することができれば、ナノスケールのデータ保存素子ができるでしょう。2016年にはMITが、任意の位置にスキルミオンを発生させることに成功しましたが、まだまだ基礎研究が進められているところです。スピントロニクスの1つの領域ではありますが、スキルミオンへの期待から、すでにスキルミオニクスという造語を使う研究者もいるほどです。

スピントロニクス研究のトップランナーのひとりと目されている東京大学の齊藤英治は、エレクトロニクスとは違った、スピントロニクス独自の視点でスピントロニクスの将来を見ています。その1つが、**スピン流体発電効果**という現象です。液体金属を川のように流すと、流れの中央付近と岸付近では流れ方が異なるため渦が発生します。液体金属中の電子は渦によって影響を受けるため、これによってスピン流

＊**スキルミオン**　渦巻き形ではない、ハリネズミの背中のハリのような形状のものもある。

が発生するとされます。齊藤のグループで2015年に、直径400マイクロメートルの細管にガリウム合金（液体金属）を流す実験を行ったところ、100ナノボルトの電気の発生を確認しました。このスピン流体発電効果は、これまでのタービンを利用した発電方法とは異なる、まったく新しい発電方法の開発につながる可能性を秘めています。たとえ非常に小さな電圧しか発生させられないとしても、この仕組みをナノデバイスの電源として利用することはできるかもしれません。

スピントロニクスの発展、スピンの産業への活用、日常生活の中でのスピン利用が達成されるためには、スピンを自由自在に制御する技術が必須です。エレクトロニクスで達成されたような、スピン流のオン／オフのスイッチ、遠くまでスピン流を届ける技術、光や熱との効率のよいエネルギー変換技術など、まだまだ乗り越えなければならないハードルが多いのが現実です。

通常、磁性体であっても低温ではスピンが整列しやすくなり、さらに冷やすとスピンの向きは秩序化されて固定されてしまいます。しかし、**量子スピンアイス**と呼ばれる磁性体では、向きの揃ってきたスピン状態をさらに冷やしたのに、量子ゆらぎのためにスピンが再び振動し始め、氷が溶けて水になるようにスピンが少しずつ活動し始めます。これが**量子スピン液体**です。

量子スピンアイスでは、N極とS極が分極化してモノポールのような状態を作り出すこともあると考えられます。このような量子スピンアイスの状態を保ったまま、量子スピン液体に変化させられる技術が開発されることが期待されています。物質中にこのようなモノポールを作成し、それらを制御できれば、そのことによって物質中の磁化を制御できるため、次世代デバイスへの活用が見込めるからです。特に欧米では、量子スピンアイスについての関心が高いように感じます。

半導体スピントロニクス分野での研究は日本でも盛んに行われてきました。スピントロニクスを応用した半導体製造は、すでに基礎研究段階から半導体開発を経て実証段階に移っています。2019年、東北大学の遠藤哲郎らのグループは、スピントロニクスを用いた集積回路により、平均電力50マイクロワット以下の低消費電力のマイコンを開発しています。しかし、日本の半導体産業の衰退によって、企業レベルでの精力的な半導体開発は影を潜めているのが現状です。

スピンに関連した科学には、いままでの常識では思いもよらなかったものがあります。強磁性体に温度差を与えることでスピン流を発生させ（**スピンゼーベック効**

果)、それによって電圧が生じる現象は、2008年に東北大学で発見されました。スピンの回転という非常に小さな運動をマクロの運動につなげられる可能性も発見されています。これらはスピンという電子や原子核の持っている量子的な性質を利用したもので、エレクトロニクスのように電気による駆動ではありません。このため、スピンをうまく利用すれば“超省電力”なデバイスが作成できるという期待があります。さらに、スピンゼーベック効果による電気発生は、エレクトロニクスなどから出て捨てられる熱を使って発電できる可能性をも示しています。

COLUMN

スピンで発電する

東北大学の齊藤英治らは、2016年、磁性絶縁物質にプラチナの薄い膜を貼り合わせた二層膜に温度勾配を設定しました。すると、スピン流が金属層に流れ込み、逆スピンホール効果によって生じた電流によってスピンゼーベック効果が確認されました。

さらに、この実験ではスピン（マグノン）と同じように物質内部の音波を量子力学的に扱う**フォノン**（**格子振動**）が、スピンの周波数と共鳴することによって、スピン波だけのときよりも長い距離を移動させることに成功しました。フォノンによる共鳴を加えたときのスピン流によるスピンゼーベック効果の発電量は、数倍にもなったと報告されています。

スピンによる発電

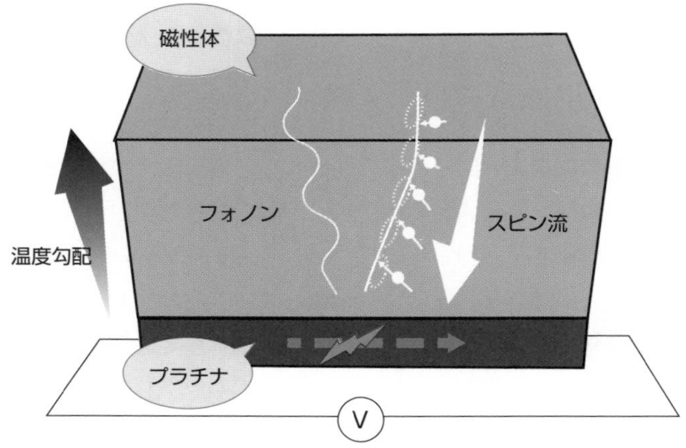

第6章

量子技術イノベーション

国が打ち出している科学技術戦略の1つが、量子技術およびそれに関連した光技術を統合した「光・量子技術」です。次世代の科学技術立国の屋台骨を支えると期待されている量子技術の重要性について述べ、そのための課題を探ります。

6-1 統合イノベーション戦略2020の量子技術

未来投資会議*がまとめる、いわゆるアベノミクス（成長戦略）の「未来投資戦略2018」で**Society 5.0**と**データ駆動型**社会の実現が目標化されました。

Society 5.0の基盤技術

Society 5.0は、世界的に進むと予想される**第四次産業革命**を日本の現状に落とし込んだ、未来の**超スマート社会**についてのイメージです。第四次産業革命とは、現在のデジタル社会をさらに進めて、AIやロボット工学、バイオテクノロジー、ナノテクノロジーなどの分野で起こる技術革新です。量子技術も第四次産業革命の重要要素と考えられています。

第一次産業革命	18世紀～19世紀	蒸気機関、鉄鋼、繊維工業
第二次産業革命	1870～1914	石油、電気
第三次産業革命	1980年代～現在	コンピューター、デジタル、インターネット
第四次産業革命	近未来	AI、バイオテクノロジー、ナノテクノロジー、量子技術

Society 5.0とは、日本の社会的課題である人口減少、高齢化、エネルギーと環境による制約を十分に意識しながら、第四次産業革命に備えるために構想されている日本社会の未来図といえるでしょう。

Society 5.0に向けて策定された「統合イノベーション戦略2020」において、戦略的に取り組むべき基盤技術として（1）AI　（2）バイオテクノロジー　（3）量子技術　（4）マテリアルの４項目が挙げられています。

AI（人工知能）は、インターネット経由での情報の創造をはじめ、ロボットを人に近付けるなど、応用範囲の非常に広いソフトウェア技術です。少子化、高齢化による働き手の減少を補うロボットに組む込むべき技術として見ると、実用化を急ぐ必要があります。ビッグデータの解析技術にも応用される機械学習も、AIの主要な技術です。AIに関する多くの技術分野は、アメリカや中国が世界的に見て非常に進んで

***未来投資会議**　日本政府が主導する、将来への投資を進めるための会議で、イノベーションと構造改革について話し合う。2016年9月から続いている。

いて、デジタル化と共に日本が遅れていると見られる分野です。

バイオテクノロジーは、医療や創薬、環境問題につながる生命科学です。日本には関西地域を中心とするiPS細胞の開発・応用拠点があり、世界をリードしています。また、環境分野や化粧品などで、日本のナノテクノロジー研究は世界的に進んでいると考えられます。

マテリアルとは、材料を見つけることにとどまらず、新しい材料を創造することも指します。新材料といっても、人や環境にやさしいモノでなければなりません。炭素によるカーボンファイバー分野で日本は世界をリードしています。有望な基礎研究も多く、製品化や量産化へのチェーン化が課題となっています。

４つの柱の中でも量子技術がカバーする技術範囲は最も広く、ほかの３つの基盤技術と重なる部分もあります。さらに、量子技術はレーザーのようにすでに多くの分野で用いられている技術もあれば、スピントロニクスのようにこれからの技術もあります。日本ではこの分野の多くで最先端の研究を行ってきています。製品化や標準化に向けた官民挙げての協力、そして企業間、研究所間の連携や協調が求められます。

統合イノベーション戦略2020

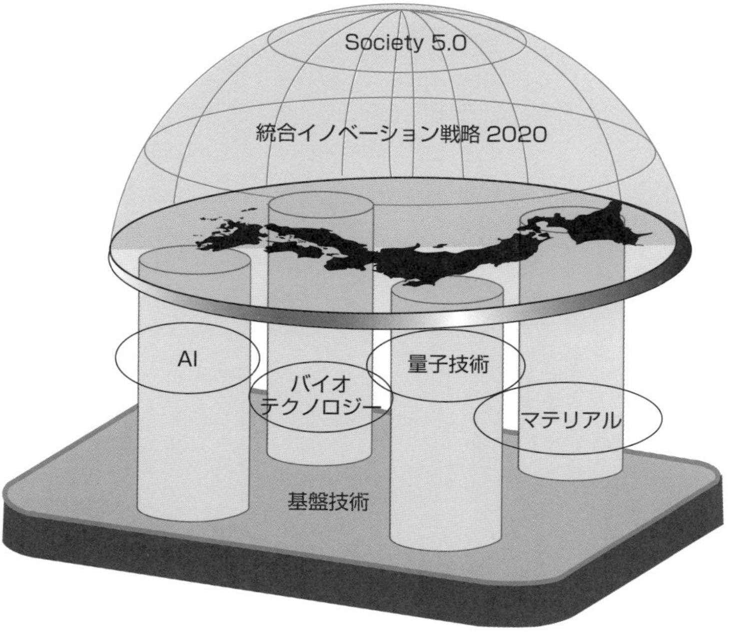

データ駆動型社会への寄与

あなたが“夕食のメニューは何にしようか？”あるいは“今晩、どこに飲みに行こうか？”と考えたとします。そんなとき、スマホを取り出して、専用サイトの情報を見ていませんか？　これが**データ駆動型社会**です。膨大なビッグデータを目的に沿って整理し、それをユーザーのニーズに合わせて表示するというシステムを使うアプリを、日常、よく使っていませんか？

また、ネットショッピングやネットサービスでは、選んだわけでもないのに、自分好みの商品が新発売されたとか、値下げされているとか、そんな広告表示が行われます。これもデータ駆動型のサービスです。あなたの嗜好（しこう）や個人情報は、データの一部として利用され、それらの情報からコンピューター（AI）が選択した情報が優先順位をつけて提示されます。

このようなデータ駆動型社会では、公共サービスもパーソナル化します。ある年齢になると、保健所から健康診断や病院の案内、空き状況、予約システムへのURLなどが自動で届いたり、台風や大雨による災害予測によって、住居のある場所や家族構成を考慮して避難時刻や経路が示されたり、災害弱者の家に取り付けた見守りセンサーによって、避難が完了したかどうかを判断したりもできるようになるでしょう。

このようにデータ駆動型社会は、**IoT**＊も使いながら素早く情報を収集し、判断できる社会でもあるのです。

データ駆動型社会に貢献できる量子技術としては、量子コンピューターによる課題の最適化があるでしょう。AIと協働することで、欲しい情報が欲しいときに得られるようになります。量子センサーを搭載した情報デバイスも登場するでしょう。

＊**IoT**　Internet of Thingsの略。

6-2 Society 5.0実現への施策

Society 5.0実現の鍵を握るのは、コンピューターやネットワークを中心とした**サイバー空間**と、現実の社会である**フィジカル空間**とを高度に融合させるシステムです。このシステムは、サイバー空間のリソースを高度に処理して、フィジカル空間で生活する人に提供します。そのためには、性能を大幅にアップしたAI、コンピューター、ロボット（センサー、デバイス）が必要になります。

Society 5.0

また、これらの技術が統合された新しい社会を目指すためには、関係者間（産学官・関係府省、住民、商品やサービスの提供者、ボランティアなど）で共有できるプラットフォームが必要になります。Society 5.0に望まれる基盤技術の多くは、このようなプラットフォームの構築や維持管理に使用されるでしょう。

Society 1.0	狩猟社会
Society 2.0	農耕社会
Society 3.0	工業社会
Society 4.0	情報社会
Society 5.0	超スマート社会

Society 5.0実現のための既存技術の多く（サイバーセキュリティ、IoTシステム構築、ビッグデータ解析、AIなど）は、未完成または未成熟です。一方、Society 5.0の完成に向けて新しい価値を創造すると期待される新技術（光・量子、ロボット、センサー、バイオテクノロジー、素材・ナノテクノロジーなど）は、社会の様々な問題を解決できると期待されます。これらの基盤技術が融合することで、近い将来にはSociety 5.0が達成されると考えられます。もちろん、これらの技術が開発され、実用化されれば、その分野は産業化されます。これは、日本に活力と豊かさをもたらすことになるでしょう。

Society 5.0

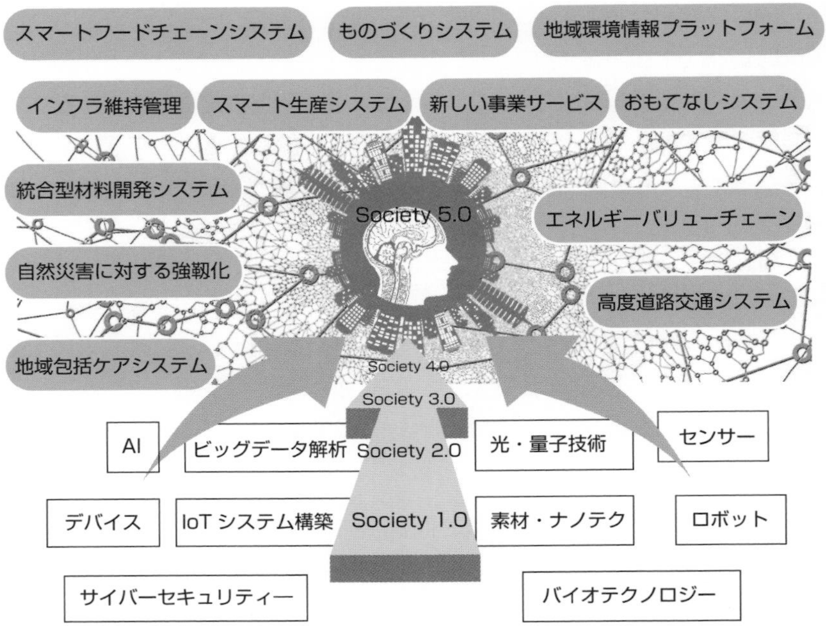

SIP第2期の課題

光・量子を活用した Society 5.0 実現化技術	
ビッグデータ・AIを活用したサイバー空間技術	フィジカル空間デジタルデータ処理基盤
IoT社会に対応したサイバー・フィジカルセキュリティ	自動運転（システムとサービスの拡張）
統合型材料開発システムによるマテリアル革命	スマートバイオ産業・農業基盤技術
IoE社会のエネルギーシステム	国家レジリエンス（防災・減災）の強化
AIホスピタルによる高度診断・治療システム	スマート物流サービス
革新的深海資源調査技術	重要インフラなどによるサーバーセキュリティの確保

超スマート社会とは、「必要なもの・サービスを、必要な人に、必要なときに、必要なだけ提供し、社会の様々なニーズにきめ細かに対応でき、あらゆる人が質の高いサービスが受けられ、年齢、性別、地域、言語といった様々な違いを乗り越え、活き活きと快適に暮らすことのできる社会」との定義があります。量子技術は、人が機械の力を借りてもっと人らしく生きられる社会を創造するための技術なのです。

このような未来社会の創造のため、国は「**戦略的イノベーション創造プログラム**」（**SIP***）を策定しています。SIPでは、2013年に閣議決定された「科学イノベーション総合戦略」と「日本復興戦略」を受けた総合科学技術会議のメンバーらが、科学技術のイノベーションを起こす取り組みを総合的な立場から選んで、プログラムディレクターの選出や予算配分などを行っています。SIPのプログラムディレクターは、関係府省による縦割り行政を無視して、横断的にプログラムを推進します。

現在、SIP第2期が進行中です。第2期のプログラムには、「光・量子を活用したSociety 5.0実現化技術」を含む13のプログラムが動いています。SIP第2期は当初予定より1年の前倒しで2018（平成30）年度から開始されていて、5年計画になっています。

各プログラムの進行状況や途中成果はワークショップなどで公表され、専用ホームページ*からも見ることができます。

＊**SIP**　Cross-ministerial Strategic Innovation Promotion Programの略。
＊**専用ホームページ**　https://www8.cao.go.jp/cstp/gaiyo/sip/index.html

6-3 量子技術で日本は復活する

量子技術に関しては、20世紀後半から国内の研究者たちによって素晴らしい成果が蓄えられてきています。究極の計算機になるかもしれないと考えられている量子コンピューターにつながるような数々の重要な発見や発明が、日本から生まれています。

量子技術の実力

日本の科学技術産業では、技術的には世界トップの実力がありながら、結局、世界のスタンダードを作り出すことはできなかった、という失敗例が過去に多くあります。20世紀を振り返ってみると、パーソナルコンピューターの黎明期にあった日本独自のOSから始まり、ビジネスソフトやサーバーシステムなど、いずれも素晴らしい性能や機能を持っていたにもかかわらず、世界ではほとんど使われることなく消えていきました。

GPSやインターネット、ネットワークセキュリティシステムなどの一部の技術では、それらの誕生から実用化までに軍事的な必要性が強く作用したことを考えれば、日本での開発・研究が浸透しないのは致し方のないことです。しかし、携帯電話やディスプレイなど一時は世界の頂点を極めた日本のものづくりにおいてさえ、現在に至っては見る影もありません。次世代の重要テクノロジーの1つとされるAI（人工知能）においては、"アメリカや中国から2周遅れ" と酷評されて、ようやく危機感を持つような有り様です。

さて、量子コンピューターに関してはどうなのでしょう。国内の開発事情はどこまで改善されているのでしょうか。

1998年、東京工業大学の西森秀稔、門脇正史は**量子アニーリング方式**に関する論文を発表しました。しかし、量子コンピューターを世に出したのは、カナダのベンチャー企業D-Wave社でした。

1999年、当時NECにいた中村泰信と蔡兆申（ツァイ・ヅァオシェン）は、超電導回路による量子ビットの論文を発表しました。しかし2016年、世界で最初のゲート型量子コンピューターをクラウドから利用できるようにしたのはIBM社でした。

どうも、量子技術でも、また同じ轍(てつ)を踏むのではないかと心配になります。

量子技術の現在のところの花形は、量子コンピューターといって間違いありません。中国や欧米も量子コンピューターの開発に非常に力を入れています。しかし、まだ量子コンピューターの覇者は決まっていません。巨額の投資を行っているグーグルやIBM、アリババなどが有利なのは変わりませんが、まだ結果はわかりません。これらの巨大IT企業の進めるゲート方式の量子コンピューターは、汎用性を持つと考えられているため、成功すれば開発競争を有利に進められるのは間違いありませんが、本当に量子コンピューターで何ができるのか、スーパーコンピューターとの差はどれほど広がるのか、コンパクトで使いやすいモノになるのか、などわからないことばかりです。

量子コンピューターというハードウェアの開発競争に目が行きがちですが、実は量子コンピューターをどのように使うかというソフトウェアの分野が重要です。マイクロソフトなどは、すでに量子コンピューター用のプログラミング開発環境を整備し始めています。現在の日本に、ソフトウェア開発の大きな産業はありませんが、このチャンスに量子コンピューター用の汎用アプリケーションソフトを開発する人材の育成を急ぐことも忘れてはなりません。アメリカでもようやく高等教育レベルで、量子コンピューター用の人材育成プログラムが開始されたばかりです。日本でも量子コンピューター用のプログラマーやエンジニアの育成を推進する仕組みが必要です。

量子コンピューター以外にも、量子技術には将来有望な領域が数多くあります。その1つ、レーザーを含む量子ビームの領域は、ものづくり産業との相性がよく、すでにある機械メーカーや材料・素材を開発する企業の製造過程と製品の品質向上、新製品の開発などに革新をもたらす可能性があります。

量子ビームを使った分析によって作り出される新製品は、国際的な競争力を持てるかもしれません。日本には企業にも開かれた放射光施設が多数あり、企業の商品開発へのサポートも行われています。町工場のような小さな企業がいくつか集まって人工衛星などにも挑戦できる時代です。もっと広く放射光施設の利用を呼びかけ、中小企業でも技術支援を受けて競争力のある商品を開発できるような取り組みがあるとよいでしょう。

量子ドットは、人工原子と呼ばれるように、ナノテクノロジーの可能性を大きく広げる量子技術です。量子ドットを作成する企業が日本にはほとんどありません。化学産業自体、世界と伍するようなレベルにはないため、量子ドットを輸入に頼っている状況です。量子ドットは、プローブとしての利用にとどまらず、ディスプレイや太陽電池などへの利用も見込まれています。さらに、ナノサイズのセンサーや変換器への利用など、量子ドットの応用範囲はこれからも広くなると考えられます。日本にも、量子ドットの作成と開発を行う化学企業の登場が待たれます。

ダイヤモンドNVセンターを使った量子ドットは、生体に対しての毒性が弱く、将来的には体内埋め込み型のデバイスの材料となる可能性もあります。体内の様々な情報を受け取り、体外からの簡単な操作でそれを取り出せるようになれば、いまよりも正確で、しかも負担の小さな治療が可能になります。さらに、体外から量子ドットに、電磁波や磁場を与えることで、量子ドットを作動させ、熱や光、X線などを放射させ、悪性の細胞を死滅させるなどの治療に使える可能性もあります。病院の治療技術の高さが世界的に評価されている日本にあっては、ハイテクな最新の治療法として検討する価値があるでしょう。

量子コンピューターでは世界に後れをとっている日本ですが、量子暗号通信に関しては世界的に注目されています。これは、NECなどによる長年の取り組みが実を結びつつあるのですが、中国や韓国などの猛追を受けています。もともと、セキュリティに疎い国民性なのか、暗号化などと聞いてもピンとこない政治家や経営者が多いようです。しかし、IoTが進み、AIによって情報が勝手に収集、分析されるようになる社会では、セキュリティの重要度はこれまでの比ではありません。さらに、量子コンピューターが登場すれば、いま使っている暗号化システムがあっという間に破られるというのであれば、うかうかしてはいられません。安全に通信することの重要性を周知させたうえで、世界に先駆けて先進の量子暗号通信技術を国内の様々な通信に導入するのがよいでしょう。日本全土を実験場として量子暗号通信網を敷き、その安全性を世界に示して標準化を勝ち取るべきです。

量子技術を日本の産業に活かすための方策をいくつか述べてきました。最後に、**スピントロニクス**の可能性に触れたいと思います。スピントロニクスは、電子の自転に伴う量子的な性質を使って電子デバイスなどを制御しようとする技術です。磁場と電場の融合による新しいデバイスの登場が期待されます。

量子技術の応用分野

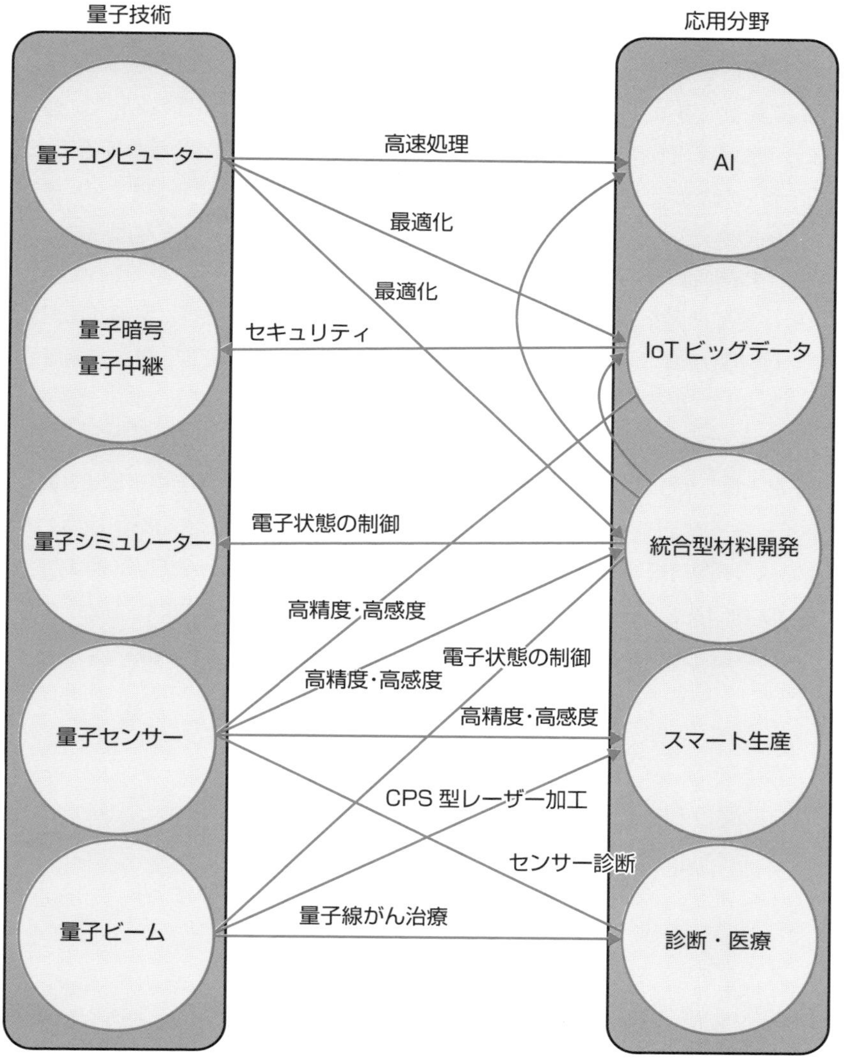
量子技術
応用分野
量子コンピューター
量子暗号
量子中継
量子シミュレーター
量子センサー
量子ビーム
AI
IoT ビッグデータ
統合型材料開発
スマート生産
診断・医療
高速処理
最適化
最適化
セキュリティ
電子状態の制御
高精度・高感度
高精度・高感度
電子状態の制御
高精度・高感度
CPS 型レーザー加工
センサー診断
量子線がん治療

日本は歴史的に磁場の研究が盛んです。特に東北地方の大学を中心として、この領域の優秀な研究者が大勢います。スピントロニクスに関しても、世界をリードする研究成果が多く発せられています。スピントロニクス自体、まだ新しい領域であり、その原理を応用した製品や新素材を生み出す力はいまのところありません。しかし、磁場も電場も単独には、すでに多くの科学的な知見が集積されていて、産業のみならず生活にも活かされています。この2つの物理的な性質を統合することで、これまでになかった新しい製品が生み出される可能性があります。例えば、金属を使わないで電流を移動させる仕組みとか、スピンによってモーターを回転させるとか、これまでにはない発想による研究が進んでいます。

政府が量子技術を日本復興の重点項目に選んだのは、この分野に関係する産業の盛り上げ効果が高く、また日本には関係する産業が多いためです。量子技術を利用できる産業は、農業から製造業、情報通信産業にまで広く及んでいます。量子技術がかかわる多くの分野の研究開発では、日本はトップクラスの成果を生み出しています。あとは、大学、大学院、研究所で生まれた量子技術の成果を引き継ぎ、製品化するメーカーにつなげる人または仕組みが必要です。産官学による量子技術の利用が進むよう、国が音頭をとってマッチングさせるのはもちろんのこと、産業界独自の協力体制づくり、場合によっては大学ベンチャーなどのチャレンジなど、大変革時代を日本復活のチャンスととらえて積極的な取り組みが望まれます。

6-4 MaaSと量子技術

自律運転にはAIの開発が必須です。車の周囲の変化をリアルタイムに見て判断するAIの開発は、古典コンピューターを使って進められています。量子コンピューターの活躍が期待される都市交通システムも、現在のところは古典コンピューターを使ったAIが主流です。

自動車と量子技術

トヨタやデンソーのように、自動車関連産業は量子コンピューターに興味津々です。"日本流ものづくり"の象徴のようなこれらの企業の研究所では、これまで、自動車を形づくる部品の物性、運転性能を向上させるための仕組みや各種センサーについての研究が主流でした。中にはダイヤモンドNVセンターを用いたレーザーの研究など量子技術を応用したものもありますが、量子コンピューターの研究となるとまったく畑違いということになります。

トヨタやホンダがコンピューターを作ることはないでしょうが、コンピューターを使った"何らかのシステム"を自ら構築する可能性は高いでしょう。例えば、量子コンピューターを使った都市交通システム、さらに、その先にある自動運転システムです。このような交通システムを構築するには、量子コンピューターが組み合わせの最適化を行うためのデータが必要になります。しかし、自動車メーカーが、道路の正確な地図や移動中の車の位置を正確にとらえる通信、ビッグデータの解析などの仕組みを持っているとは限りません。また、これまでは持つ必要もありませんでした。

ところが2018年、トヨタはIT大手のソフトバンクと組みました。両社の思惑は、東京オリンピックの会場周辺を自律運転によって走行するトヨタ車、それをサポートするソフトバンクの通信システムといったイメージだったに違いありません。

日本を代表する企業となったトヨタですが、世界市場で躍進できた勝因の1つに、「出せる車種はすべて出す。それが売れるかどうかは市場に任せる」という全方位品揃えの戦略があります。ほかのメーカーが出して売れている車を研究して、それを上回る魅力を持った車を作るのは、トヨタの得意とするところです。

しかし、内燃機関から電気モーターによる駆動システムへの変革、所有からシェアへの意識改革、ビッグデータとAIを活用した省コスト・省エネルギー化など、世界的に進む大変革の時代にあって、トヨタも危機感を持っています。その取り組みが**Woven City**（**ウーブン・シティ**）構想です。

ウーブン・シティとは静岡県裾野市に建設するスマートシティのことです。東京ディズニーリゾートのパーク部分の7割程度に当たる約70万km²に、最終的には2000人が居住する都市になる予定です。

トヨタは、この未来都市の建設にあたり、スマート部門のパートナーとしてNTTを選びました。スマートシティでは、住民の生活にかかわる様々な行動記録は、ビッグデータとしてプラットフォーム（都市OS）に吸い上げられます。2018年からラスベガスでスマートシティを実験運用しているグーグルでは、都市OSに集まる住民のプライバシーデータの扱いに苦慮しています。ウーブン・シティで生活する住民の多くは、トヨタ関係の従業員とその家族が予定されています。ウーブン・シティでは、最初から住民となる人々とプライバシーなどの条件をすり合わせることによって、都市OSの構築という目標をスムーズに達成しようとしています。

ウーブン・シティの役割は、都市でのモビリティと情報通信技術を統合することで起こせる未来の創造と検証です。「やってみないと、わからない」という発想は日本では忌み嫌われがちですが、そのことが、見切り発車するベンチャー企業が育たない（育てようとしない）大きな原因となっています。しかし、ウーブン・シティはこのような日本の古い常識を覆す可能性を秘めています。トヨタやNTTはとてもベンチャー企業と呼べるような規模ではありませんが、非常に冒険的な野心が感じられます。

ウーブン・シティが取り組む具体的な検証課題の1つは、**MaaS***です。直訳すると「サービスとしてのモビリティ」です。MaaSは、ヨーロッパ発祥の交通シェアに関する考え方で、次世代の交通システムの形と考えられています。日本でも国土交通省と総務省が旗振り役となって、将来の実現に向けての取り組みの必要性が叫ばれています。MaaSを考える契機となったこととして、先進国での自動車に対する考え方の変容が指摘されています。特にヨーロッパでは、地球環境および健康的で安全であるべき人間社会に様々な悪い影響を与えると考えられる、大排気量の内燃機関による移動手段（特に自動車）は不要である——という考え方が主流となりつつあります。都市の住人の中には、大型の自動車の必要性を感じなくなっている人も多く、自家用車を捨てて自転車などの移動手段に積極的に移行したり、公の交通

＊**MaaS**　Mobility-as-a-Serviceの略。

機関だけを利用する生活様式に変えたりしています。さらに、カーシェアリングの考え方も広がりを見せています。

このような、MaaSを積極的に推進する都市交通システムをどのようにデザインすればいいのか――それもウーブン・シティの大きな課題です。ウーブン・シティの自宅を出てから、愛知県豊田市のトヨタ本社に行くとして、どのような道順を通るのがよいのか。乗り継ぎのよる時間短縮と二酸化炭素の排出量の削減の両方の効果を最大化するには、どの交通機関を組み合わせ、どのような道順で動けばよいのか。このような最適化問題は、現在の量子コンピューターが得意とする分野です。

ウーブン・シティによる実証実験は、交通システムの効率化、交通機関による二酸化炭素排出量の削減効率だけにとどまりません。トヨタが考えている次世代のモビリティの実験場でもあるのです。トヨタは自動車に代わる1人または2人程度が定員の小型モビリティの発想を持っています。2005年の「愛・地球博」では、すでに1人乗りのロボット型モビリティを展示していました。さらにトヨタ版セグウェイなどもできています。ウーブン・シティの道路としては、歩行者専用、自動車専用のほかに、このような小型モビリティと自転車などが利用する第3の道路が予定されています。このように、いままでにはなかった多種多様なモビリティが同時に移動する社会では、混乱や事故が心配されます。ウーブン・シティでは先回りして、そのような懸念を払拭するシステム作りが行われるのです。ウーブン・シティでは、交通事故のないスマート社会が誕生するかもしれません。

ウーブン・シティのようなスマートシティでは、散歩中の犬の首輪に取り付けられたチップにもインターネットアドレスが割り当てられ、その信号は都市OSによって察知されます。飼い主がリードを放してしまった犬が、通りに飛び出す前に、車はそれを予測できるようになります。もちろん、犬や猫の安全も確保されているこの社会では、人が交通事故によって命を落とすこともなくなっています。

ウーブン・シティが
建設される裾野市

6-5 最先端フォトニクス・レーザーへの取り組み

品質で他国の製品を上回るための性能向上には、量子ビームによる製品の分析や製造法の開発が欠かせません。国内には、国内外の企業や研究機関に開かれている量子ビーム施設がいくつもあります。そのほとんどは関東から西の地域に集中していて、世界にはあまり類を見ない放射光施設群を構成しています。

電子ビームへの期待

光量子技術分野には、レーザー光に関する技術が含まれます。レーザー技術は、DVDなどへのデジタルデータの読み書きから土木用の測量に至るまで、すでに日常的に非常に広い範囲で利用されています。これからの科学技術に量子技術の要素を多く取り入れようとするなら、レーザー技術は欠かせません。量子の制御や測定にレーザー光は欠かせないからです。

世界各地で勢いを増しつつある自国第一主義によるリスクを避けるため、国内工場でのものづくりへの回帰を目指すメーカーが増えています。国内での製造コストを減らす方策として、品質は落とさずに、人件費を削減し、生産効率を上げる必要があります。そのためには、設計から生産までを最適化したスマート製造への切り替えが必須です。

このために提案されているのが、次世代レーザー加工技術の構築です。国内研究所を中心に培われてきた高精度・高スループットなレーザー加工技術をデータ化し、AIや機械学習によって**CPS（サイバー・フィジカル・システム）型レーザー加工***へ移行することが望まれます。

世界的には、第3世代放射光施設と呼ばれるような大型の放射光施設が、各国に建設されたか、または建設計画があります。建設当時は世界最高水準の放射光施設であったSPring-8でしたが、現在ではこれを超える、軟X線領域で1keV付近に最大輝度を持つような最新の放射光施設が中国や欧米に建設されています。

* **CPS（サイバー・フィジカル・システム）型レーザー加工**　レーザー加工を機械学習させて、最適な加工パラメーターを決定するレーザー加工の手法。CPSとはCyber-Physical Systemの略。

これまで放射光施設の空白地域だった東北地方にも、次世代放射光施設が建設されます（2023年完成予定）。これまでも、人工光合成の研究、端末ディスプレイ開発、エコタイヤ開発、リチウムイオン電池や燃料電池の開発といった先端技術開発に、放射光施設が利用されてきました。スピントロニクス分野などで世界的な研究が進められている東北地方に先進の放射光施設ができる意味は大きく、量子技術の基礎研究が進むと期待されています。

すでにフェムト秒単位のパルスレーザーは市販されていて、これを使った研究が盛んに行われていますが、諸外国の研究ではさらに短いパルスのアト秒レーザーに移行しつつあります。日本でもアト秒レーザー施設の拡充が待たれています。

製造業以外では、医療分野での量子ビーム利用に関心が注がれています。陽子線などの量子ビームを使用した先端医療施設による治療への期待が大きいからです。しかし、このような先端医療を受けるには多額の治療費負担を強いられるため、小型で廉価な量子ビームの開発が望まれます。そのためにも量子技術が必要です。

次世代放射光施設

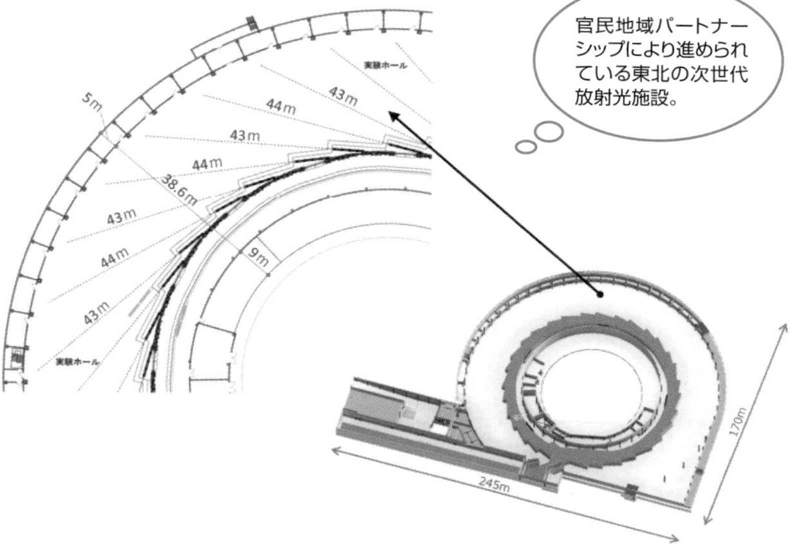

画像出典：量子科学技術研究開発機構
https://www-qst.qst.go.jp/
「次世代放射光施設ビームライン検討委員会報告書」「別添資料７　基本建屋概念図」
https://www-qst.qst.go.jp/uploaded/attachment/16930.pdf

6-6 量子コンピューターをめぐる競争

量子コンピューターを世界で初めて開発したのは日本でした。しかし、その後は研究が続かず、現在では**アニーリング方式**、**ゲート方式**のいずれにおいても、海外の企業が開発競争のトップにいます。

量子コンピューター実用化への課題

汎用性のある量子コンピューターを目指すゲート方式では、グーグル、IBM、それに中国のアリババが熾烈な開発競争を続けています。2025年くらいまでには、利用範囲の広いゲート方式の量子コンピューターが開発されると見る技術者がいる一方、当分の間はアニーリング方式の量子ビット数を増やすこと、エラーの訂正を可能とすることが優先されるだろうという見方もあります。

量子コンピューターの開発は、巨大IT企業の技術力を誇示する場となっていて、多くの研究者と資金がつぎ込まれています。このため、いつ新しいアイデアによるブレークスルーが達成されるかわかりません。それとも、量子コンピューターという計算マシンは夢物語で、結局は膨大な組み合わせ問題を一瞬で解くのが得意なシミュレーターにしかなれないのかもしれません。まだ、結論は出ていないのです。

量子コンピューター関連の技術開発をめぐる競争は、近未来の技術的な核を構成する最先端の情報科学分野の研究だけではなく、交通や運輸など社会基盤にかかわる効率化問題、省エネルギーによる持続可能な社会の形成にかかわる問題をも解決する可能性を秘めています。

量子コンピューターにかかわる量子技術は、すでにグローバルな開発競争のただ中にあります。2019年の新聞報道によれば、アメリカが量子技術に投じる年間予算は約1400億円、中国は約1200億円。IT企業であるIBMの量子コンピューター関連予算は5年間で約3300億円。これに対して日本の量子関連予算は年間約160億円であり、桁違いに少ないといわざるを得ません。日本が量子コンピューターを開発する道はないのでしょうか。

アメリカでは、2019年に**QED-C***が設立されました。直訳は「量子経済開発コンソーシアム」。この団体は、前年に施行された「国家量子イニシアティブ法」が契機となって設立されていて、国家戦略的な色合いが強いことがわかります。参加団体には、アメリカの国立標準技術研究所(NIST)、国立科学財団、国防省、エネルギー省などの国家機関が名を連ねています。民間企業では、GE、IBM、グーグル、アマゾン、ボーイング、インテルなど世界の大企業をはじめ数十社、大学数校も加わっています。アメリカの動きは、これまでもそうであったように、第一に産業化があり、その目的のためにどのように道筋を引けばよいのかを考え、スケジュールに従って必要とされる人・モノ・カネを供給しようとしています。具体的には、10年先の数十億ドル規模の産業化を目標として、政府からの資金をうまく活用し、量子技術産業を興すための開発をスムーズに行えるサプライチェーンを確立することです。QED-Cでは、産業化が成し遂げられたあとの人材確保にもすでに言及しています。大学や大学院と連携し、量子コンピューターやそのほかの関連技術を習得するための人材をどのように育成するかについても考慮されています。

量子コンピューターは、古典コンピューターに比べてどうしてもエラーの頻度が高くなります。量子コンピューターの方式によって起こるエラーの頻度は異なりますが、量子を用いて計算を行う限り、コンピューター内外の雑音が量子の挙動に及ぼす影響をなくすことはできません。このため、計算を繰り返すほど、正確な結果に到達できなくなります。これを**量子誤り**といいます。

量子誤りを訂正する機構を量子コンピューターシステムに導入する取り組みも研究されていますが、現在のところ有効な仕組みができていません。そこで、期待されているのが**中規模量子コンピューター(NISQ***)です。

日本にもNISQを開発する動きがあります。量子コンピューター内外からの雑音によって生じるエラーを減らすには、非常に多くのコストがかかります。そこで、量子コンピューターからエラーを減らすことをあきらめ、小中規模の何かに役立つ量子コンピューターを製造しようというのです。

すでにD-WaveなどのNISQがあり、世界中に顧客がいます。日本は、このような既存の技術をさらに磨き上げることが得意です。そこで、当面は日本製のNISQメーカーを作り、市場からの意見を吸い上げて改良を重ね、さらに日本の持つ技術を付け加えて差別化を図るという戦略です。

＊**QED-C** Quantum Economic Development Consortiumの略。
＊**NISQ** Noisy Intermediate-Scale Quantum Computerの略。

量子コンピューターを大型化するのではなく、小型で安定して使える汎用的なNISQを開発すれば、社会的な最適化の問題を専門に請け負う業者がこのNISQを購入してサービスを開始するかもしれません。街の社会的な最適化の問題としては、仕出し弁当屋の配達経路の作成などのほか、病院のシフト表、高等学校の授業時間割の作成、デパートの売り場の配置、テーマパークの待ち時間を短縮する順路の提案などがあります。これまでのコンピューターではどのようにプログラミングすればよいかわからず、また実行しても結果が出るのに長い時間がかかっていたこれらの問題を、あっという間に解決してくれるサービスが登場することも考えられます。

オフィスに1台の量子コンピューターを導入したり、各自が量子コンピューターを持ったりする時代は、もっと先の話でしょう。しかし、量子コンピューター用のアルゴリズムやデータマイニングの知識と経験を持っているなら、NISQを所有して、最適化を請け負うサービス会社を立ち上げることができるでしょう。

NISQのような機械を作り、メンテナンスするノウハウがすでに日本にはあるのですから、社会問題最適化サービスの採算が合うようなら、国内向けの販売だけを行っていても利益は出せます。その経験はすぐに世界に向けられるべきです。世界的なシェアを獲得しなければなりません。そのときには、安価なNISQが必要になります。つまり、NISQであっても自動車のように大量生産が必要になります。工作機械や工作ロボットで世界トップクラスの量と質を持っている現在の日本なら、量子コンピューターの製造でも、人件費をあまりかけずに完成させることができます。量子コンピューターのどの方式が有利になるかはまだわかりませんが、半導体方式の場合には、かつて世界を制していた日本の半導体業界が再び脚光を浴びることになるでしょう。

日本が量子コンピューター関連の技術競争で復活するためには、もう1つ重要な要件があります。それは、量子コンピューターを動かすためのプログラムを開発できる人材の育成です。現在の古典コンピューターのソフト開発では、海外（主にアメリカ）に完敗しています。個人顧客のレベルでは、すでにハードウェアの性能の競争ではなく、利用できるソフトの種類や数、機能の競争になっています。量子コンピューターでも同じようなことが起きると考えられます。

量子コンピューター用のプログラミング環境としては、すでにマイクロソフトからQ#が提案されています。量子コンピューターが汎用機でない以上、古典コンピューターと協働するハイブリッド型として普及するというのが普通の考え方です。だとすると、古典コンピューター用のプログラミングができ、さらに量子コンピューターのアルゴリズムも扱える人材の育成が必要になります。量子コンピューターを操れる人材の育成は急務です。量子コンピューター用のプログラミング、アルゴリズムの作成には新しい知識や技能が必要になります。このためには、大学や専門学校レベルでの量子コンピューター関連学科の新設を促すのがよいと思われます。資格を新設し、社会的な優遇制度を確保し、様々なチャンネルを使って人材育成をアピールするようなキャンペーンを張るなど、早急な施策を期待したいところです。

国家戦略として発表された量子コンピューターのロードマップでは、国内産量子コンピューターの実質的稼働は2039年となっています。しかし、これを加速しようとする動きもあります。2020年には、東京大学が中心となって**量子イノベーションイニシアティブ協議会**（**QII**）が発足しました。この協議会の主旨には、日本政府の掲げるSociety 5.0にとって量子コンピューターが重要な技術として位置付けられています。民間企業からは、トヨタや東芝、日立、三菱UFJファイナンシャル・グループなどが参加します。ここにIBMが参加していることから、技術的にはIBM Qの利用を基本とすると思われます。将来、どの方式の量子コンピューターが主流になるかわからない中にあって、とにかく総合的に量子コンピューターにまつわる技術やノウハウを開発しようという動きが注目されています。また、ここに慶応義塾大学が参加していることも、世界的な大きな技術革新の流れの中で、国内の量子技術の頭脳を結集しようという態度の表れと見る向きもあります。

2018年、内閣府は**QNN**（**量子ニューラルネットワーク**）を量子コンピューターとは呼ばないと発表しました。QNNとは、日本発の量子コンピューター*を目指したImPACT（革新的研究開発推進プログラム）の山本喜久らの取り組みです。量子ニューラルネットワークは、光パラメトリック発振器と呼ばれる光源から発せられる光子の量子を用いて、組み合わせの最適化を行うものです。

“量子コンピューターとは何か？”——量子コンピューターとして広く利用できるものがない現在、その問いは大きな意味を持ちません。数十年後、量子コンピューターとして残っているモノだけがそう呼ばれるのです。つまり、現在、世界中で行われている量子コンピューターの開発競争では、どの方式も、またはまだ見ぬ方式でも、量子コンピューターになる可能性があります。

* **日本発の量子コンピューター**　日本ではNTT、アメリカではスタンフォード大学で長年研究が続いていた。

6-7 本質的な日本の課題

量子技術を基盤技術の重要な柱としているSociety 5.0を実現させるには、どのような課題があるのでしょう。1つは遅れている日本のデジタル化、そしてもう1つは国政競争力が低下している基礎研究です。

デジタル化の遅れ

2019年の暮れから始まった新型コロナウイルスによる世界的大流行は、世界中に変化することへの対応を迫っています。日本でも在宅勤務やリモートワークへの切り替え、アプリやデジタル機器を使ってのコミュニケーションへ仕方なく移行しなければならない状況が生まれました。このため、世界的には遅れていた日本のデジタル化ですが、新型コロナウイルスによって一気に進むのではないかと思われています。

新型コロナウイルスによる"気付き"は、デジタル対応だけに限りません。例えば、人の移動を伴わなければならない産業の選別につながっていました。人はサイバー空間だけでも結構楽しめるし、新しい楽しみ方もあると"気付いて"しまったのです。この"気付き"は、新しい「人」と「カネ」の流れを生み出します。

新型コロナウイルスによる社会変化を知っていたかのように、国から新しい社会環境の整備についての提言がありました。それが、**デジタル・トランスフォーメーション（DX）**です。DXとは、（はっきりとした定義はありませんが）サイバー空間とフィジカル空間が徐々に融合することによる変化ととらえられます。

企業活動にDXを当てはめれば、最新のデジタルプラットフォームを活用して、新しい価値を創造し、企業間の競争を優位に進めること、となります。そして、「企業」を「国家」に変えれば、国家間競争にも最新デジタルプラットフォームが大きく関係することがわかります。

「統合イノベーション戦略2020」の「第Ⅱ部第2章　具体的施策」には、DXこそが、新型コロナによる**新しい日常（ニュー・ノーマル）**に適応し、社会変革を実現するための鍵を握っていると記されています。日本にとっては、デジタル化の遅れを取り戻すチャンスととらえることができます。

Society 5.0は、デジタル化のさらに先にある“超デジタル化”された社会です。Society 5.0で人が接したり使ったりする機械のインターフェイスは、スマート化されているはずで、AIだったりヒューマンデザイン化されていたりして、ゴツゴツしたデジタルではありません。しかし、その裏のサイバー空間は、デジタル世界です。このため、Society 5.0を構築・維持・発展させるためには、どうしてもデジタル化に対応できる人材やデジタル環境の整備が必須の条件となります。

DXを推進する施策として、国では「GIGAスクール構想」を立ち上げています。**GIGAスクール**とは、児童生徒1人に1台の端末を整備し、家庭でも高速インターネット回線を使ってICTによる学習を行うというものです。人材の育成には時間がかかります。Society 5.0を支える人材を育成する体制の整備が急がれます。

環境整備では、これまで使っていたレガシーシステムが足かせになる場合が多いようです。経済産業省が中心となって、産業界におけるDXの推進に取り組み始めています。これによれば、DXに困難さを感じている企業の多くは、既存のシステムがブラックボックス化していて手がつけにくいということです。

海外に行くと、空港や交通システムで進んだデジタルシステムに驚くことがあります。タクシーや土産物屋で普通に使われる最新の決済システムを見て、日本のデジタル化が遅れていることに気付かされます。そして、デジタル化とは一般の人々が普通にデジタル機器を使いこなすことだと感じます。

競争力の低下

世界的な研究開発競争の中、各国の研究レベルを知るひとつの指標として、科学技術分野（151研究領域）のTOP10％論文のシェアを主要国（アメリカ、中国、ドイツ、イギリス、日本など）で比較したものがあります。2002年からの3年間のデータと、10年後の2012年からの3年間のデータを比べると、日本のトップ10％論文シェアは4位から10位に転落しています。一方、中国は8位から2位に躍進しています。

これを見て、日本の科学研究が衰退していると結論付けるのは早計ですが、アメリカや中国に比べて研究機関や研究者の数が少ないことを差し引いたとしても、国際競争力が低下しているのではないかと危惧されます。

少子化に伴って、大学や大学院の規模が縮小したり、博士課程に進学する学生の数が減少したりしているのも一因でしょう。また、野依良治が言うように大学院体制など教育体制にも問題があるのでしょう。これまで、文部科学省によるスーパーサイエンススクールの指定など、教育現場で若い世代に早い段階から先端の科学技術に触れる機会を与え、科学技術分野への進路選択に役立ててきました。一方で、大学への飛び入学制度の利用実績は、毎年10人程度にとどまっています。

同程度の規模の国と比較すると、ドイツではTOP10％論文シェアが日本ほど落ち込んでいません。研究者数の減少だけが日本の研究レベルの低下の原因ではないことがわかります。

ここでもやはり、人材の確保、育成が課題として挙げられます。国内人口の減少に伴い、科学技術に従事できる人材の確保と育成のためには、教育制度の変更にとどまらず、社会的な合意のもとで教育体制の抜本的な改革が必要であると思われます。

索引
INDEX

あ行

か行

さ行

た行

な行

は行

ま行

や行

ら行

アルファベット

数字

MEMO

参考文献および謝辞

『IT ロードマップ 2019 年版 情報通信技術は 5 年後こう変わる！』
　野村総合研究所デジタル基盤開発部・NRI セキュアテクノロジーズ／著 2019 年 東洋経済新報社

『暗号と量子コンピュータ 耐量子計算機暗号入門』
　高木剛／著 2019 年 オーム社

『みんなの量子コンピュータ 量子コンピューティングを構成する基礎理論のエッセンス』
　Chris Bernhardt／著 湊雄一郎・中田真秀／監修・訳 2020 年 翔泳社

『QBism 量子×ベイズ——量子情報時代の新解釈』
　ハンス・クリスチャン・フォン・バイヤー／著 松浦俊輔／訳 2018 年 森北出版

『日経サイエンス 2020 年 2 月号——特集：量子超越 グーグルが作った量子コンピューター』
　藤井啓祐／協力 日経サイエンス社

『量子コンピュータが本当にわかる！ 第一線開発者がやさしく明かすしくみと可能性』
　武田俊太郎／著 2020 年 技術評論社

『量子ドット太陽電池の最前線』
　豊田 太郎／監修 2019 年 シーエムシー出版

『プラズモンと光圧が導くナノ物質科学 ナノ空間に閉じ込めた光で物質を制御する』
　日本化学会／編 2019 年 化学同人

　また、株式会社QDレーザ様、新エネルギー・産業技術総合開発機構（NEDO）様には、資料の掲載許可等に関しましてご尽力いただきました。末筆ではありますが、この場をお借りして御礼申し上げます。

著者および編集者一同

●著者紹介

若狭　直道（わかさ　なおみち）

サイエンスライター。データサイエンティスト。大学の専攻は量子化学。著作に『データマイニングの基本と仕組み』『Excel VBAプログラミング作法パーフェクトマスター』（以上、秀和システム刊）等。

図解入門 よくわかる
最新量子技術の基本と仕組み

発行日　2020年11月20日　　第1版第1刷

著　者　若狭　直道

発行者　斉藤　和邦
発行所　株式会社　秀和システム
〒135-0016
東京都江東区東陽2-4-2　新宮ビル2F
Tel 03-6264-3105（販売）Fax 03-6264-3094
印刷所　三松堂印刷株式会社　Printed in Japan

ISBN978-4-7980-6159-7 C0055